工业和信息化高职高专
"十二五"规划教材立项项目

高等职业院校
机电类"十二五

U0650956

Mastercam X2 中文版
应用与实例教程
（第2版）

Mastercam X2 Chinese Edition Application
of Tutorials and Examples (2nd Edition)

◎ 吕小莲 主编

◎ 周琦 副主编

人民邮电出版社
北京

精品系列

图书在版编目（CIP）数据

Mastercam X2中文版应用与实例教程 / 吕小莲主编
. -- 2版. -- 北京：人民邮电出版社，2012.5
高等职业院校机电类"十二五"规划教材　工业和信
息化高职高专"十二五"规划教材立项项目
ISBN 978-7-115-27542-4

Ⅰ. ①M… Ⅱ. ①吕… Ⅲ. ①计算机辅助制造－应用
软件，Matercam X2－高等职业教育－教材 Ⅳ.
①TP391.73

中国版本图书馆CIP数据核字(2012)第031717号

内 容 提 要

本书以实例为主线，全面介绍使用 Mastercam X2 进行产品开发的基本方法和技巧，帮助读者全面掌握 Mastercam X2 的基本原理和一般过程。

本书从理论与实践相结合的角度入手，系统地介绍 Mastercam X2 的功能和用法，以实例为引导，循序渐进地介绍 Mastercam X2 的基本操作、二维图形构建与编辑、三维曲面造型、实体模型、三维实体造型、二维加工、三维曲面加工以及数控车削加工等主要知识。本书辅以大量的典型实例进行讲解，通过详细的操作步骤，使读者能轻松自如地学习和掌握 Mastercam X2 的用法和技巧。

本书可作为高职高专院校机电一体化、数控技术、模具设计与制造和机械制造与自动化等专业教材，还可以作为模具设计和制造工程技术人员的自学用书。

工业和信息化高职高专"十二五"规划教材立项项目
高等职业院校机电类"十二五"规划教材
Mastercam X2 中文版应用与实例教程（第2版）

◆ 主　　编　吕小莲
副 主 编　周　琦
责任编辑　赵慧君

◆ 人民邮电出版社出版发行　北京市崇文区夕照寺街 14 号
邮编　100061　电子邮件　315@ptpress.com.cn
网址　http://www.ptpress.com.cn
北京昌平百善印刷厂印刷

◆ 开本：787×1092　1/16
印张：15.25　　　　　　　　2012 年 5 月第 2 版
字数：382 千字　　　　　　　2012 年 5 月北京第 1 次印刷

ISBN 978-7-115-27542-4

定价：39.80 元（附光盘）

读者服务热线：(010)67170985　印装质量热线：(010)67129223
反盗版热线：(010)67171154
广告经营许可证：京崇工商广字第 0021 号

前　言

Mastercam 是由美国 CNC 软件公司推出的基于 PC 平台上的 CAD/CAM 一体化软件，是目前世界上功能最强大、应用最广泛且加工策略最丰富的数控加工编程软件之一，同时也是 CAM 软件技术最具代表性、增长率最快的加工软件之一。目前，Mastercam 已经广泛应用于工业领域，尤其是模具设计与制造领域。

掌握应用软件 Mastercam 对于高职高专院校的学生来说是十分必要的，一是要了解该软件的基本功能，更为重要的是要结合专业知识，学会利用软件解决专业中的实际问题。我们在教学中发现，许多学生仅仅是学会了 Mastercam 的基本命令，而当面对实际问题时，却束手无策，这与 Mastercam 课程的教学内容及方法有直接的关系。于是，我们结合自己十几年的教学经验及体会，编写了这本适用于高职高专层次的 Mastercam 教材，通过大量的工程实例，学生不但可以学会软件功能，更能提高解决实际问题的能力。

本书与同类教材相比，有以下特色。

（1）在内容的组织上突出了"易懂、实用"的原则，精心选取了 Mastercam 的一些常用功能和与机械绘图密切相关的知识来构成全书的主要内容。

（2）以实例+知识的方式编排全书内容，将知识点和实例的操作步骤很好地融合在一起，使学生在实际绘图过程中掌握理论知识，从而提高绘图技能。

（3）书中选取的工程实例由易到难，从简单到复杂，从局部到整体，有利于提高学生的应用技能。

（4）本书所附光盘提供以下素材。

- "素材"图形文件

  本书所有实例用到的".mcx"图形文件都按章收录在所附光盘的"\素材\第*章"文件夹下，读者可以调用和参考这些图形文件。

- "习题答案"动画文件

  本书所有习题的绘制过程都录制成了".avi"动画，并按章收录在所附光盘的"\习题答案\第*章"文件夹下。

".avi"是最常用的动画文件格式，几乎所有可以播放动画或视频文件的软件都可以播放。读者只要双击某个动画文件，就可以观看该文件所录制的习题的绘制过程。

注意播放文件前要安装光盘根目录下的"avi_tscc.exe"插件，否则，可能导致播放失败。

本书由吕小莲任主编，广州珠江职业技术学院周琦任副主编，参加本书编写工作的还有沈精虎、黄业清、宋一兵、郭英文、计晓明、董彩霞、滕玲等。

由于作者水平有限，书中难免存在疏漏之处，敬请读者批评指正。

编　者
2012 年 1 月

目　录

第1章

Mastercam X2 设计概论

Mastercam X2 是由美国 CNC 软件公司推出的基于 PC 平台的 CAD/CAM 集成化软件。凭借卓越的设计及加工功能，Mastercam X2 在世界上拥有众多的忠实用户，被广泛应用于机械、电子、航空等领域。Mastercam X2 对硬件要求不高，目前在我国制造业及教育界使用非常多，有着极为广阔的应用前景。

1.1

Mastercam X2 简介

Mastercam X2 是美国 CNC Software 公司开发的基于 PC 平台的 CAD/CAM 系统，包括美国在内的各工业大国大多采用该系统作为设计、加工制造的标准。该软件对硬件要求不高，操作灵活，易学易用并具有良好的性能价格比，因而深受广大企业用户和工程技术人员的欢迎，广泛应用于机械加工、模具制造、汽车工业和航天工业等领域。

1.1.1　Mastercam X2 的组成

Mastercam X2 具有二维几何图形设计、三维曲面设计、刀具路径模拟和加工实体模拟等功能，并提供友好的人机交互操作环境，从而实现了从产品的几何设计到加工制造的 CAD/CAM 一体化。作为 CAD/CAM 集成软件，Mastercam X2 系统包括设计（CAD）和加工（CAM）两大部分。

（1）设计（CAD）部分主要由 Design 模块来实现，它具有完整的曲线曲面功能，不仅可以设计和编辑二维、三维空间曲线，还可以生成方程曲线；采用 NURBS、PARAMETERICS 等数学模型，可以用多种方法生成曲面，并具有丰富的曲面编辑功能。

（2）加工（CAM）部分主要由铣削、车削、线切割和雕刻四大模块来实现，目前这些部分已经集成在一起。

- 铣削模块：可以用来生成铣削加工刀具路径，并可进行外形铣削、型腔加工、钻孔加工、平面加工、曲面加工以及多轴等加工模拟，在实际加工中应用非常广泛。
- 车削模块：可以用来生成车削加工刀具路径，并可进行粗/精车、切槽以及车螺纹等的加工模拟。

- 线切割模块：用来生成线切割、激光加工路径，从而能高效地编制出线切割加工程序，可进行 2～4 轴上下异形加工模拟，并支持各种 CNC 控制器。

1.1.2 Mastercam X2 系统的特点

Mastercam X2 是与微软公司的 Windows 技术紧密结合，用户界面更为友好，设计更加高效的版本。借助于 Mastercam X2，用户可以方便快捷地完成从产品 2D/3D 外形设计、CNC 编程到自动生成 NC 代码的整个工作流程，特点鲜明。

一、新型设计操作窗口

X2 版本的 Mastercam 采用全新的设计界面，使用户能更高效地进行设计开发，操作界面可以让用户自行定义，从而建立适合自己的开发设计风格。X2 版本加强了对"历史记录的操作"，回退功能更加完善。总之，Mastercam X2 版本界面变化相当大，可以使用户进行高效、快捷的操作。

二、高速的产品开发性能

产品开发性能是用户最关心的，Mastercam X2 版本中 important Z-level tool paths 的执行效率较以往最大可提高 400%。另外，Mastercam X2 的新功能 Enhanced Machining Model 可高速地加快程序设计并保证设计精度。操作管理集成功能可以把同一个加工任务的各项操作集中在一起。任务管理器的操作界面更加简洁、清晰。

三、丰富的设计工具

Mastercam X2 兼容了 CAD 设计工具，使之更加贴近用户。同时，Mastercam X2 也具有强大的 3 轴和多轴加工功能，强化了 3 轴曲面加工和多轴刀具路径功能，主要特征如下。

- 独特的昆式曲面设计功能。
- 丰富实用的设计捕捉功能。
- 外形铣削方式有 2D、2D 倒角、螺旋式渐降斜插及残料加工，外形铣削、挖槽及全圆铣削，保证了工件加工的精密度。
- 独特的交线清角功能。
- 挖槽粗加工等高外形及残料粗加工采用快速等高加工技术，大幅减少计算时间。
- 改用人性化的路径模拟界面，让用户可以精确地观看及检查刀具路径。

四、Shop Floor Emulation

Mastercam X2 有内置的纠错功能，可以自动地减少设计过程中出现错误的几率。

1.1.3 Mastercam X2 工作界面简介

Mastercam 从 X 版本开始已经完全采用了 Windows 风格，Mastercam X2 工作界面在此基础上进行了调整和优化，如图 1-1 所示。

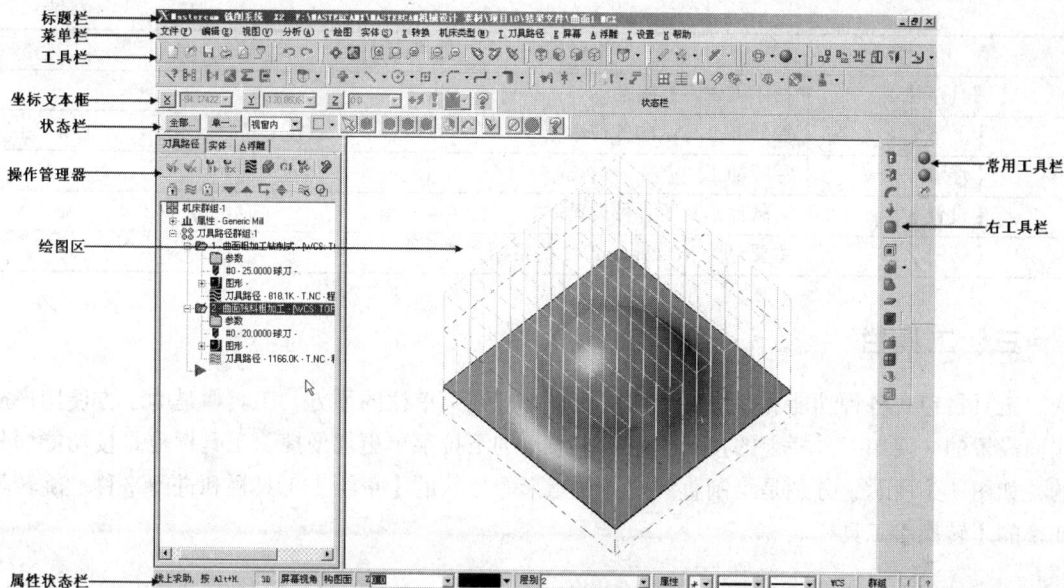

图 1-1　Mastercam X2 工作界面

一、标题栏

在整个界面的顶端，用于显示软件名称、模块名称、软件版本号以及当前文件的保存路径和文件名。

二、菜单栏

Mastercam X2 的菜单栏采用了 Windows 风格，如图 1-2 所示，每个主菜单都具有下拉菜单。

图 1-2　菜单栏

菜单栏中几乎包含了所有的 Mastercam X2 的命令，这些命令根据功能的不同放在不同的菜单组中。菜单组包括：文件、编辑、视图、分析、绘图、实体、转换、机床类型、刀具路径、屏幕、浮雕、设置及帮助。各菜单组的功能如表 1-1 所示。

表 1-1　　　　　　　　　　　　　　　　菜单组的功能

菜 单 名	功 能 说 明
【文件】	包括创建、打开、保存、合并等文件命令
【编辑】	包括对图形进行删除、修整等编辑命令
【视图】	包括对视图方向、显示比例、视图布局等进行控制的命令
【分析】	对图形对象的几何信息进行分析
【绘图】	提供图形绘制的基本命令，尺寸标注命令也在此列
【实体】	提供构建实体模型的命令
【转换】	包含平移、镜像、旋转、缩放等变换几何图形的命令
【机床类型】	用于选择机床的类型

续表

菜 单 名	功 能 说 明
【刀具路径】	用于创建刀具路径
【屏幕】	控制屏幕显示的各种命令
【浮雕】	浮雕加工
【设置】	对软件本身的各种设置
【帮助】	主要包含 Mastercam X2 的帮助文档

三、工具栏

工具栏包含各种功能和命令的快捷按钮，一般在菜单栏的下方。工具栏是为了方便用户操作而设置的，使用工具栏上的按钮比使用主菜单的下拉菜单更加便捷。工具栏也是按功能划分的，如图 1-3 所示，分别是绘制直线、圆、矩形等形状的【草绘】工具栏和进行平移、旋转等变换的【转换】工具栏。

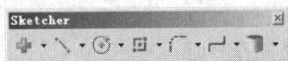 

    （a）【草绘】工具栏   （b）【转换】工具栏

图 1-3　工具栏（1）

不仅如此，Mastercam X2 还提供了具有强大编辑功能的【修整/打断】工具栏和【常用功能】工具栏，如图 1-4 所示。

    （a）【修整/打断】工具栏   （b）【常用功能】工具栏

图 1-4　工具栏（2）

用户可以根据自己的习惯对工具栏进行定制。在工具栏的空白处单击鼠标右键，弹出如图 1-5 所示的快捷菜单，该菜单显示了所有工具栏的名称。单击相应的名称可以切换该工具栏的显示/隐藏状态，名称前有"√"表示该工具栏已经显示在屏幕上。

通过双击和拖动可以改变已被显示的工具栏的位置。工具栏可以竖直地排列在界面的两侧或浮动在图形窗口上。

在如图 1-5 所示的快捷菜单中选择【用户自定义】选项，将弹出如图 1-6 所示的【自定义】对话框。

改变【种类】下拉列表框中的选项，可以在【命令与说明】分组框中得到不同的按钮，拖动按钮到图形窗口或工具栏的空白处可以获得用户自定义的工具栏。如果拖动到已存在的工具栏中，可以增减已存在的工具栏中的按钮。

四、坐标文本框

使用坐标文本框可以在对应的框中输入 x、y、z 的坐标，如图 1-7 所示。在文本框中不仅可以输入数字，还可以输入简单的加、减、乘、除和带括号的代数式，系统将自动计算代数式的结果。在光标移动时，该文本框可以自动地捕捉和查询当前光标的坐标。

图 1-5　快捷菜单

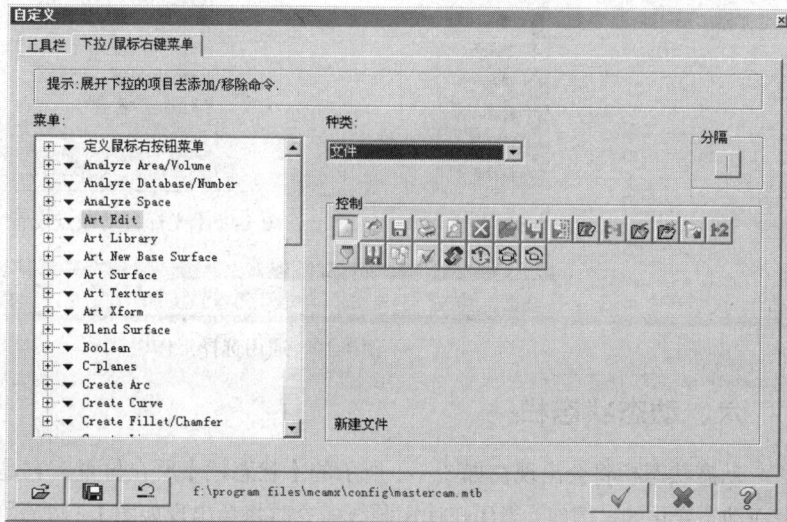

图 1-6　【自定义】对话框

当 Mastercam X2 要求用户输入一个点时，该坐标文本框进入激活状态。

- 当移动鼠标光标而又希望某个坐标值不变时，可以先输入该坐标，然后单击对应的按钮，该坐标出现红色提示。移动鼠标光标时，该坐标值不会发生变化。

- 当希望在一个对话框中输入 3 个坐标时，可以单击 按钮，这时出现一个对话框，在该框中可以直接输入类似 "$x(10)$　$y(4+5)$　$z(6*3)$" 这样的表达式。

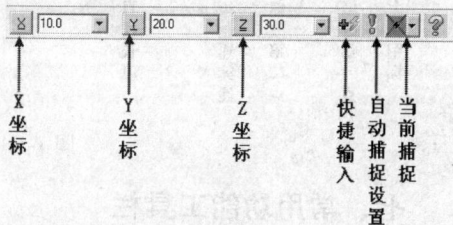

图 1-7　坐标文本框

- 当希望捕捉到屏幕上已经存在的图形元素的特征点时，可以先移动鼠标光标到该点，然后单击 按钮，将出现如图 1-8 所示的下拉菜单。在该菜单中可以选择捕捉坐标原点、圆的圆心、直线或圆弧的端点、两个图形元素的交点、直线或圆弧的中点、屏幕上已存在的点、圆弧的等分点、鼠标光标与图形元素最接近的点、与某个点相对的点以及某个图形元素的切点或法向点。

- 当使用自动捕捉时，如果图形元素太密，可以单击 按钮，将出现如图 1-9 所示的【光标自动抓点设置】对话框，用户可以对捕捉方式进行设置。

五、通用选择工作栏

Mastercam X2 的选择功能非常灵活，不仅可以根据图形元素的位置进行选择，还能够按层、颜色及线型等多种属性对图形元素进行划分，以便快速地进行选择。图 1-10 所示为选择图形元素的通用选择工作栏，可以满足用户在编辑和删除操作时，方便快捷地选择图形中的某一特征。

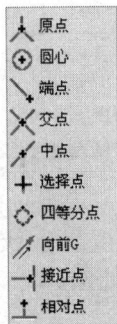

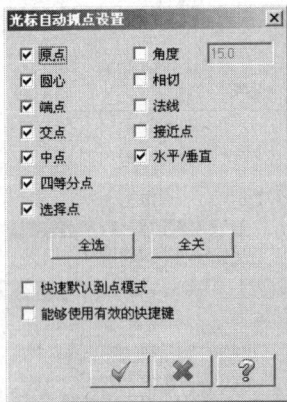

图 1-8　下拉菜单　　　图 1-9　【光标自动抓点设置】对话框

图 1-10　通用选择工作栏

六、动态状态栏

动态状态栏将会出现在如图 1-1 所示的【状态栏】所在位置，它是根据用户当前所使用的命令而动态变化的。例如，当用户使用画线命令时将会出现如图 1-11 所示的绘制直线的动态状态栏。

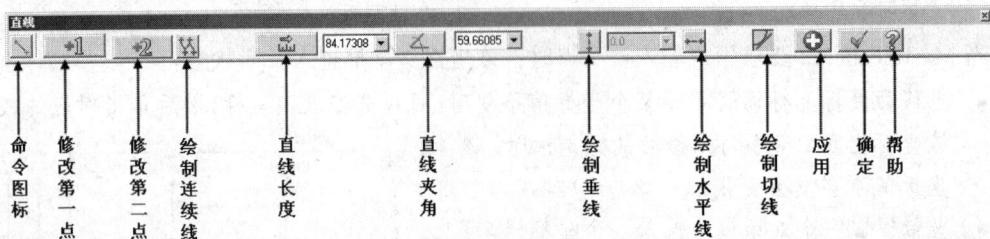

图 1-11　绘制直线的动态状态栏

七、常用功能工具栏

每操作一个命令，系统自动将操作的命令按钮记录在图形窗口最右边的竖直工具栏中，这就是常用功能工具栏。在使用过程中，由于使用过的命令都集中在该工具栏上，因此免去了很多查找按钮的工作，大大节省了时间。

八、图形窗口

操作界面中最大的区域就是图形窗口，用于显示绘图内容，也叫绘图区。在绘图区中可以进行图形的各种操作。图形窗口的左下角显示 Gview（图形视角）、WCS 坐标系和 Cplane（构图平面）的设置信息。

九、属性状态栏与提示区

属性状态栏在界面的最下方，主要用来显示和设置当前绘制的图形元素的各种状态，如图 1-12 所示。在属性状态栏中可以设置构图平面、构图深度、图层、颜色、线型、线宽、坐标系等各种属性和参数。

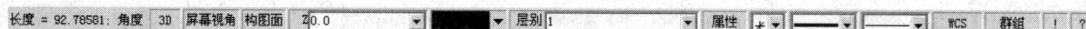

长度 = 92.78581: 角度　3D　屏幕视角　构图面　Z0.0　　　▼　　　　　▼　层别1　　　　　　　　　▼　属性　* ▼　　　　▼　　　　▼　　WCS　群组　! ?

图 1-12　属性状态栏

提示区在属性状态栏的左端，在部分操作中会显示指令的名称和系统当前的运行状态。属性状态栏中的其他各项功能如表 1-2 所示。

表 1-2　　　　　　　　　　　　属性状态栏中其他各项的功能表

项　目	功　能
3D	用于切换 2D/3D 构图模式。在 2D 状态下，输入的图形元素具有当前的构图深度。在 3D 状态下，用户可以不受构图深度的约束
屏幕视角	用于选择、创建、设置视角
构图面	用于选择、创建、设置构图平面
Z0.0　▼	用于设置构图深度，可以直接输入，或单击某个图形元素，以该图形元素的 z 坐标作为构图深度
▼	用于设置作图颜色。可以单击颜色区，在弹出的【颜色】对话框中进行选择。也可以单击 ▼ 按钮，再选择屏幕上的图形元素，以该图形元素的颜色作为绘图色
层别1　▼	用于设置图层，单击该区域将出现【图层管理器】对话框，用于选择、创建、设置图层属性
属性	用于属性设置。可以设置线型、颜色、点的类型、层、线宽等图形属性
───── ▼	通过下拉列表框选择线型
───── ▼	通过下拉列表框选择线宽
WCS	工作坐标系。用于选择、设置、创建工作坐标系
群组	工作群组。用于选择、设置、创建工作群组
!	状态栏设置
?	求助

十、操作管理器

操作管理器在界面的左边，用于显示刀具路径和实体。可以通过选择操作管理器上方的选项进行切换。用鼠标拖动管理区和绘图区的分界线可以调整操作管理器和绘图区的大小。通过按键盘上的 "Alt+O" 组合键可以进行操作管理器的隐藏/显示操作。

1.2
系统配置设置

初次使用 Mastercam X2 时，一般要进行系统配置。所谓的系统配置就是设置系统的默认值。系统存储这些值到文件 "*.CFG" 中。用户可以定制自己习惯的绘图环境。执行【设置】/【系统配置】命令，系统将弹出如图 1-13 所示的【系统配置】对话框。

在【系统配置】对话框中可以设置启动、公差、文件、转换、屏幕、颜色、串连等可以保证系统正常运行的重要参数，这些参数的系统默认值一般可以满足用户的要求。当系统运行不正常的时候，可以考虑是否是这里面的参数设置有误。常见的问题是公差设置的问题，特别是在串连中出现串连不成功的情况，可能就是这里的公差设置过大或过小造成的。下面以公差设置为例说明其设置方法。

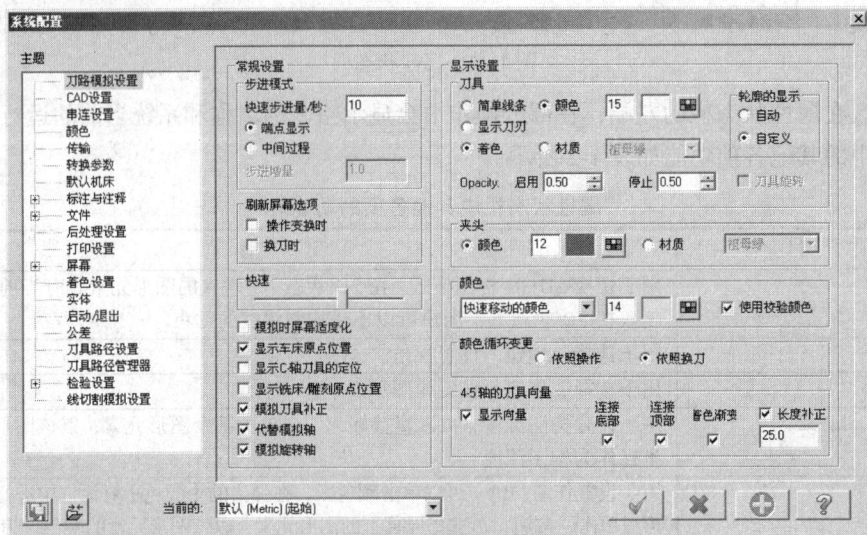

图 1-13 【系统配置】对话框

在【主题】列表框中选择【公差】选项，将弹出如图 1-14 所示的【公差】选项卡。该选项卡中的选项主要用来设置 Mastercam X2 完成某项操作的精度。

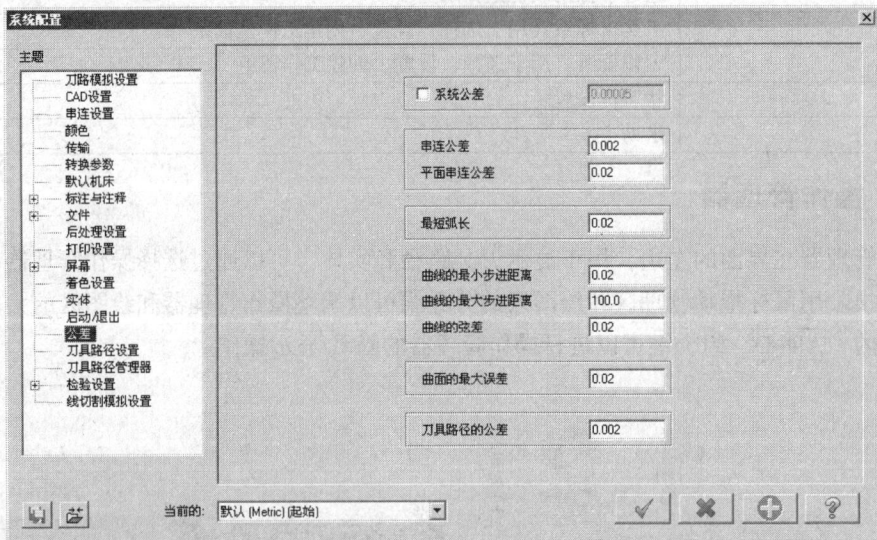

图 1-14 【公差】选项卡

- 【系统公差】：用来确定两个点能够区分的最小距离。当两个点小于该值时即可认为重合。该值也是最小直线段的长度。
- 【串连公差】：对图形元素进行串连时，确定两个图形元素的端点能够串连的最大距离。超出该值则图形元素间将不能形成串连。
- 【最小弧长】：设置生成最小圆弧的长度，限制系统生成较多的非常小的圆弧。
- 【曲线的最小步进距离】：设置沿着曲线创建刀具路径或者将曲线打断成圆弧的最小步长。
- 【曲线的最大步进距离】：设置沿着曲线创建刀具路径或者将曲线打断成圆弧的最大步长。

- 【曲线的弦差】：即用直线代替曲线时两者之间的最大差值。
- 【曲面的最大误差】：设置曲线创建曲面时的最大误差。
- 【刀具路径的公差】：计算刀具路径的公差，该值越小程序段越多。

1.3

文件管理

Mastercam X2 的文件管理功能包括建立新文件、存盘、打开已存在的文件、合并文件、转换文件、显示打印的文件等。新建文件、打开文件、存盘就是 Windows 的功能，这里不再详述。下面对 Mastercam X2 特有的几个文件管理方面的功能进行详细说明。

1.3.1 合并图形

当需要将几个图形合并到一个图形中去的时候，可以选择菜单命令【文件】/【合并文件】，将弹出如图 1-15 所示的【打开】对话框，选择要合并的文件，单击 📂 按钮执行，这时屏幕上出现如图 1-16 所示的【合并/模型】工具栏，并出现 选择新的位置 编辑的选项以缩放 旋转 或镜射 使用目前的属性/刀具面 或选择'套用'接受. 提示。

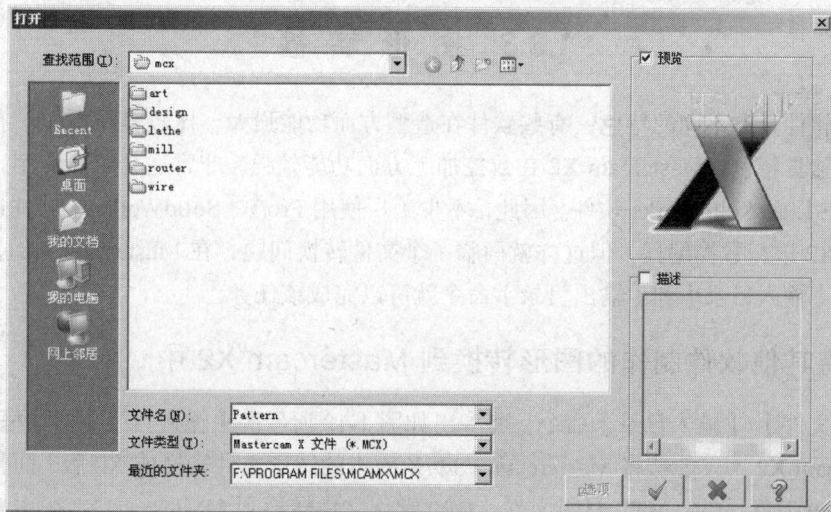

图 1-15 【打开】对话框

可以选择一个新的位置，或使用当前的属性或构图平面放大、旋转、镜像当前准备合并的图形。

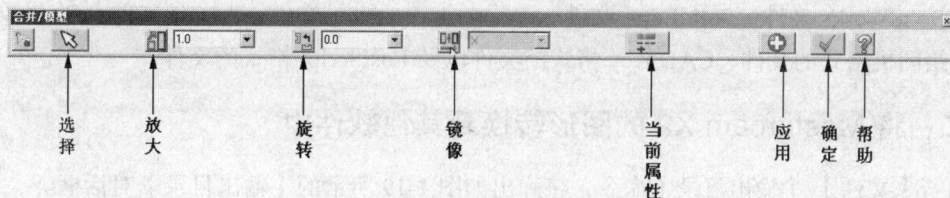

图 1-16 【合并/模型】工具栏

1.3.2 部 分 存 档

如果要将当前图形中的某一个局部存在磁盘上，可以执行【文件】/【部分保存】命令，系统提示 选取保存的图素 ，选择好要保存的图形元素后，按 Enter 键，在如图 1-17 所示的【另存为】对话框中确定文件名，然后单击 ✓ 按钮保存选取的图素。

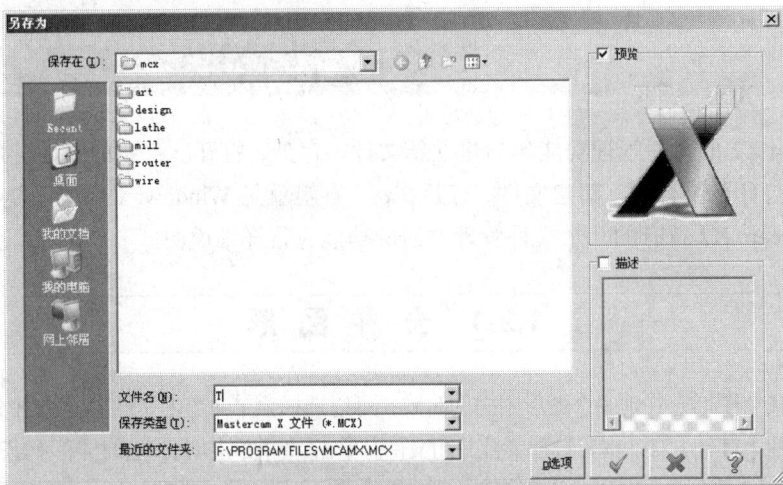

图 1-17 【另存为】对话框

1.3.3 图 形 转 换

不同的软件具有不同的特色，有些软件在造型方面功能强大，比较容易操作；有些软件则在加工方面独具特色。Mastercam X2 在数控加工方面功能较强，非常适合工厂使用，但造型方面不如 Pro/E 以及 SolidWorks 软件。因此，不少工厂使用 Pro/E、SolidWorks 等软件造型，而用 Mastercam X2 进行数控编程，但这样就面临一个文件转换问题，在 Mastercam X2 主菜单【文件】中执行【输入目录】和【输出目录】命令就可以完成该任务。

一、将其他软件制作的图形转换到 Mastercam X2 中

执行【文件】/【输入目录】命令，将弹出如图 1-18 所示的【输入目录】对话框。

Mastercam X2 不仅能够将 Mastercam 7/8/9/X 版本的图形文件转换成 X2 版，而且还可以将第 9 版的 TL9 刀具文件、MTL 材料文件、OP9 默认文件转换到 Mastercam X2 版中来。最为重要的是，Mastercam X2 能将其他软件格式的文件转换到该软件中，支持的格式有 DX2F、STEP、IGES、AutoCAD 的 DWG、Para Solid、Pro/E、ACIS Kernel SAT 文件、VDA 文件、Rhino 3D 文件、SolidWorks 文件、SolidEdge 文件、Autodesk Inventor 文件、ASCII 文件、Catia 文件、HPGL 绘图机格式的文件、CAD Key 格式的文件以及 PostScript 格式的文件。

二、将 Mastercam X2 的图形转换到其他软件中

执行【文件】/【输出目录】命令，将弹出如图 1-19 所示的【输出目录】对话框。

Mastercam X2 能将自身的 MCX2 格式的图形文件转换为其他 CAD 软件能接受的图形格式

文件，支持的格式有 MC9、MC8、DX2F、STEP、IGES、AutoCAD 的 DWG、Para Solid、ACIS Kernel SAT 文件、VDA 文件、ASCII 文件、Catia 文件以及 PostScript 格式的文件。

图 1-18 【输入目录】对话框 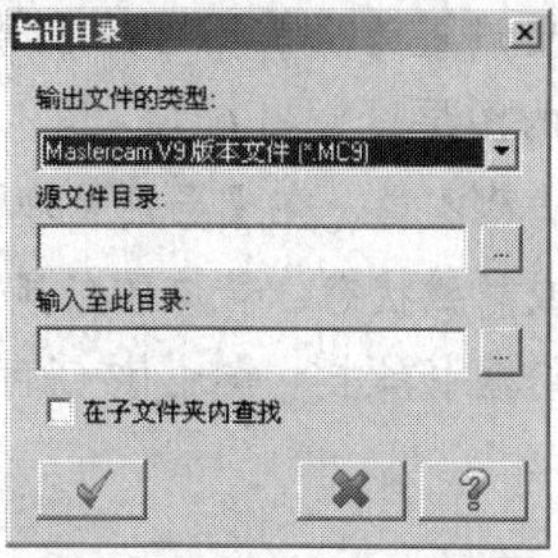　　　　　　图 1-19 【输出目录】对话框

这里需要说明的是，使用该命令可以将该目录下所有指定文件类型的文件一次转换到指定的目录下，原来的文件保持不变。

1.3.4　图　层　管　理

使用图层可以将不同种类的图素分层放置，以便针对不同类型的图素统一采用某种特定的操作方法。同时，还可以显示或隐藏选定图层上的对象。

在辅助工具栏中单击 层别 1 ▼ 按钮，即可打开如图 1-20 所示的【层别管理】对话框，可以实现以下操作。

图 1-20 【层别管理】对话框

● 新建图层。在辅助工具栏中单击 层别 按钮后的文本框，在其中输入图层编号即可新建图层，也可以在如图 1-20 所示的【层别管理】对话框中的【主要层】分组框中输入新的图层编号和名称（用来区分图层的用途）来新建图层。在对话框顶部的图层列表的【名称】列中双击激活文本框，也可以输入图层名称。
● 图层排序。在【层别管理】对话框顶部左侧单击【编号】列，可以按照图层编号采用升序和降序两种方式排序。

- 设置当前图层。当前图层是指当前处于激活可编辑状态的图层。在图层列表中双击需要设置为当前图层的图层编号，使之显示为黄色背景即可。也可以在【主要层】分组框中输入需要设置为当前图层的编号。单击 ⬚ 按钮可以在绘图区选择一个对象，从而将对象所在的图层设为当前层。
- 显示或隐藏图层。在【层别管理】对话框中单击【突显】列中的相应位置，可以设置图层的显示或隐藏状态。若该图层显示为 "✓" 则为可见状态，否则为隐藏状态。在【显示层别】分组框中单击 全开 按钮可以显示全部图层，单击 全关 按钮仅显示当前图层。

1.4 Mastercam X2 编程过程

使用 Mastercam X2 的目的就是要设计具体的数控机床的数控加工程序。利用 Mastercam X2 设计具体机床的数控加工程序一般要经过 4 个步骤：建立几何模型、产生刀具路径、后置处理产生具体的机床程序、模拟加工送入数控机床。

数控编程先后经历了手工编程、APT 语言编程以及交互式图形编程 3 个阶段，其中交互式图形编程就是通常所说的 CAM 软件编程，这种编程方法速度快、精度高、直观、简便，目前在生产中应用很广泛。

交互式图形编程以 CAD 技术为前提，因为 CAD 技术生成的产品造型包含了数控编程所需的基本信息，CAM 软件根据这些信息可以自动计算加工刀具路径。在 Mastercam X2 上实现 CAM 编程的基本流程及内容如图 1-21 所示。

一、建立几何模型

使用 Mastercam X2 编程，首要任务就是建立几何模型。建立几何模型的方法有以下 3 种。

- 使用 Mastercam X2 自带的几何造型功能。
- 从其他 CAD 软件导入。利用 Mastercam X2 图形转换功能或者直接读取功能，可以从其他软件中将已经做好的图形转换到 Mastercam X2 中，这样可以发挥软件各自的特点，实现图形数据的交换与共享。

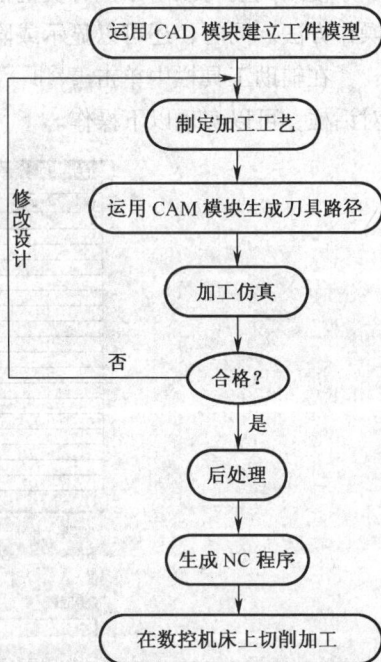

图 1-21 设计数控加工程序一般步骤

- 采用三坐标测量机测量或者用扫描仪扫描。可以使用三坐标测量机或图像扫描仪产生的数据，用 Mastercam X2 的 ASCII 码接口将数据读入，将测得的数据转换为 Mastercam X2 的图形文件。

二、产生刀具路径

工件模型建立以后，则进入加工方案和加工参数的选择阶段。合理选择加工方案和设置参数是保证加工质量和效率的前提，因此在产生数控程序前，要对工件的工艺进行分析，选择合适的加工方式，制定加工工艺路线，设计加工工序与工步，选择刀具和切削用量等。

  Mastercam X2 可以根据不同的加工工艺要求，采用轮廓加工、挖槽加工、钻孔加工、平面加工、雕刻加工、曲面粗加工、曲面精加工、多轴加工等方式。通过人机交互设置刀具和切削参数，从而能够自动产生切削路径，并可以将刀具路径和参数存储在 NCI 文件中。

三、后置处理产生具体的机床程序

  后置处理是将所产生的刀具路径转换为具体的数控机床的数控指令。不同数控机床的指令格式可能不同，在转换为数控程序之前，要查看 Mastercam X2 当前系统设置的后置处理程序是否与正在使用的数控机床相对应，如果不是，则要选择与当前使用的数控机床相对应的后置处理程序。后置处理产生的程序扩展名为 ".nc"。

四、模拟加工送入数控机床

  后置处理产生的 NC 程序可以通过计算机提供的串行口或者并行口，利用 Mastercam X2 通信功能能直接送到数控机床中。在加工前最好进行模拟加工，以避免机床发生碰撞。以前数控机床的模拟采用的是和工件相似的材料硬度较低的零件，既费时也浪费资金，而现在可以在数控软件中直接模拟。

1.5
入门实例——加工零件外轮廓

  现以加工如图 1-22 所示的零件外轮廓为例，说明使用 Mastercam X2 编程的整个过程。分析该图，不难发现 $R25$ 圆弧的圆心是设计基准，因此可以将工件零点设定在 $R25$ 圆的圆心上。

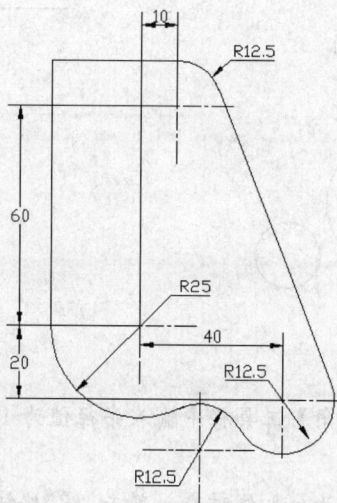

图 1-22 零件外轮廓加工图例

1.5.1　绘制外形轮廓

1. 执行【文件】/【新建】命令，建立新的 Mastercam X2 文件。

2. 绘制圆。

（1）单击【草绘】工具栏中的 ⊙ 按钮，在坐标文本框 $\boxed{X \; -130.6467\blacktriangledown}\;\boxed{Y \; 88.27484}\;\boxed{Z \; 0.0 \blacktriangledown}$ 中输入圆心坐标（0,0,0），然后在半径文本框中输入半径值为 25，单击 ⊕ 按钮确定，结果如图 1-23 所示。

（2）用相同的方法绘制半径值均为 12.5，圆心坐标分别为（10,60,0）、（40,-20,0）的两个圆，结果如图 1-24 所示。

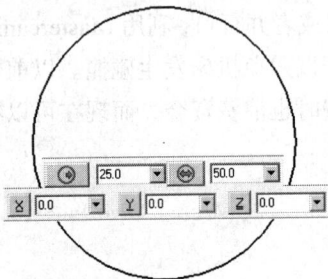

图 1-23　绘制圆 1

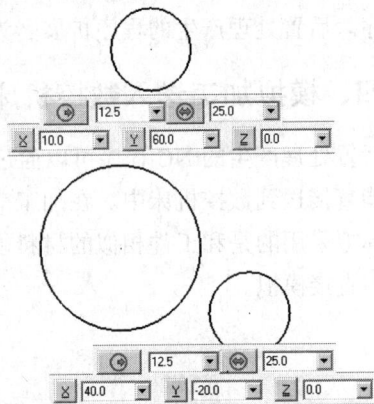

图 1-24　绘制圆 2 和圆 3

3. 绘制直线。

（1）单击 ＼ 按钮，在弹出的【直线】工具栏中单击 ⌐ 按钮，用鼠标选取 R25 圆的左端四分圆点，绘制垂线。

（2）单击 ⊢ 按钮，用相同的方法绘制与 R12.5 相切的水平线，结果如图 1-25 所示。

（3）单击 ∕ 按钮，绘制 R12.5 两圆的公切线，结果如图 1-26 所示。

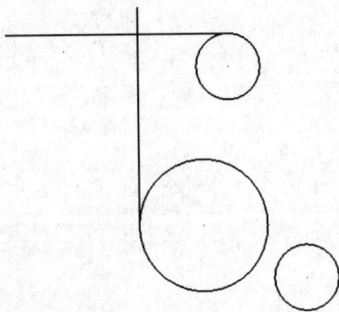

图 1-25　绘制垂线

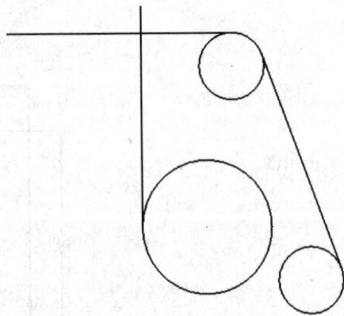

图 1-26　绘制公切线

4. 绘制圆弧。

（1）单击 ⌐ 按钮，在【倒圆角】工具栏中输入半径值为 12.5，然后单击 ⎯ 按钮，设定为不修剪方式倒圆角。

（2）依次选取下方的两个圆为公切线对象，单击 ✓ 按钮确定，结果如图 1-27 所示。

（3）修剪图形。执行【编辑】/【修剪/打断】/【修剪/打断】命令，单击工具栏中的 ⊥ 按钮，启动"修剪两物体"模式，依次选取要修剪的图形，结果如图1-28所示。

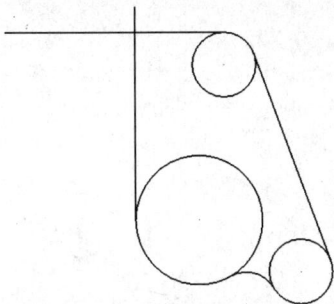

图 1-27 绘制公切线	图 1-28 修剪图形

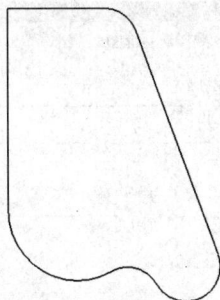

1.5.2 创建刀具路径

造型完成以后就可以进入刀具参数的设计阶段，创建外形铣削加工形成刀具路径。

1. 创建刀具。

（1）执行【刀具路径】/【刀具管理器】命令，系统弹出【刀具管理】对话框。

（2）在下方刀具库中选取 8mm 的平底铣刀，双击其名称，将其添加到应用系统中，结果如图 1-29 所示。

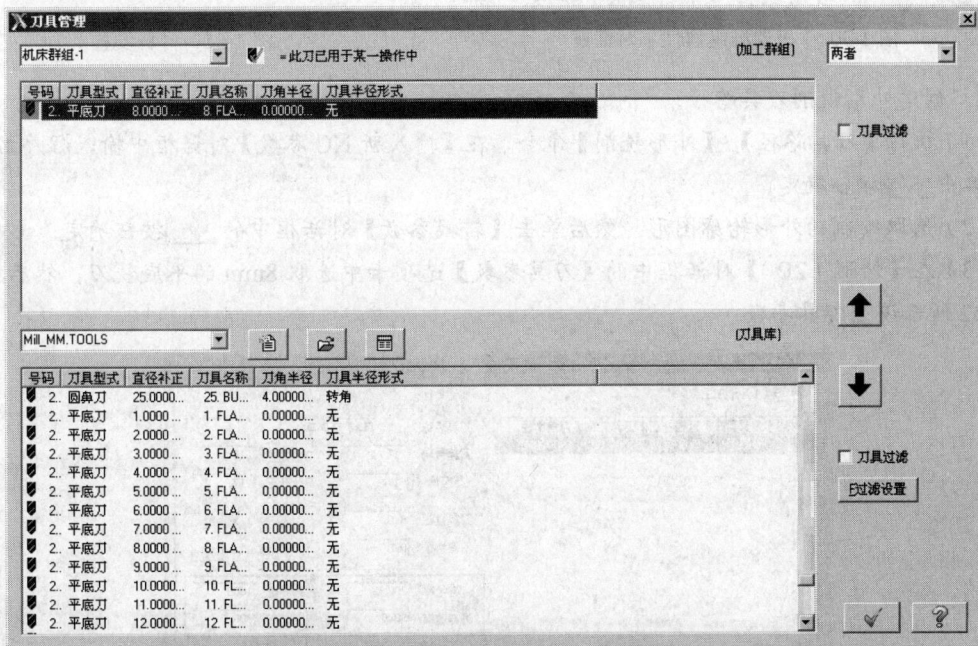

图 1-29 【刀具管理】对话框

2. 设置加工环境。

（1）执行【机床类型】/【铣削系统】/【默认】命令，启动铣削系统模块。

（2）在【操作管理器】中单击【属性】选项组中的【材料设置】选项，系统弹出【机器群组属性】对话框。

（3）在【机器群组属性】对话框中按照图 1-30 所示设置材料参数，单击 ✓ 按钮确定，结果如图 1-31 所示。

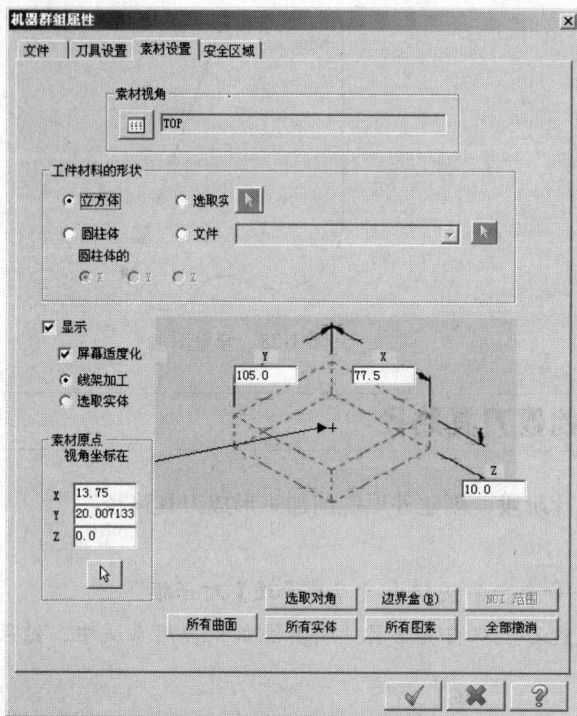

图 1-30 【机器群组属性】对话框

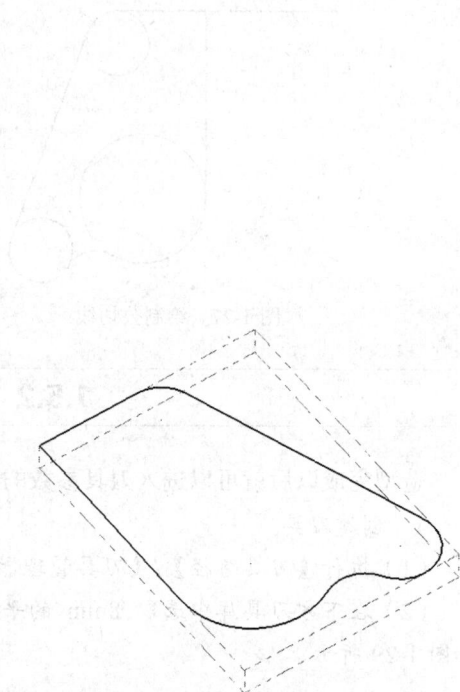

图 1-31 材料设置

3．创建外形铣削刀具路径。

（1）执行【刀具路径】/【外形铣削】命令，在【输入新 NC 参数】对话框中输入程序名称，然后单击 ✔ 按钮确定。

（2）选取绘制的外形轮廓图形，然后单击【转换参数】对话框中的 ✔ 按钮确定。

（3）在【外形（2D）】对话框中的【刀具参数】选项卡中选取 8mm 的平底铣刀，然后按如图 1-32 所示设置刀具参数。

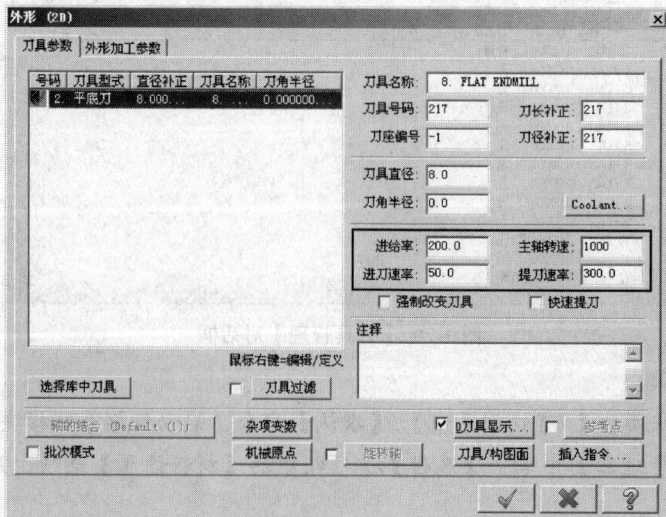

图 1-32 【刀具参数】选项卡

（4）单击【外形加工参数】选项卡，按照图 1-33 所示设置外形加工参数，单击 ✔️ 按钮确定，生成的刀具路径如图 1-34 所示。

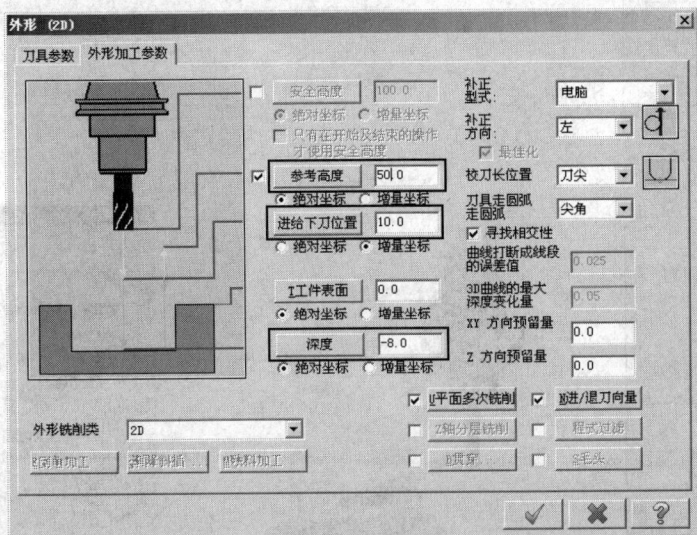

图 1-33 【外形加工参数】选项卡

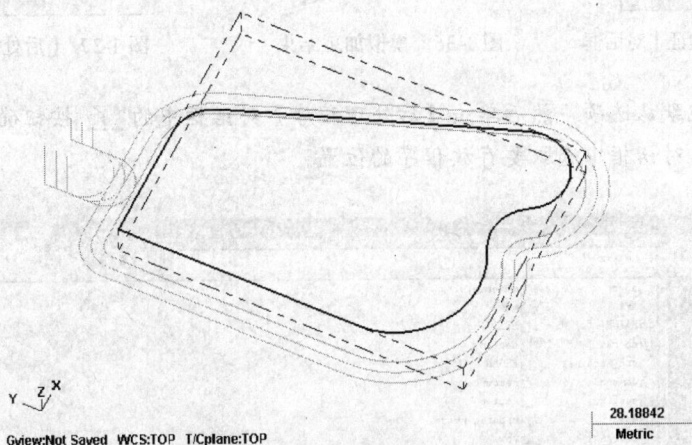

图 1-34 刀具路径

1.5.3 后 置 处 理

刀具路径产生以后，为了保证程序的正确性，还应该利用计算机进行验证，可以检验出碰刀、漏加工等现象。只有经过计算机切削验证的程序才算是基本上无误的 NC 程序，才可以导入相应的机床进行加工。

1. 实体切削验证。

（1）单击【操作管理器】对话框中的 🖳 按钮，系统弹出图 1-35 所示的【实体切削验证】对话框。

（2）单击 ▶ 按钮，开始模拟刀具路径进行外形铣削加工，结果如图 1-36 所示。

2. 生成 NC 程序文件。

（1）单击操作管理器中的 G1 按钮，系统弹出如图 1-37 所示的【后处理程序】对话框。

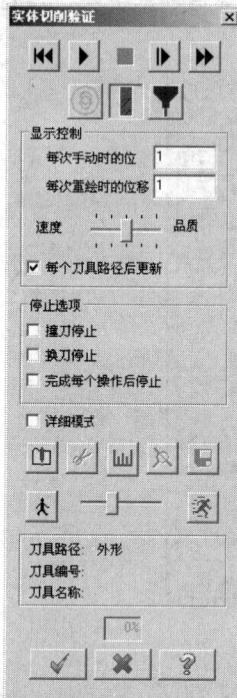

图 1-35 【实体切削验证】对话框　　　图 1-36　模拟加工结果　　　图 1-37 【后处理程序】对话框

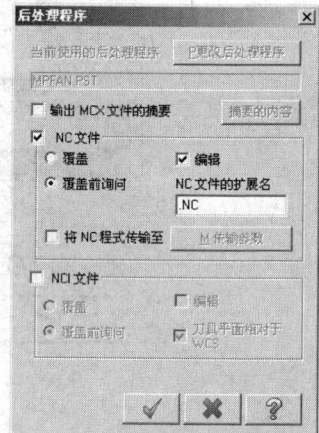

（2）采用系统默认选项，然后单击【后处理程序】对话框中的 ✔ 按钮确定，在如图 1-38 所示的【另存为】对话框中选取要存放程序的位置。

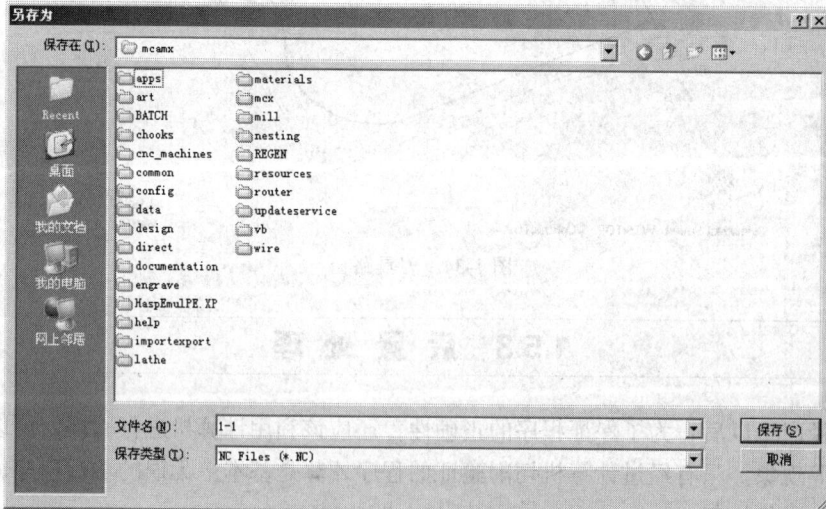

图 1-38 【另存为】对话框

（3）单击【另存为】对话框中的 ✔ 按钮确定，程序文件如图 1-39 所示。

3. 生成 NCI 文件。

如果希望将程序直接送入数控机床，可先勾选如图 1-37 中的【将 NC 程序传输至】复选项，然后单击 M传输参数 按钮，系统弹出如图 1-40 所示的【传输参数】对话框。

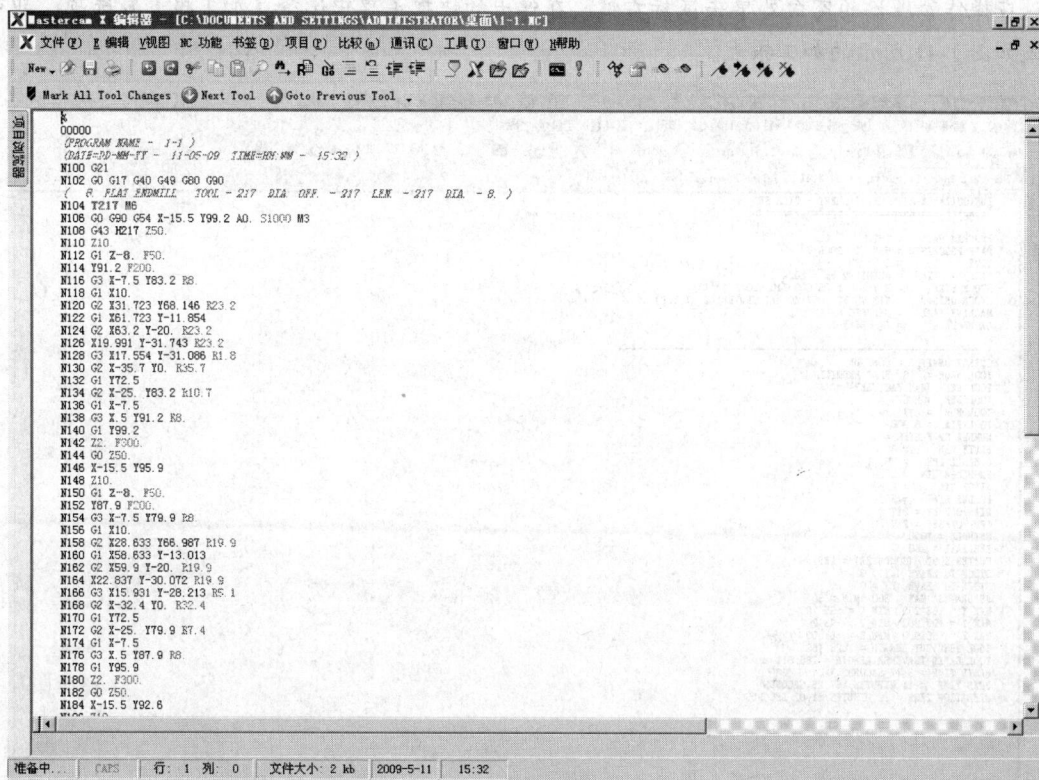

图 1-39　NC 文件

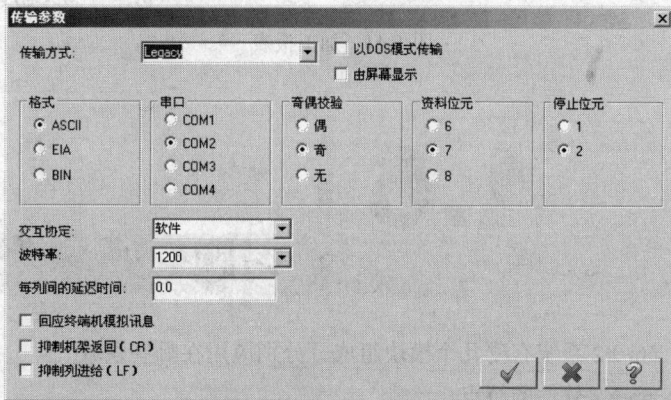

图 1-40　【传输参数】对话框

　　在【传输参数】对话框中根据具体的数控机床的要求设置好传输格式、通信端口、奇偶校验、数据位和停止位、交互协定、波特率等，再单击 ✓ 按钮确定。在数控机床端也设置好对应的参数，并将机床操作置于接受状态（不同机床的操作有所差别）。一切准备就绪后单击图 1-37 所示的【后处理程式】对话框中的 ✓ 按钮，Mastercam X2 就将程序输入到数控机床中。

　　4. 生成加工报表。

　　加工报表是供加工人员做加工前的准备使用的。报表内容包括零件的程序名、刀具号码、刀具直径、刀具补偿号、整个零件所需要的加工时间等数据。

在操作管理器的空白处单击鼠标右键，在弹出的快捷菜单中选择【加工报表】选项，即可生成如图 1-41 所示的加工报表。

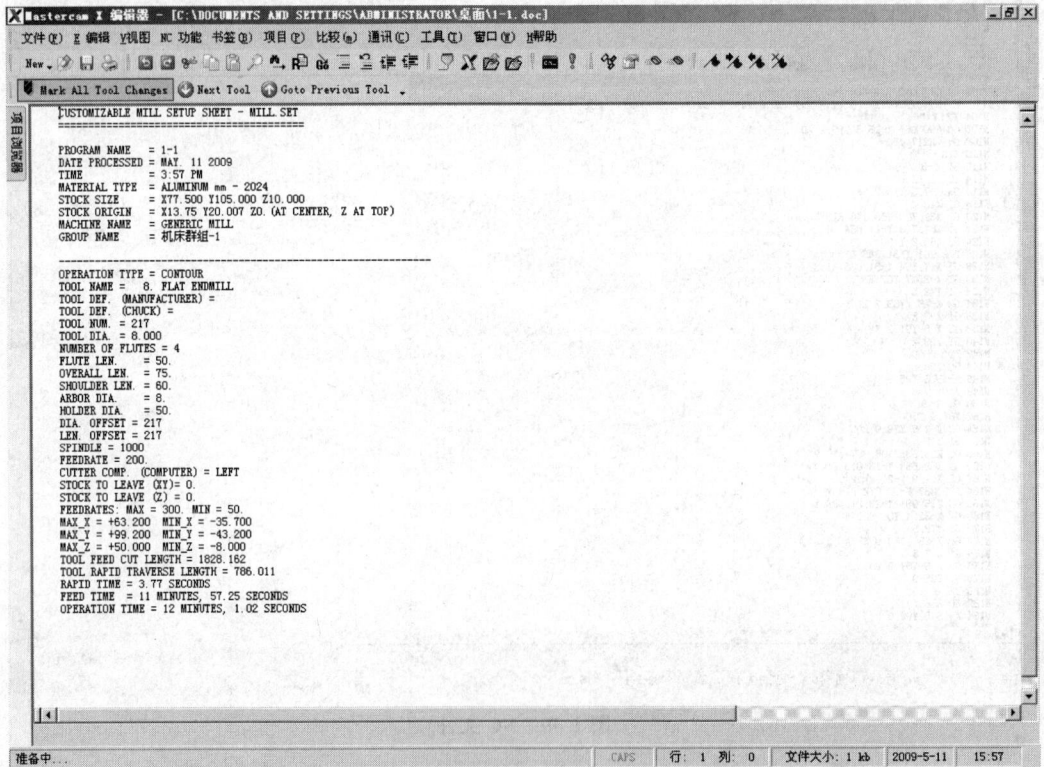

图 1-41　加工报表

1.6

习题

1. 阐述 Mastercam X2 系统有哪几个模块组成，分别应用在哪些领域。
2. 简述 Mastercam X2 软件的特点。
3. 启动软件后，熟悉软件的设计环境，练习常用操作的用法。

第2章

二维图形绘制与编辑

先设计再制造是工业生产中的一个普遍规律，设计者根据设计意图通过绘制点、直线、圆以及多边形等绘制出二维图形，故掌握好二维图形设计是做好设计最基本的要求，是设计人员的一项基本功。而对于复杂的二维图形需要运用各种图形编辑工具，才可以获得正确的设计结果和理想的设计效率。

2.1 相关基础知识

在开始绘制二维图形前需要掌握一些绘制图形和编辑图形的基本方法及技巧，比如点、直线、自由曲线的绘制，同时还应该掌握一些 Mastercam X2 的二维加工的基本方法和注意事项，为加工的便捷作铺垫。

2.1.1 二维图形的绘制方法

二维绘图功能主要使用如图 2-1 所示的【绘图】菜单栏中的各种命令，或者单击如图 2-2

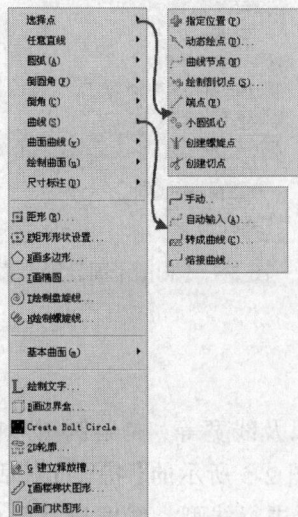

图 2-1 【绘图】菜单栏　　　　　　　　图 2-2 【绘图】工具栏

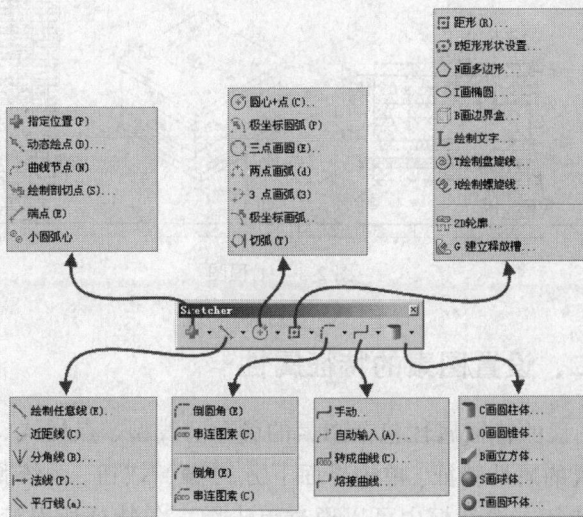

所示的【绘图】工具栏中各种命令按钮。

2.1.2 二维图形绘制的一般步骤

Mastercam X2 是采用图形进行编程的。图形编程的步骤是：（1）绘制图形；（2）设置参数；（3）产生程序；（4）模拟加工；（5）送入数控机床。因此，在进行二维图形的绘制前首先要考虑到编程的方法再进行操作。

Mastercam X2 二维绘图一般采取以下步骤。

一、设置构图平面

一般的工程图纸都由如图 2-3 所示的主视图、俯视图、左视图 3 个视图来确定零件的形状和各部分的相对位置关系，以表达空间形状，因此在 Mastercam X2 环境下工作就首先要设置构图平面，即绘制的二维图形要放置在哪个平面上。

单击界面左下角 构图面 按钮，弹出如图 2-4 所示的【构图平面设置】下拉菜单。选择【设置平面为俯视角相对于你的 WCS】选项，表示在平行于 xy 平面并距 xy 平面一定距离的平面上绘制图形。

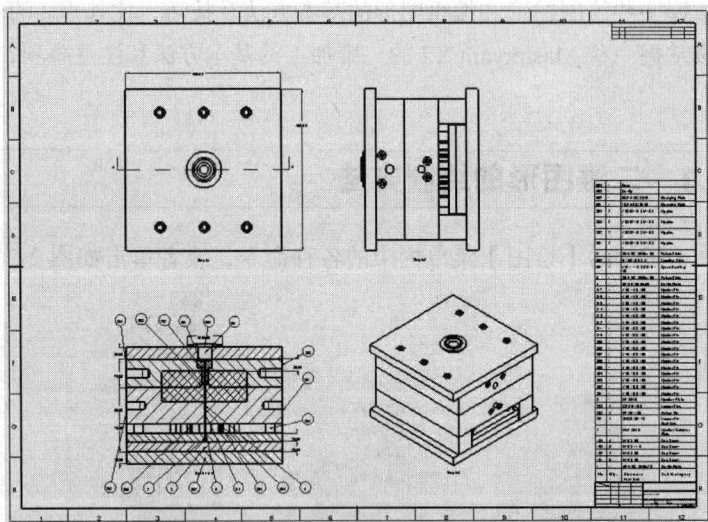

图 2-3 工程图

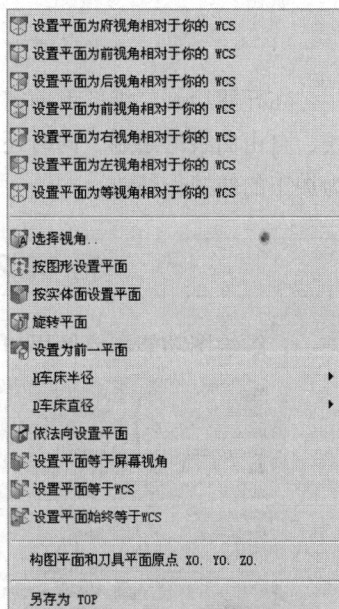

图 2-4 【构图平面设置】菜单

二、设置图素的特征属性

图素的特征属性包括图素的颜色、线型、点样式、层别以及线宽等，是绘制图形前必须设置的属性特征。单击界面下方的 属性 按钮，系统弹出如图 2-5 所示的【特征】对话框，在【特征】对话框中可以通过单击图素各特征所对应的选项进行线型、线宽以及颜色等设置。

三、设置工作深度

构图平面实际上只确定了绘图平面的方向，并没有确定绘图位置，这就需要确定工作深度。

工作深度是指构图平面所在的深度，即构图平面所在的位置。例如，前面设置了构图平面为【俯视图】，这时绘制的图形将出现在 xy 平面（$z = 0$）上。如果希望绘制的图形出现在 $z = -10$ 的平面上，就应该设置工作深度。

要设置工作深度，可以在最下面状态栏的 [Z 0.0 ▼] 文本框中直接输入深度数值，此后再绘制二维图形时，系统会自动在坐标值上加上 z 坐标。

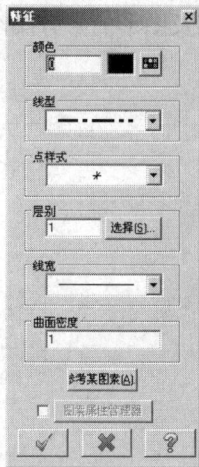

图 2-5 【特征】对话框

要点提示 铣削深度与工作深度的概念是不同的，铣削深度是指加工时刀具所在平面的深度，它是相对于 $z = 0$ 的表面而言的。一般来说，在二维外形铣削中，铣削深度与工作深度无关，但习惯上还是将工作深度设置为 0。

四、设置刀具面

刀具面是接近加工零件的那个平面。在外形铣削加工中，刀具面可以使用默认值"关"，或设置成与构图平面一样的平面。

五、确定工件坐标零点

工件坐标零点是由编程人员设定的编程坐标零点，熟悉 AutoCAD 绘图的人员都知道，绘图时根本不用设置坐标零点就可以绘制零件图。但是用 Mastercam X2 绘制零件图时，最好还是设置工件坐标系。设置工件坐标系有三大好处。

（1）可以充分发挥 Mastercam X2 的绘图功能，便于输入尺寸。

（2）编制好的程序在机床上使用的过程中难免遇到停电或其他事故，如果设置了工件坐标系，便于操作人员中途对刀。

（3）在数控机床上加工零件时需要设置工作原点，实际上工作原点就是零件的工件坐标原点。

将以上准备工作做好以后，就可以开始绘图了。

2.2
典型实例一——绘制法兰盘

法兰盘是机械设计中典型的零件，在机械加工中多采用铣削、钻削等加工方式加工法兰盘铸造而成的毛坯，下面以如图 2-6 所示的法兰盘二维图形的绘制，介绍直线、矩形、圆的绘制以及图形的修剪操作。

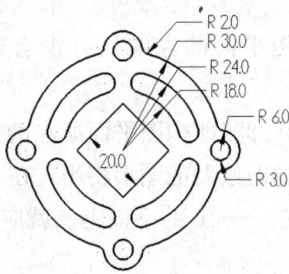

图 2-6　法兰盘

2.2.1　实　例　分　析

一、涉及的应用工具

（1）绘图环境设置，包括绘图平面、坐标轴的显示以及线宽的设置。

（2）绘制矩形和线段。

（3）以【圆心+点】模式绘制圆。

（4）以中心点为旋转中心创建图形旋转特征。

（5）采用分割物体的模式修剪图形。

（6）创建图形倒圆角特征。

二、操作步骤概况

操作步骤概况，如图 2-7 所示。

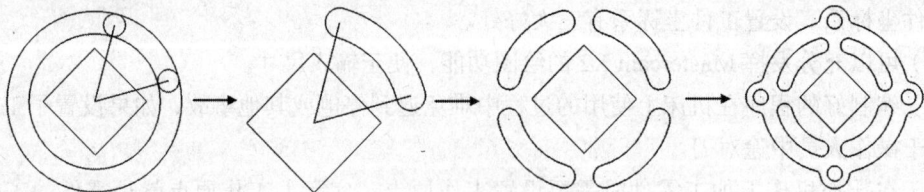

图 2-7　操作步骤

2.2.2　绘制法兰盘

1. 绘图环境设置。

（1）单击工具栏中的 按钮，设置前视图为绘图平面。

（2）按 F9 键，显示坐标轴。

（3）单击 （线宽）选项，选择第三条实线。

2. 绘制矩形。

（1）执行【绘图】/【矩形形状设置】命令，在弹出的【矩形形状选项】对话框中设置矩形长为 20，高为 20，旋转角度为 45°。

（2）单击对话框中的 ▲ 按钮，在【固定的位置】选项中点击中心点，然后选择原点为中心固定点绘制矩形。

（3）单击 ✓ 按钮确定，结果如图 2-8 所示。

3．绘制线段。

（1）在 层别 1 ▼ 的文本框中输入 "2"，新建图层 2。

（2）单击 ＼ 按钮，选取原点为线段的起点，输入线段长度为 21，角度为 15°，单击 ✚ 按钮确定。

（3）选取坐标原点为第二条线段的起点，然后输入线段长度为 21，角度为 75°，单击 ✓ 按钮确定，结果如图 2-9 所示。

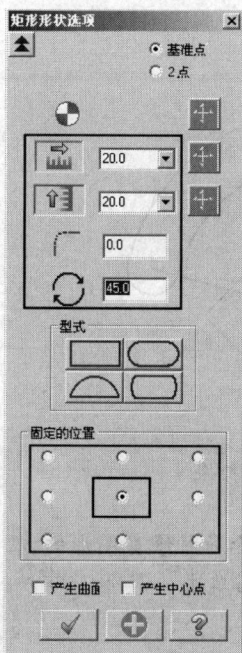

图 2-8 绘制矩形

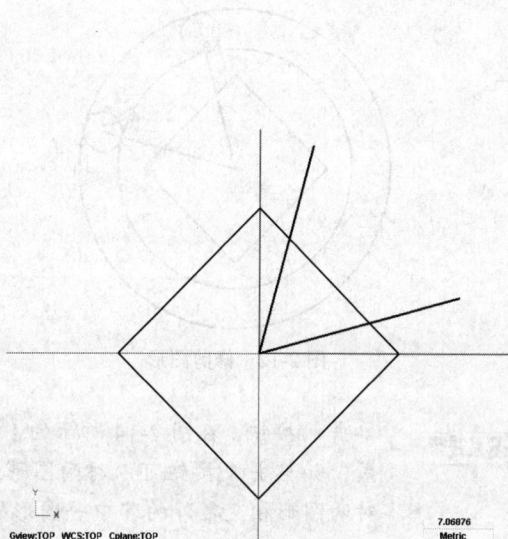

Gview:TOP WCS:TOP Cplane:TOP

7.06876
Metric

图 2-9 绘制线段

4．绘制圆。

（1）将 层别 2 ▼ 文本框中的 2 改为 1，将图层 1 设置为当前图层。

（2）执行【绘图】/【圆弧】/【圆心+点】命令，输入圆周半径 3，绘制如图 2-10 所示的圆，然后单击 ✚ 按钮确定。

（3）以相同的方法绘制半径分别为 3、18 和 24 的圆，然后单击 ✓ 按钮确定，结果如图 2-11 所示。

5．修剪图形。

（1）按 F9 键隐藏坐标轴。

（2）单击 ✂ 按钮，打开【修剪/打断】工具栏，然后单击【分割物体】按钮 ┼┼ 进行线段的分割。

（3）以此单击选取如图 2-12 所示的图形位置进行分割物体修剪，结果如图 2-13 所示。

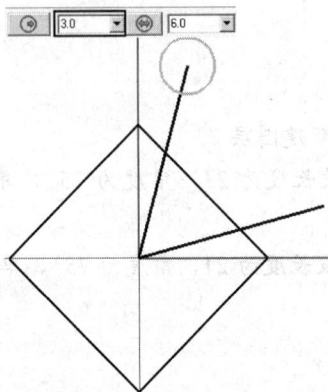

图 2-10　绘制 R3 的圆

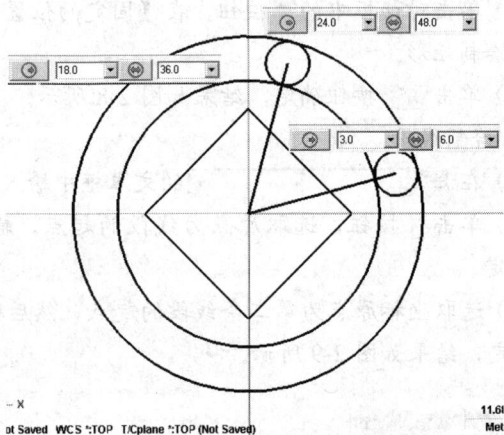

图 2-11　绘制圆

图 2-12　修剪图形

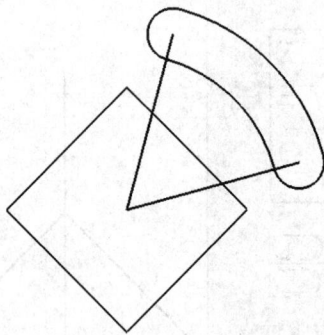

图 2-13　修剪结果

> **要点提示**　单击 按钮，在图 2-14 所示的【修剪/打断】工具栏中可以选择多种修剪图形的方式，如单击 按钮可以对两图形相交之外的部分进行修剪，而单击 按钮，可以对两图形相交之外的其中一图形的部分进行修剪。

图 2-14　【修剪/打断】工具栏

6. 旋转图形。

（1）单击 层别 1 工具栏中的【层别】按钮，在弹出的对话框中单击层别 2 的 ，取消图层 2 的显示。

（2）单击 按钮，依次选择如图 2-15 所示的图素，然后按 Enter 键确定。

（3）在【旋转】对话框中设置参数，单击 按钮确定，结果如图 2-16 所示。

7. 绘制圆。

按 F9 键显示坐标轴，然后执行【绘图】/【圆弧】/【圆心+点】命令，绘制半径分别为 3、6 和 30 的圆，如图 2-17 所示。

8. 打断全圆。

（1）执行【编辑】/【修剪/打断】/【打断全圆】命令，选取上步骤绘制的 3 个圆，然后按

Enter 键确定。

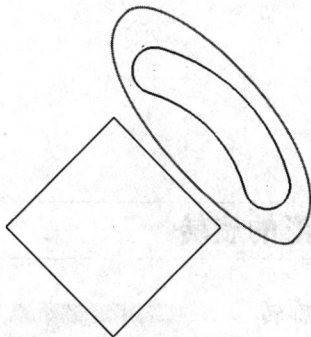

图 2-15 选取旋转对象

图 2-16 旋转图形

（2）在弹出的【输入打断全圆的段数】对话框中输入 "4"，将全圆打断为 4 段，然后按 Enter 键确定。

9. 旋转图形。

（1）单击 按钮，依次选择 *R*6 圆和 *R*3 圆两个圆，然后按 Enter 键确定。

（2）在弹出的对话框中设置参数，单击 ✓ 按钮确定，然后单击 按钮，去除图形颜色，结果如图 2-18 所示。

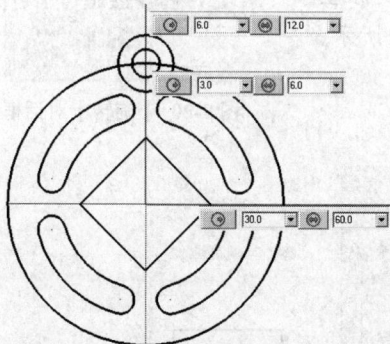

图 2-17 绘制圆

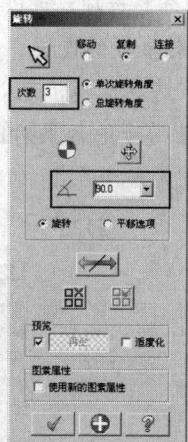

图 2-18 旋转圆

10. 创建倒圆角特征。

（1）单击 按钮，在圆与圆的连接处创建半径为 2 的圆角特征。

（2）删除多余图素，结果如图 2-19 所示。

要点提示

如果想让图形恰当的显示在绘图区，则可以单击【适度化】按钮 ，或者单击与适度化功能类似的操作【重画】按钮 ，但此按钮只能够刷新屏幕。同时也可以通过单击【目标放大】按钮 和【目标缩小】按钮 实现手动调节。

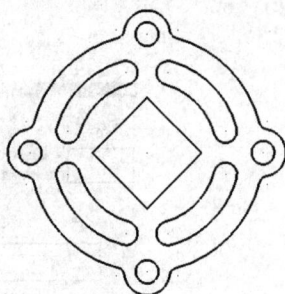

图 2-19　最终结果

2.2.3　相关知识讲解——图形的旋转

图形的旋转是将选取的一个或多个对象绕着一个点旋转一定的角度，正角度定义为逆时针旋转，负角度定义为顺时针旋转。

执行【转换】/【旋转】命令，单击工具栏上的 🔳 按钮即可启动命令，系统提示选取要旋转的图素，选取需要旋转的图素，然后按 Enter 键，系统弹出如图 2-20 所示的【旋转】对话框。

下面对以下几个工具的用法进行说明。

- 🔳：确定新的旋转中心。
- 【旋转】：旋转方式。点选此选项，可以对图形进行角度、数量以及旋转中心等旋转参数的设置。
- 【平移】：平移方式。点选此选项，可以将图形保持原型而旋转，与点选【旋转】选项的效果对比如图 2-21 所示。
- 🔳：删除旋转图形中的某一个图形。
- 🔳：恢复旋转图形中的某一个图形。

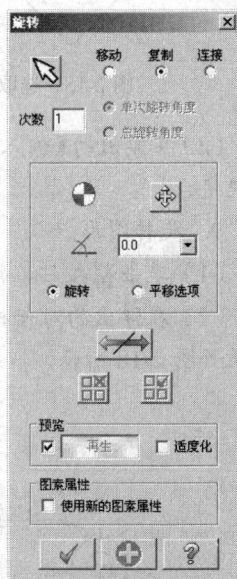

图 2-20　【旋转】对话框

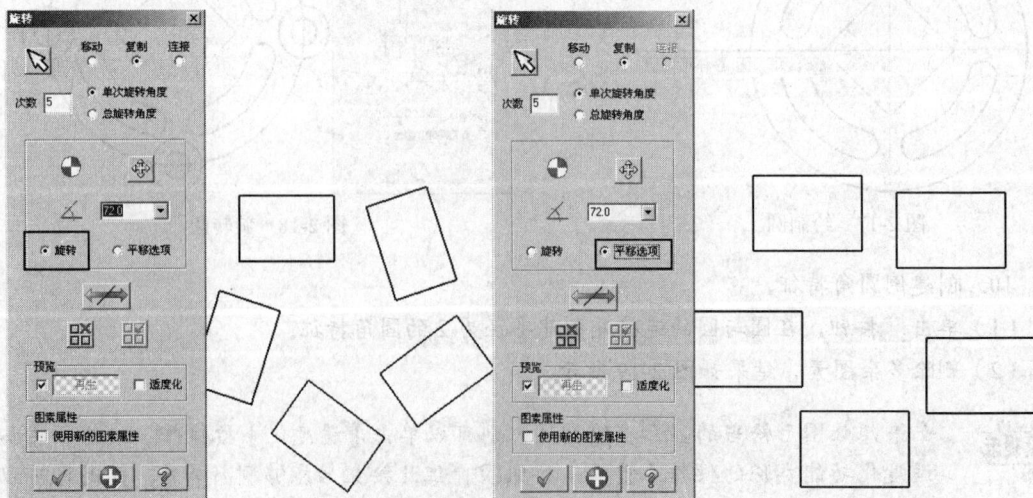

图 2-21　旋转与平移的效果对比

2.3

典型案例二——绘制样板零件

下面以在数控铣床或加工中心上加工如图 2-22 所示零件的外轮廓为例,介绍图形绘制与编辑的操作过程。

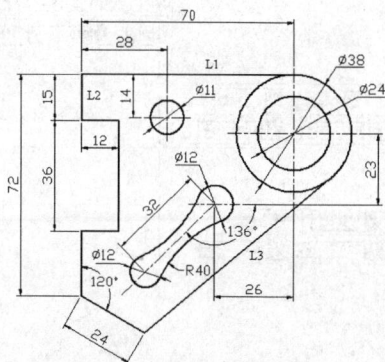

图 2-22 样板零件

2.3.1 实 例 分 析

一、涉及的应用工具

(1)绘图环境设置,包括绘图平面、坐标轴的显示以及线宽的设置。

(2)利用直线工具绘制辅助中心线。

(3)以【圆心+点】模式绘制圆、公切圆。

(4)绘制切线和连续线,构成样板的外部轮廓。

(5)采用【修剪一物体】、【修剪二物体】等修剪命令修剪图形。

二、操作步骤

操作步骤概况,如图 2-23 所示。

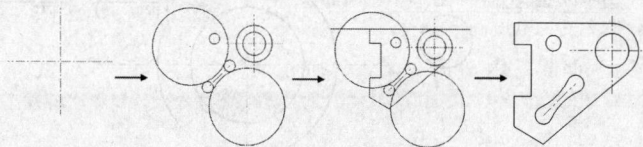

图 2-23 操作步骤

2.3.2 绘制样板零件

1. 绘图环境设置。

(1)单击工具栏中的 🔲 按钮,设置前视图为绘图平面。

（2）按 F9 键，显示坐标轴。

（3）单击 ⊏═══▾⊐（线型）选项，选择中心线为当前线型。

2. 绘制辅助线。

（1）单击 ＼按钮，输入起点坐标为（-30,0,0），在长度和角度文本框中分别输入"60"和"0"。

（2）输入起点坐标为（0,30,0），在长度和角度文本框中分别输入"60"和"0"。

（3）输入起点坐标为（-26,-23,0），在长度和角度文本框中分别输入"32"和"-136"，结果如图 2-24 所示。

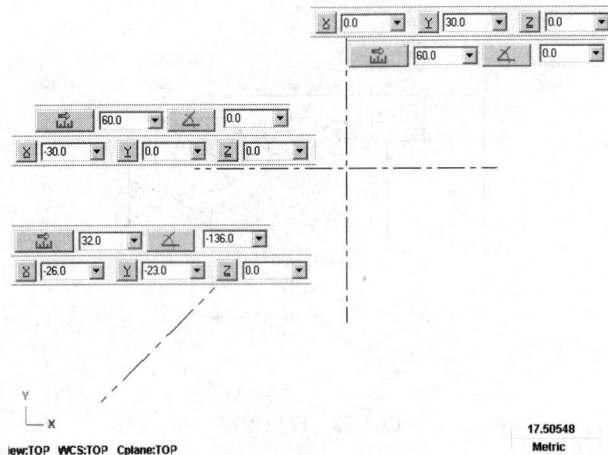

图 2-24　绘制辅助线

> **要点提示**　在绘制竖直或者水平线段时，可以单击【线段】工具栏中的【垂直】按钮 ⫿ 或【水平】按钮 ↔，只需输入水平线段起始位置和长度即可以绘制垂线。

3. 绘制圆。

（1）将线型修改为实线，选择第二条实线为线宽，并将新建图层 2 设置为当前图层。

（2）单击 ⊛ 按钮，然后在绘图区拾取原点为圆心，绘制半径分别为 12 和 19 的圆。

（3）输入圆心坐标为（-42,5,0），绘制直径值为 11 的圆。

（4）在绘图区捕捉左下角斜线的两个端点，分别以线段的两端点为圆心，绘制直径为 12 的圆，结果如图 2-25 所示。

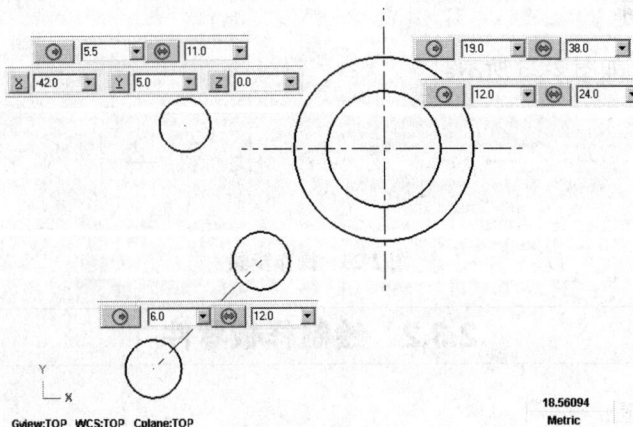

图 2-25　绘制圆

要点提示 当绘制圆心在原点的圆时，可以通过输入圆心坐标（0,0,0）实现，同时还可以单击【自动抓点】工具栏中的 ⌄ 按钮实现。

4．绘制公切圆。

（1）单击 ○ 按钮，在打开的工具栏中单击【切线】按钮 ∕，启动绘制公切圆工具。

（2）在半径文本框中输入"40"，单击 φ12 的圆，再单击另外一个 φ12 的圆，屏幕上将出现满足条件的如图 2-26 所示的 8 个方案。

（3）单击选择需要的一种方案，用相同的方法绘制另一个公切圆，结果如图 2-27 所示。

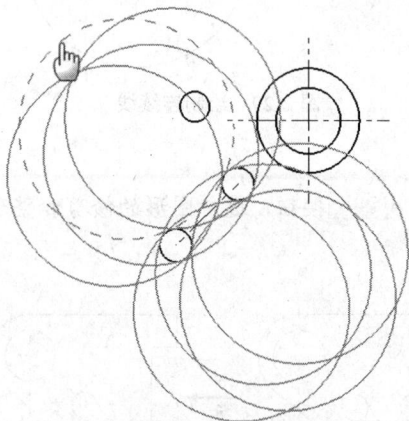

图 2-26　满足条件的公切圆　　　　　　　　图 2-27　绘制公切圆

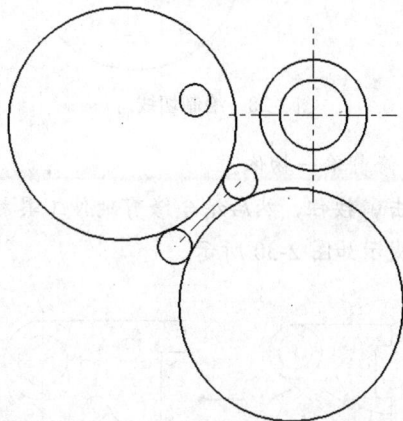

要点提示 在 Mastercam X2 中，如果满足条件时有多种情况出现，系统会将所有满足条件的情况显示在屏幕上，由用户自行选择。

5．绘制水平线和垂直线。

（1）执行【绘图】/【任意直线】/【绘制任意线】命令，然后在弹出的工具栏中单击 ⊷ 按钮，在屏幕上的适当位置单击一点，向右拉出一条水平线，再单击鼠标左键。

（2）在 ↕ 和 ⊷ 按钮中间的文本框中输入"y"，系统提示"选取点"，捕捉 φ38 四分圆点，直线自动与圆 φ38 相切，如图 2-28 所示。

要点提示 如果仅输入一个参数，且该参数值与屏幕上某个图形元素的坐标值相等，或者与某一个图形元素的直径、半径、长度相等，则可以在文本框中对应输入 X、Y、D、R、L，然后捕捉相应的图形元素即可。

6．连续线的绘制。

（1）执行【绘图】/【任意直线】/【绘制任意线】命令，然后在弹出的工作栏中单击 ⋈ 按钮。

（2）在坐标文本框中依次输入坐标（-70,19）、（-70,4）、（-58,4）、（-58,-32）、（-70,-32）和（-70,-53），然后在长度文本框中输入"24"，在角度文本框中输入"-30"。

（3）单击 ∕ 按钮，将光标移动到与 φ38 的圆相切的切点附近单击鼠标左键，完成切线的绘制，结果如图 2-29 所示。

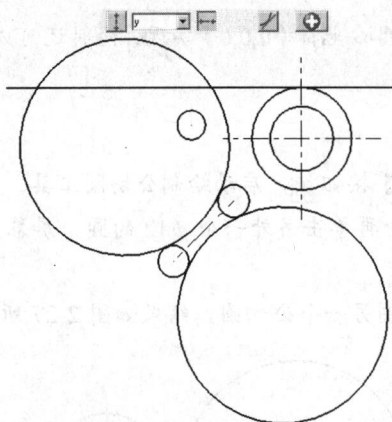

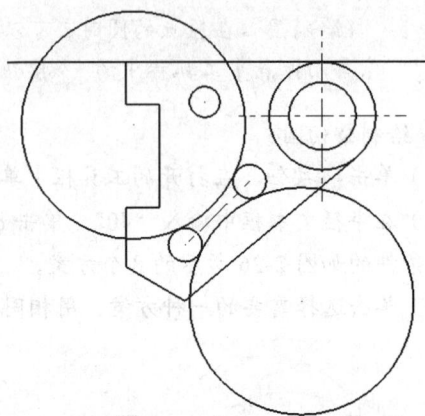

图 2-28　绘制切线　　　　　　　　　　图 2-29　绘制连续线

7. 修剪单一物体。

单击 按钮，然后结合修剪延伸工具栏中的 按钮，进行图形的修剪和整理，修剪步骤提示如图 2-30 所示。

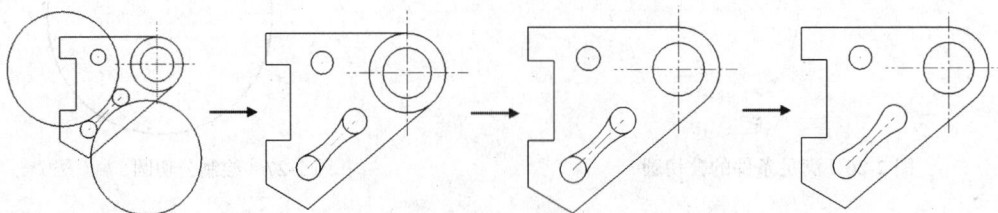

图 2-30　修剪图形

2.3.3　相关知识讲解——二维图形的修剪/打断

对几何图形进行修剪/打断是将曲线进行修剪或将其延伸到交点的操作，被修剪的曲线必须在同一个构图平面内，执行【编辑】/【修剪/打断】命令，系统提供了如图 2-31 所示的 8 种方法，修剪/打断、多物修整以及两点打断是常用命令。

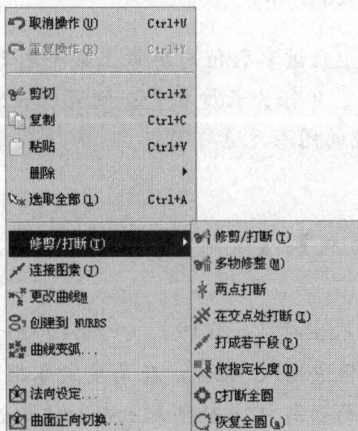

图 2-31　二维图形的修剪/打断方法

一、【修剪/打断】命令

执行【编辑】/【修剪/打断】/【修剪/打断】命令，修剪/打断的状态栏提供了 5 种操作方法，如图 2-32 所示。

图 2-32 【修剪/延伸/打断】工具栏

操作方法如表 2-1 所示。

表 2-1　　　　　　　　　　　　　　【修剪/打断】命令操作方法

修剪类型	作　用	修　剪　前	修　剪　后
【修剪一物体】按钮	先选取要修剪的直线、弧或样条曲线，然后选取另一个直线、弧或样条曲线，即可完成对第一条曲线的修剪		
【修剪二物体】按钮	依次选择要修剪的两条直线、弧或样条曲线，即可完成两曲线的修剪		
【修剪三物体】按钮	先选择需要修剪的两条直线、弧或样条曲线，然后选择第三条曲线，则前两条曲线与第三条曲线组成边界修剪边界外的图素		
【分割物体】按钮	直接选取一条直线要修剪的部分，即可完成对直线或圆弧的修剪		
【修剪至点】按钮	先选取需要修剪的直线、弧或样条曲线，然后指定修剪点，即可完成修剪		

二、【多物修整】命令

【多物修整】命令可同时将多个对象进行修剪。执行此命令后，先在绘图区选取需要修剪的多条直线、弧或样条曲线，然后按 Enter 键，再选取一条曲线作为边界，指定需要保留的一边，即可完成多个操作对象的修剪操作。

【多物修整】命令使用操作步骤训练。

（1）执行【编辑】/【修剪/打断】/【多物修整】命令。

（2）选取图 2-33 所示的直线 1、2 和曲线 3 作为需要修剪的图素，然后按 Enter 键确定。

（3）选取直线 4 作为修剪边界，然后单击需要保留的一方，结果如图 2-34 所示。

三、【两点打断】命令

【两点打断】命令可将一个对象打断成两部分。执行此命令后，在绘图区选取需要打断的直线、弧或样条曲线，然后指定一点为打断点，即可完成曲线的打断操作。

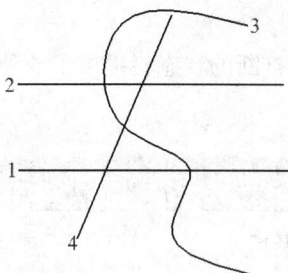

图 2-33　修整前

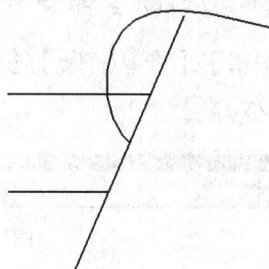

图 2-34　修整后

2.4 典型案例三——绘制盖板零件

下面以在数控铣床或加工中心上加工如图 2-35 所示零件的外轮廓为例，介绍图形绘制与编辑的操作过程。

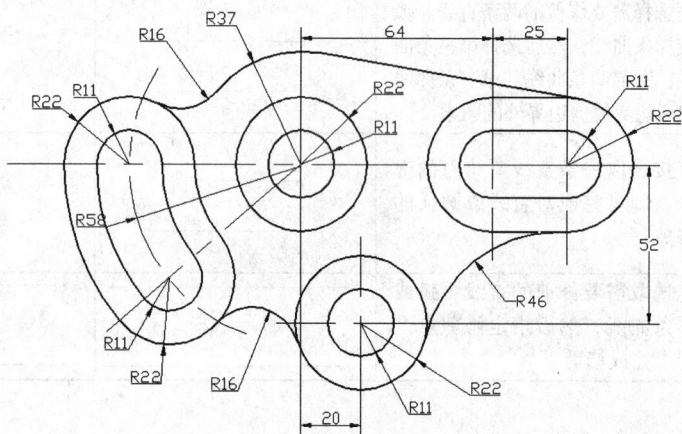

图 2-35　盖板零件

2.4.1　实例分析

该零件是由圆、切线及过渡圆弧组成的，且有许多相同的图形元素，因此可以利用 Mastercam X2 中的平移、旋转、镜像、偏移等转换功能。

一、涉及的应用工具

1. 利用【圆心+点】模式绘制圆。
2. 绘制公切线以及公切圆。
3. 利用单体补正和串连补正工具创建补正特征，快捷的绘制类似的图素。
4. 利用修剪/打断、两点打断等工具修整图形。

二、操作步骤

操作步骤概况，如图 2-36 所示。

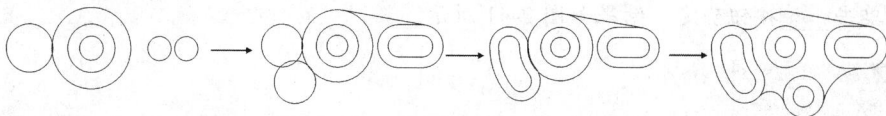

图 2-36　操作步骤

2.4.2　绘制盖板零件

1. 绘制圆。

（1）单击⊙按钮，绘制圆心坐标为（0,0）、半径值为 22 的圆。

（2）用相同的方法绘制圆心坐标为（64,0）、半径值为 11 和圆心坐标为（-58,0,0）、半径值为 22 的圆，结果如图 2-37 所示。

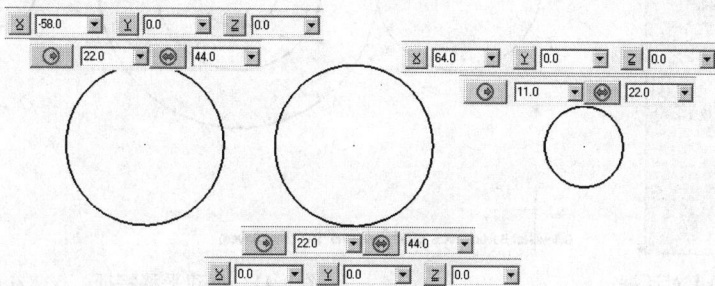

图 2-37　绘制圆

2. 创建单体补正特征。

（1）执行【转换】/【单体补正】命令，弹出如图 2-38 所示的【补正】对话框。

（2）在【补正距离】文本框中输入数值 11，然后在绘图区选取圆心在原点的圆，并在圆的内部单击鼠标左键确定补正。

（3）在【补正距离】文本框中输入数值 15，然后在绘图区选取圆心在原点的圆，并在圆的外部单击鼠标左键确定补正，结果如图 2-39 所示。

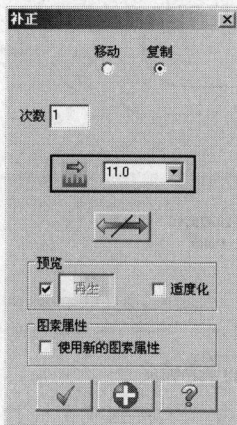

图 2-38　【补正】对话框

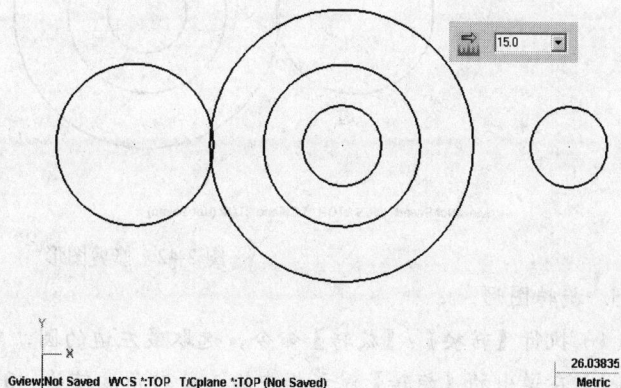

图 2-39　创建单体补正特征

3. 移动图形。

（1）执行【转换】/【平移】命令，在绘图区选取最右面的圆，然后按 Enter 键确定。

（2）在弹出的【平移选项】对话框中设置平面参数，如图 2-40 所示。

（3）单击 ✔ 按钮确定，结果如图 2-41 所示。

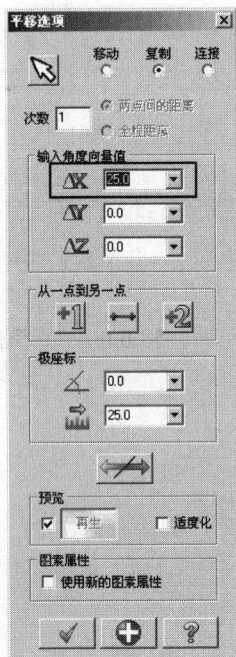

图 2-40 【平移选项】对话框　　　　　　　　图 2-41　创建平移特征

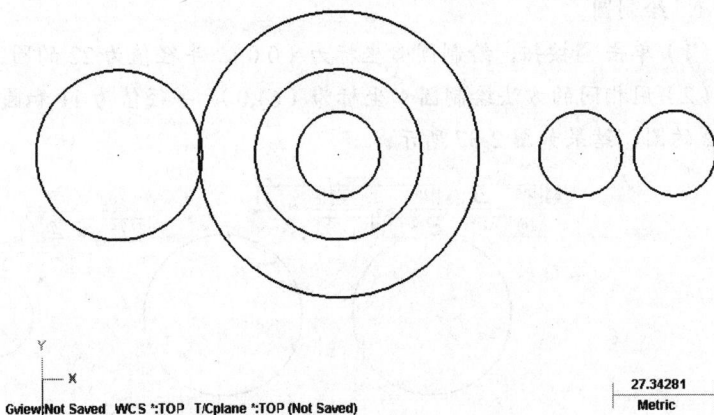

4. 绘制公切线。

（1）单击 ↘ 按钮，在工具栏中单击【切线】按钮 ↗，依次在绘图区选取两个半径为 11 的圆，得到公切线。

（2）执行【编辑】/【修剪/打断】/【修剪/打断】命令，修剪图形，结果如图 2-42 所示。

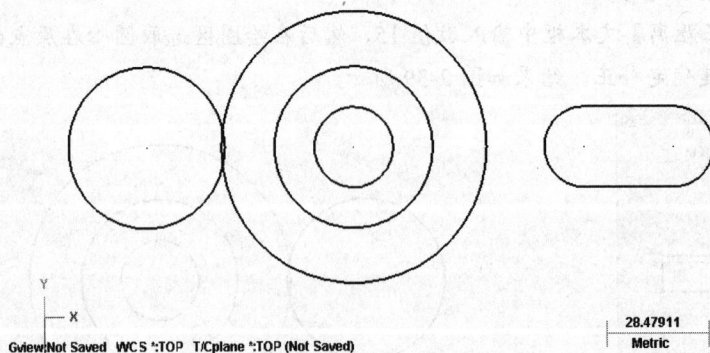

图 2-42　修剪图形

5. 旋转图形。

（1）执行【转换】/【旋转】命令，选取最左边的圆，然后按 Enter 键确定。

（2）在弹出的【旋转】对话框中输入旋转角度值为 40°，然后单击 ✔ 按钮确定，结果如图 2-43 所示。

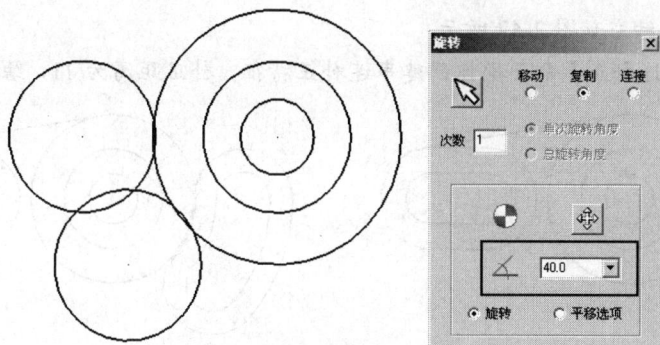

图 2-43   创建旋转特征

6. 创建串连补正特征。

（1）执行【转换】/【串连补正】命令，系统弹出【串连选项】对话框。

（2）在绘图区选取最右边的图形，然后单击 ✓ 按钮确定。

（3）在【串连补正】对话框中输入补正距离为 11，然后单击 ✓ 按钮确定，结果如图 2-44 所示。

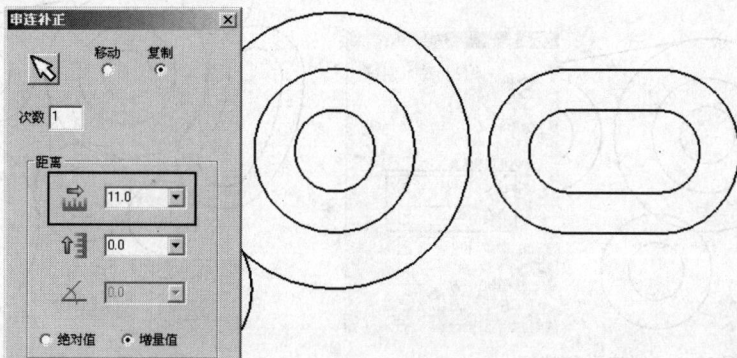

图 2-44   创建串连补正特征

7. 绘制公切线和公切圆。

（1）单击 ＼ 按钮，在工具栏中单击【切线】按钮 ，绘制圆与圆的公切线，如图 2-45 所示。

（2）单击【三点画圆】按钮 ，然后在工具栏中单击【切线】按钮 ，绘制半径分别为 80 和 36 的公切圆，结果如图 2-46 所示。

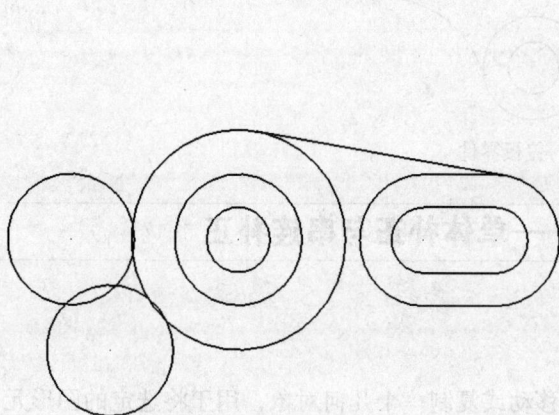

图 2-45   绘制公切线

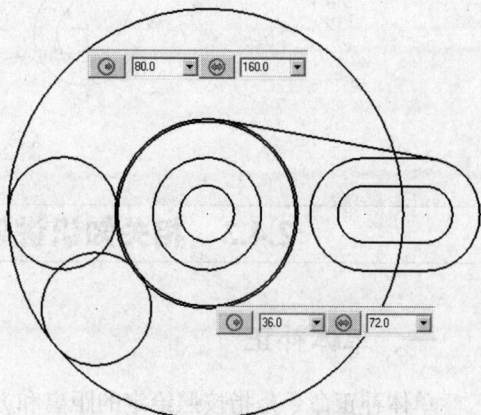

图 2-46   绘制公切圆

8. 修剪图形，结果如图 2-47 所示。

9. 请采用【串连补正】命令操作创建串连补正特征，补正距离为 11，结果如图 2-48 所示。

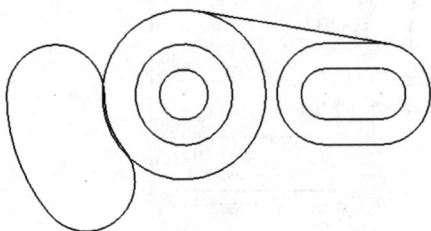

图 2-47　修剪图形

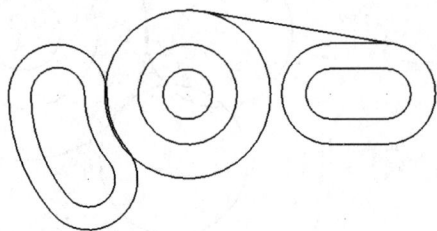

图 2-48　创建串连补正特征

10. 利用【平移】命令可将两个和工件坐标原点同心的圆复制到（20,-52）处，结果如图 2-49 所示。

11. 绘制圆与圆的外公切圆，其半径为 16 和 46，结果如图 2-50 所示。

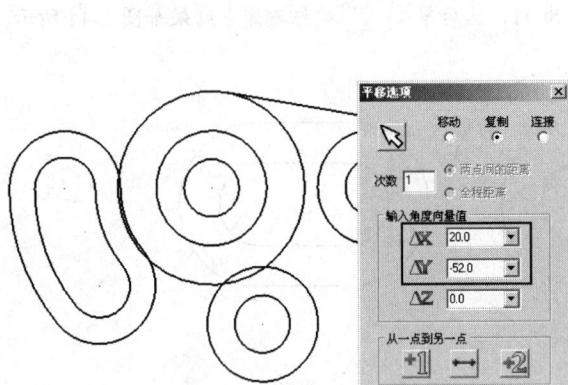

图 2-49　创建平移特征

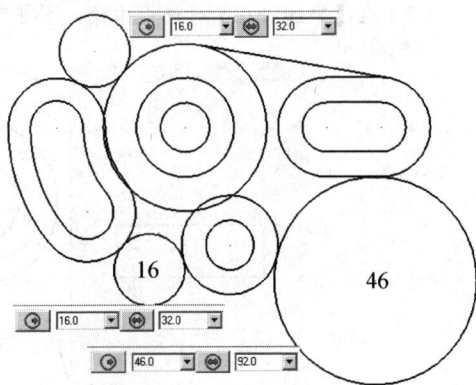

图 2-50　绘制外公切圆

12. 修剪图形，最终结果如图 2-51 所示。

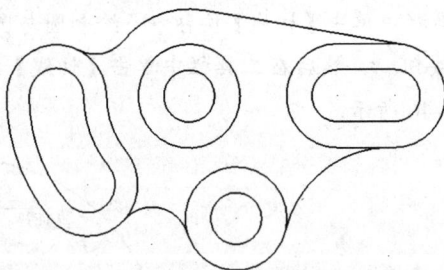

图 2-51　盖板零件

2.4.3　相关知识讲解——单体补正与串连补正

一、单体补正

单体补正命令是指按照给定的距离和方向移动或复制一个几何对象，用于将选定的图形元素按指定的方向偏移指定的距离。该几何对象只能是直线、圆弧或曲线。

执行【转换】/【单体补正】命令，或者单击【转换】工具栏中的 按钮，系统弹出如图 2-52 所示的【补正】对话框，同时出现提示"选取线、圆弧、曲线或曲面线去补正"，选取补正对象和补正方向后，补正效果如图 2-53 所示。

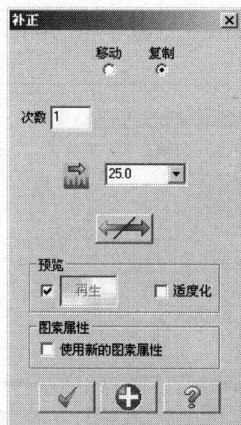

图 2-52 【补正】对话框   图 2-53   单体补正效果

- 【移动】单选项是删除原图形。
- 【复制】单选项则是保留原图形而产生新的图形。
- 补正方向可以是左侧、右侧和双向对称。
- 勾选【再生】复选项，可以在确认前看到结果是否满足要求。
- 勾选【适合化】复选项，则自动将新产生的图形元素充满整个绘图区。
- 勾选【使用新的图素属性】复选项，可以给新产生的图形元素赋予不同的属性，则新的图形元素就可以用不同的颜色产生在不同的层中。

二、串连补正

串连补正是对一个或者多个首尾相连而组成的轮廓进行的补正，用于将几何图形按指定方向偏移指定的距离。

执行【转换】/【串连补正】命令，或单击【转换】工具栏中的 按钮，系统弹出如图 2-54 所示的【转换参数】对话框，选择要进行串连补正操作的图形后按 Enter 键确定。在如图 2-55 所示的【串连补正】对话框中设置参数，串连补正效果如图 2-56 所示。

【串连补正】对话框中各选项的说明如表 2-2 所示。

表 2-2   【串连补正】对话框中各主要选项

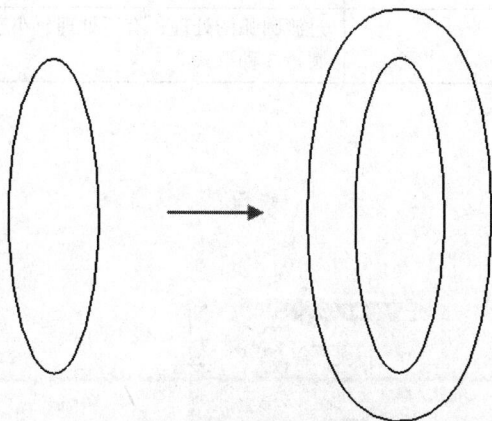

选　　项	说　　明
▷	附加新的图形元素
次数 1	设置偏置的数量
⇨ 20.0 ▾	设置偏置的距离
⬆ 0.0 ▾	设置深度方向即 z 方向的距离，在绝对坐标方式下，创建补正图形的 z 坐标值。在相对坐标方式下，创建补正图形相对于原图沿 z 方向的增量值

续表

选　　项	说　　明
`0.0`	由距离和深度决定
	变更补正方向或生成对称补正
转角设置	过渡圆弧的处理，有不处理、小于 135° 的拐角处生成圆角和在所有拐角处生成圆角 3 种形式

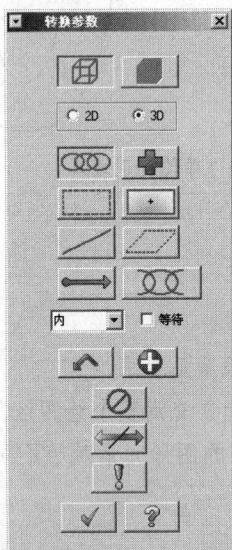

图 2-54　【转换参数】对话框

图 2-55　【串连补正】对话框

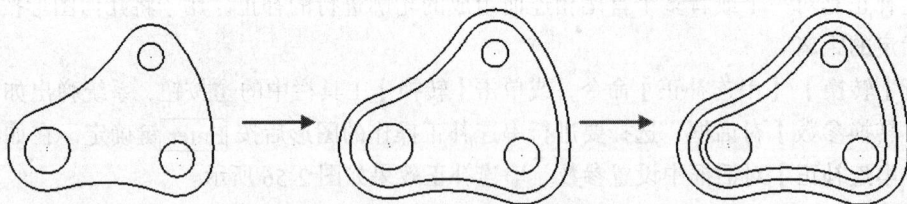

图 2-56　串连补正效果

2.5 习题

一、思考题

1. 绘制二维图形的基本方法都有哪些？

2. 转换图形时，选取不同的中心点，结果为什么不同？

二、操作题

1. 已知如图 2-57 所示的零件，试在 Mastercam X2 中绘制零件图。

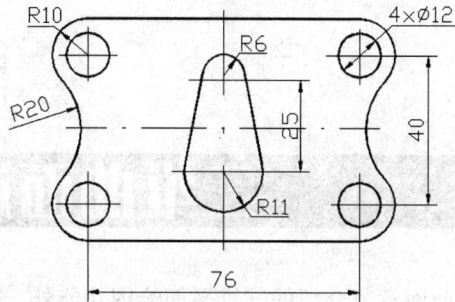

图 2-57 练习（1）

2. 已知如图 2-58 所示的零件，试在 Mastercam X2 中绘制零件图，并保存。

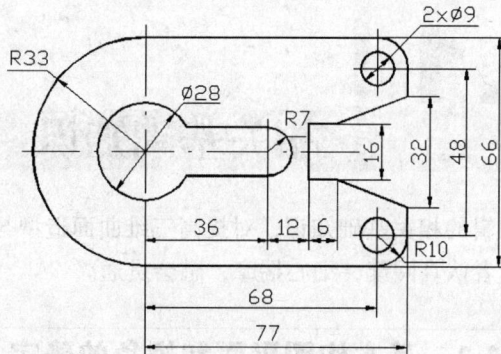

图 2-58 练习（2）

第3章

三维曲面造型与编辑

Mastercam X2 除了具有前面章节介绍的二维平面绘图功能外，还具有方便直观的几何造型能力。Mastercam X2 为用户提供了设计零件外形所需的理想环境，其强大稳定的造型功能可让设计人员设计出复杂的曲线、曲面零件。

3.1 相关基础知识

掌握三维曲面造型与编辑的相关基础知识，对提高三维曲面造型与编辑等技术的理解和应用具有重要的意义，需要读者认真阅读，细心揣摩，融会贯通。

3.1.1 基本构图平面和视角的确定

一、基本构图平面的确定

构图平面指当前绘图操作所在的二维平面，是创建平面图形的平台。只有准确定义了构图平面，后面的设计工作才有实际意义。在 Mastercam X2 中，共有 7 种常见的构图平面，在工具栏中单击 按钮右侧的 按钮打开下拉菜单，常用的构图平面如图 3-1 所示。

前 3 个构图平面比较直观，现对后 4 个构图平面进行说明。

- 【按实体面设置平面】：选取实体上的一个平面作为构图平面。

- 【按图形设置平面】：选取绘图区的某一个平面、两条线或 3 个点来确定的平面作为构图平面。选取相应的参照后，系统提示用户确定第三坐标轴的方向及对该构图平面命名，按提示操作即可。

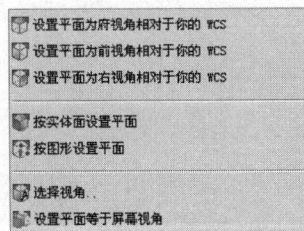

图 3-1　构图平面

- 【选择视角】：选取此项，系统打开如图 3-2 所示的【视角选择】对话框，从中选取构图平面。

- 【设置平面等于屏幕视角】：当前使用的构图平面与当前所使用的视图面相同。

除以上 7 种常见的构图平面外，另外还有几种构图平面，单击 构图面 按钮，打开如图 3-3 所示的【构图面】菜单。

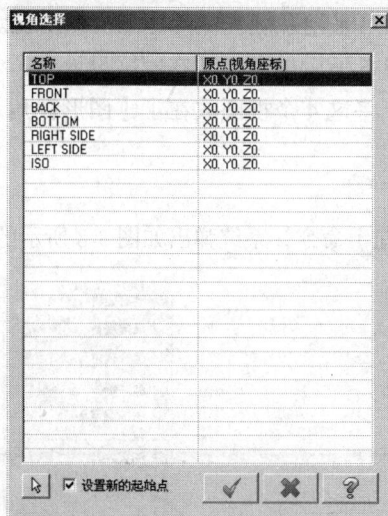

图 3-2 【视角选择】对话框

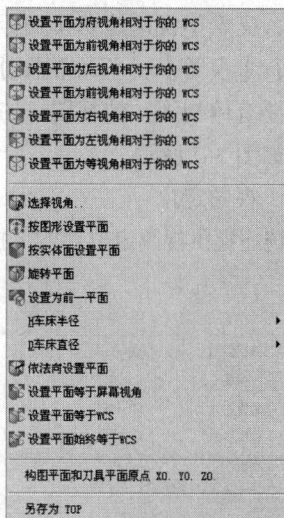

图 3-3 【构图面】菜单

二、视角的确定

在三维造型过程中，经常需要变换视图的显示方位、大小等，以便观察模型的某些局部细小特征等。

（1）视窗设置

在三维造型过程中有时需要同时显示出模型的多个视图，则执行【视图】/【视窗】命令，打开如图 3-4 所示的子菜单。若选择【顺时针方向从顶部左边】选项，则 4 个视图的显示效果如图 3-5 所示。

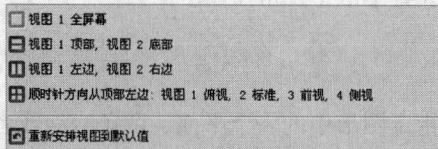

图 3-4 【视窗】菜单

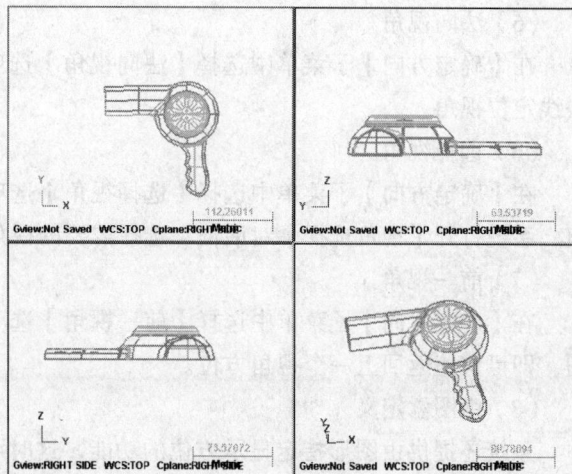

图 3-5 视窗设置示例

要点提示 设置为多个视图显示后，仍然可以对图形进行修改。当需要对某一个视图进行操作时，只需要将鼠标在相应的视图区中单击一下，就可以将该视图变为活动视图。系统会将活动视图的区域加上红色边框来显示，图 3-5 所示的主视图即为活动视图。

（2）标准视图

在三维设计时，为了观察和修改方便，经常旋转变换视图到特定显示方位。该方位操作完成以后，又希望快速地切换到标准的视图方向上，这时可采用系统提供的标准视图功能。

执行【视图】/【标准视图】命令，可以看到如图 3-6 所示的菜单。在实际设计中，常用的视图主要有俯视图、前视图、右视图和等角视图。系统将这 4 个视图放在了【图形视角】工具栏中，如图 3-7 所示。

（3）视图定位

系统还提供视图定位功能，执行【视图】/【确定方向】命令，系统弹出如图 3-8 所示的菜单。

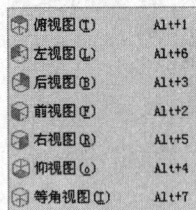

图 3-6　【标准视图】子菜单　　　　图 3-7　【图形视角】工具栏　　　　图 3-8　【确定方向】子菜单

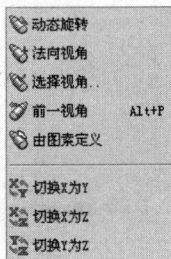

（4）动态旋转

系统提供了 5 种可以进行动态旋转的模式。

● 在【确定方向】子菜单中直接选择【动态旋转】功能。

● 单击【视角操作】工具栏中的 ![按钮] 按钮。

● 在屏幕绘图区单击鼠标右键，选择其中的【动态旋转】命令即可。

● 当采用三键鼠标时，直接按住鼠标中键，移动鼠标，可以快速实现动态旋转。

● 按下 End 键也可以实现图形的自由动态旋转。

（5）法向视角

在【确定方向】子菜单中选择【法向视角】选项，然后选取用于定位视角的法线，沿着该法线定位视角。

（6）选择视角

在【确定方向】子菜单中选择【选择视角】选项，或者单击【视角操作】工具栏中的 ![按钮] 按钮，系统打开【视角选择】对话框，选择需要的视角方向即可。

（7）前一视角

在【确定方向】子菜单中选择【前一视角】选项，或者单击【视角操作】工具栏中的 ![按钮] 按钮，即可快速返回上一个视角方位。

（8）由图素定义

系统还提供由图形指定显示方位的功能，这时可以指定图形中的一个平面、两条直线或者 3 个点来定位视角。

（9）视角反向

另外，系统还提供视角反向的功能，可以快速将一个视角反转。

在【确定方向】子菜单中提供了 3 个方位的反向，即【切换 X 为 Y】、【切换 X 为 Z】和【切换 Y 为 Z】。

3.1.2　曲面常用的创建方法

很多的三维模型可以看作是由一定大小和形状的曲面围成的，并且还可以使用曲面构建实体模型。总的来说，曲面设计是 Mastercam X2 的重要应用之一。

在 Mastercam X2 中，系统提供了图 3-9 所示的直纹/举升曲面、旋转曲面、扫描曲面、昆氏曲面、栅格曲面、牵引曲面、拉伸曲面、创建基本曲面以及由实体生成曲面等 9 种常用的曲面创建方法。

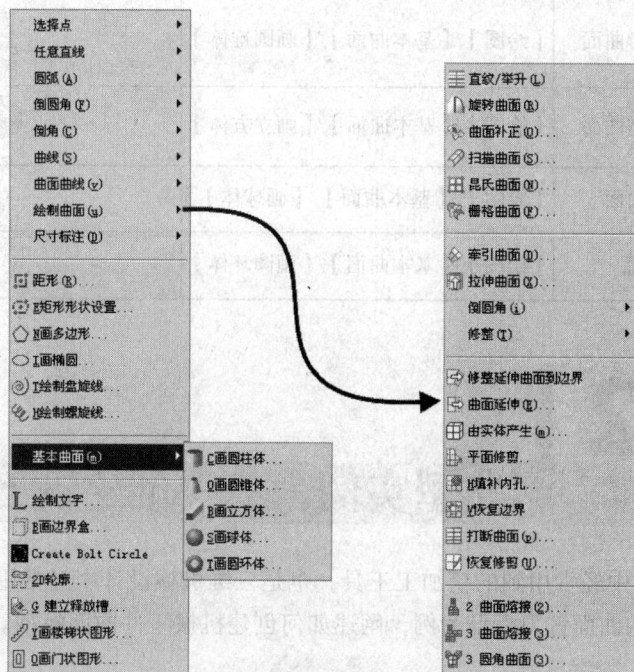

图 3-9　曲面常用创建方法

常用曲面的创建方法的详细情况如表 3-1 所示。

表 3-1　　　　　　　　　　　　　常用曲面的创建方法

名　称	作　用	效　果　图
直纹/举升曲面	将两个或两个以上的截面外形以直线熔接的方式产生直纹曲面或是以参数熔接的方式产生平滑举升曲面	
旋转曲面	将串连选择的线架构外形绕一条直线旋转而产生的曲面。选择一条线段作为旋转轴时，系统会在该线段的端点上显示一箭头来指示旋转方向（旋转方向由右手定则决定）	
扫描曲面	将一定形状的截面图形沿着一定形状的轨迹线扫过生成的曲面就是扫描曲面	
牵引曲面	将已经绘制的截面沿某一个方向牵引而挤出曲面，相当于对线条进行拉伸进而生成曲面	

续表

名　　称	作　　用	效　果　图
昆氏曲面	由一系列横向、纵向组成的网格状线架构生成的曲面	
基本曲面体	圆柱形曲面　【绘图】/【基本曲面】/【画圆柱形体】	
	圆锥形曲面　【绘图】/【基本曲面】/【画圆锥体】	
	立方体曲面　【绘图】/【基本曲面】/【画立方体】	
	球形曲面　【绘图】/【基本曲面】/【画球体】	
	圆环面　【绘图】/【基本曲面】/【画圆环体】	

3.2 典型实例一——创建铣刀模型

铣刀是机械加工中经常用到的精加工工具，也是三维机械设计中经常用到的模型，下面以创建如图 3-10 所示的曲面铣刀模型为例，阐述如何创建机械零件曲面模型。

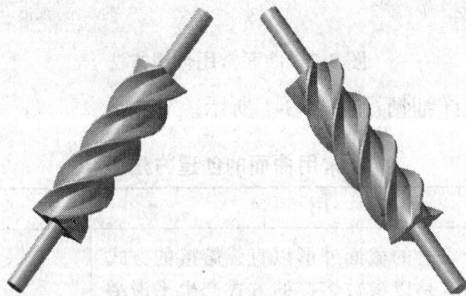

图 3-10　铣刀

3.2.1　实 例 分 析

一、涉及的应用工具

（1）通过绘制圆、直线等工具绘制铣刀的一端面
（2）利用平移工具快捷地创建多个连续的截面。
（3）通过图形旋转工具旋转一定位置的截面，使其产生螺旋铣刀的外形轮廓。
（4）根据轮廓线创建举升曲面特征，形成铣刀主体部分。

（5）创建基本曲面体，形成刀柄。

二、操作步骤概况

操作步骤概况，如图 3-11 所示。

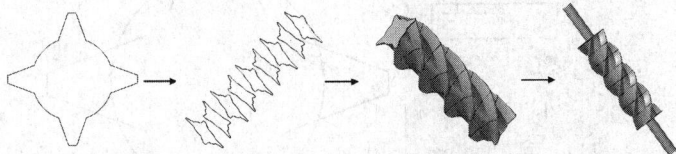

图 3-11　操作步骤

3.2.2　创建铣刀模型

1．绘图环境设置。

（1）在工具栏中单击 按钮，设置前视图构图。

（2）设置线宽为第二条实线。

2．绘制铣刀轮廓截面。

（1）单击 按钮，输入圆心坐标（0,0,0），绘制半径为 20 的圆，结果如图 3-12 所示。

（2）单击 按钮，输入起点坐标（-2,32,0），输入终点坐标（2,32,0），单击 按钮确定。

（3）输入起始点坐标为（-2,32,0），线段长度为 20，角度为-110°，绘制线段，单击 按钮确定；用相同的方法绘制坐标为（2,32,0），线段长度为 20，角度为-70°的线段，单击 按钮确定，结果如图 3-13 所示。

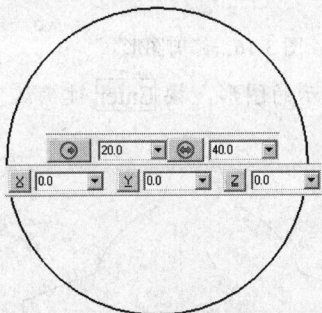

图 3-12　绘制圆

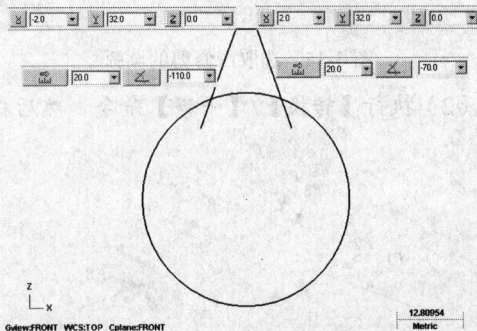

图 3-13　绘制线段

（4）执行【转换】/【旋转】命令，选取上步骤绘制的 3 条线段，然后按 Enter 键确定。

（5）在弹出的【旋转】对话框中设置旋转参数，结果如图 3-14 所示。

3．编辑图形。

（1）执行【编辑】/【修剪/打断】/【修剪/打断】命令，在工具栏中单击 按钮，分别选择如图 3-15 所示的 P1～P4 线段，结果如图 3-16 所示。

（2）单击 按钮，依次选择如图 3-17 所示的位置 P1～P16，修剪结果如图 3-18 所示。

4．平移图形。

（1）在工具栏中单击 按钮，设置构图平面为前视构图，然后单击 按钮，设置视图显示为等角视图。

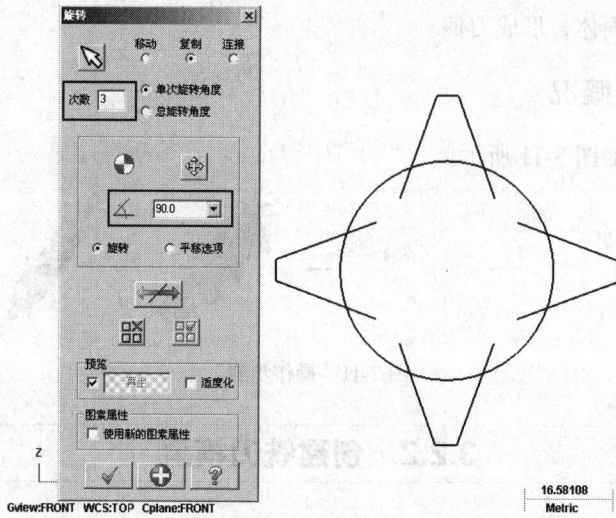

图 3-14　旋转图形

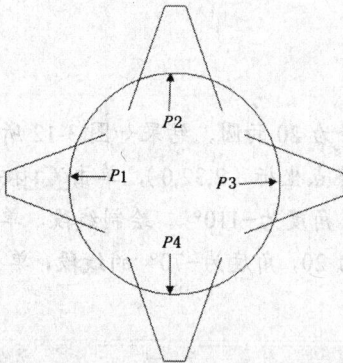

图 3-15　选取需修剪的圆弧

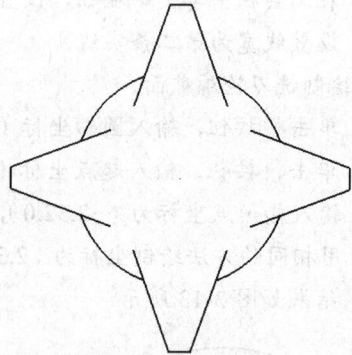

图 3-16　修剪图形

（2）执行【转换】/【平移】命令，然后框选如图 3-18 所示的图形，按 Enter 键确认。

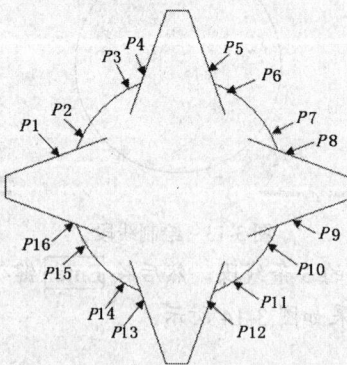

图 3-17　选取需修剪的线段

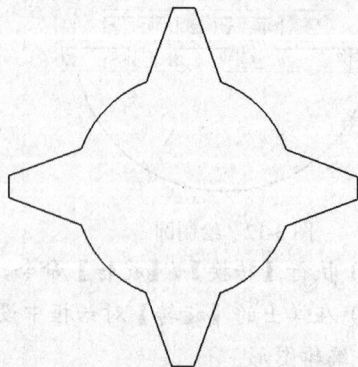

图 3-18　修剪图形

（3）在弹出的【平移选项】对话框中设置参数，单击 ✓ 按钮确认，结果如图 3-19 所示。

要点提示 在选取图形时，可以通过包括【视窗放大】、【目标放大】、【缩小】以及【动态缩放】等【视图缩放】功能，实现精确选取。同时也可以采用三键鼠标，可以直接滚动鼠标中键，以快速实现图形缩放功能。

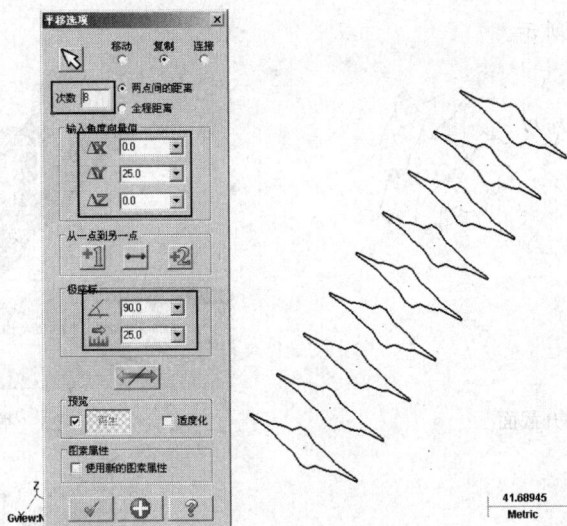

图 3-19　平移图形

5. 旋转图形。

（1）执行【转换】/【旋转】命令，单击顶部工具栏中的 ▦ 按钮，用串连的方式选择如图 3-20 所示的图形 $P1\sim P4$，按 Enter 键确认。

（2）在弹出的对话框中设置参数，单击 ✓ 按钮确认，结果如图 3-21 所示。

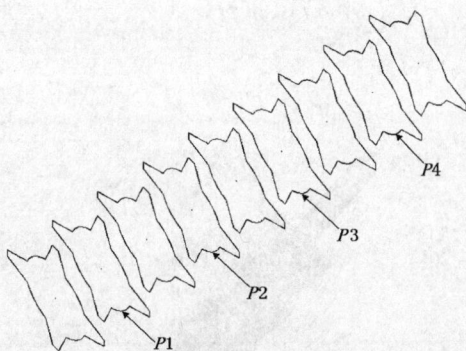

图 3-20　选取需旋转的图形

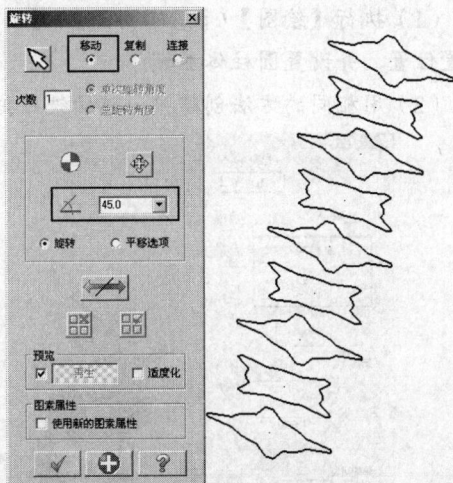

图 3-21　旋转图形

6. 创建举升曲面特征。

（1）执行【绘图】/【绘制曲面】/【直纹/举升】命令，依次选择如图 3-22 所示的 $F1\sim F9$ 位置，把 9 个截面依次串连起来，单击 ✓ 按钮确认。

（2）系统弹出【警示】对话框，单击 确定 按钮，结果如图 3-23 所示。

要点提示　选取截面时注意串连方向均为逆时针，否则举升曲面将出现扭曲等现象，可以通过单击【转换参数】对话框中的 ⇢ 按钮来更改为逆时针方向。

7. 创建平面修剪特征。

执行【绘图】/【绘制曲面】/【平面修剪】命令，选择如图 3-24 所示的截面，单击 ✓ 按钮确认，结果如图 3-25 所示。

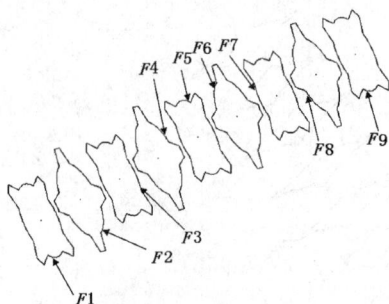

图 3-22　举升截面

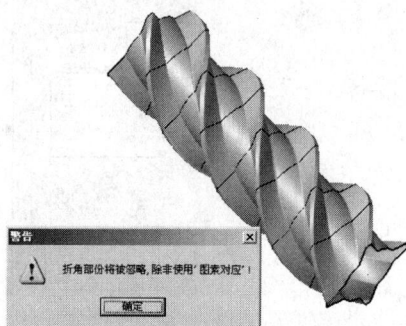

图 3-23　举升曲面

图 3-24　平面修剪边界

图 3-25　平面修剪

8. 创建圆柱体曲面特征。

（1）执行【绘图】/【基本曲面】/【画圆柱体】命令，选取如图 3-26 所示的点为圆柱体的放置位置，并设置圆柱体参数。

（2）用相同的方法创建另一端的铣刀把手，并隐藏图层 1 的图素，结果如图 3-27 所示。

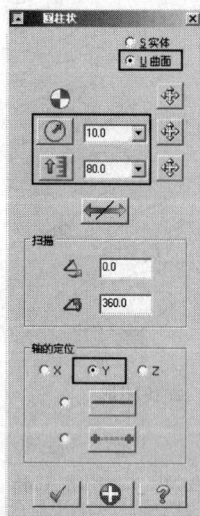

图 3-26　选取中心点

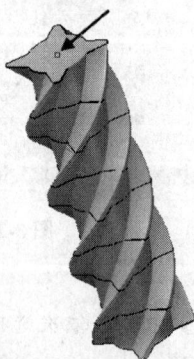

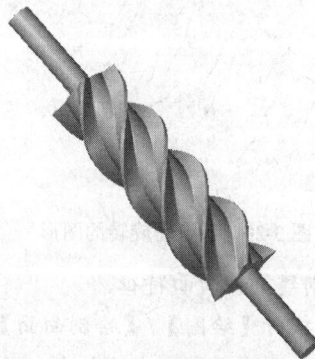

图 3-27　创建圆柱体

3.2.3　相关难点知识讲解——扫描曲面注意事项

扫描曲面就是将一定形状的截面图形沿着一定形状的轨迹线扫过生成的曲面。

创建扫描曲面的方法如下。

（1）使用基本绘图工具绘制二维图形，包括一个扫描截面和一条扫描轨迹线。

（2）选择菜单命令【绘图】/【绘制曲面】/【扫描曲面】，根据提示指定扫描截面和扫描轨迹线。Mastercam X2 提供 3 种形式的扫描曲面。

● 一个断面和一个引导外形创建扫描曲面特征，结果如图 3-28 所示。

● 两个以上的断面外形和一个引导外形创建扫描曲面特征，结果如图 3-29 所示。

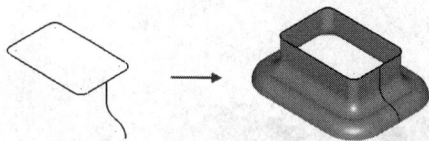

图 3-28　一个断面和一个引导外形

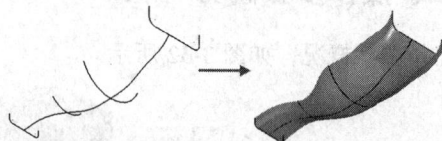

图 3-29　两个以上的断面外形和一个引导外形

● 一个断面外形和两个引导外形创建扫描曲面特征，结果如图 3-30 所示。

在进行曲面扫描时，需要注意以下要点。

（1）导引线与几何截面不能处于同一个构图内，否则所创建的曲面是一个平面图形，而非三维曲面。

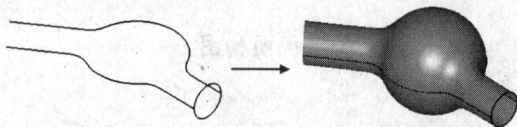

图 3-30　一个断面外形和两个引导外形

（2）在串连选取时注意控制各个扫描截面的箭头位置和指示方向。

3.3 典型实例二——创建叶轮

叶轮是水轮机、涡轮机以及船舶机械中常见的零部件，也是进行相关机械设计中经常用到的模型，通过创建如图 3-31 所示的模型，可以让用户领会到用简单工具创建复杂模型的方法。

图 3-31　叶轮

3.3.1　实 例 分 析

一、涉及的应用工具

（1）利用绘制圆、圆弧等工具绘制叶轮的主体轮廓。

（2）通过创建扫描曲面和旋转曲面特征，创建叶轮的主体模型。

（3）利用投影工具将曲线投影到曲面上，形成叶轮扇叶的边界。

（4）通过创建栅格曲面特征，创建叶轮扇叶曲面。

（5）旋转单个扇叶，完成整体叶轮模型的创建。

二、操作步骤概况

操作步骤概况，如图 3-32 所示。

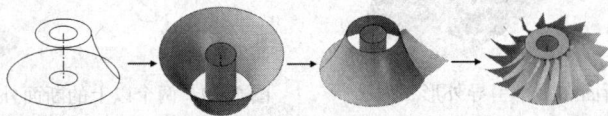

图 3-32　操作步骤

<hr />

3.3.2　创 建 叶 轮

1. 绘图环境设置。

（1）在工具栏中单击⊕按钮，设置等角视图构图。

（2）设置线宽为第二条实线。

2. 绘制叶轮轮廓截面。

（1）执行【绘图】/【圆弧】/【圆心+点】命令，系统提示输入圆心点坐标，在坐标输入栏中输入圆心点坐标（0,0,0），然后设置半径值为 80，单击 ⊕ 按钮确定。

（2）用相同的方法绘制圆心坐标为（0,0,70），半径值分别为 40 和 20 的圆，结果如图 3-33 所示。

（3）用相同的方法绘制圆心坐标为（0,0,0），半径值为 20 的圆，结果如图 3-34 所示。

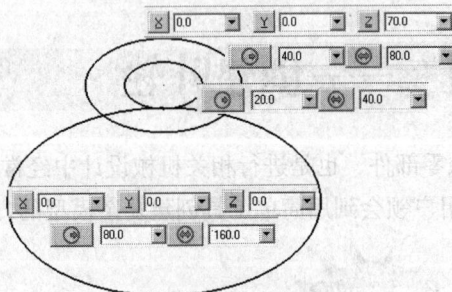

图 3-33　绘制圆

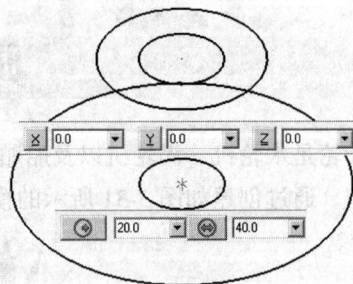

图 3-34　绘制圆

（4）单击 🔲 按钮设置前视图构图。

（5）执行【绘图】/【圆弧】/【两点画弧】命令，在绘图区依次选取如图 3-35 所示的两点。

（6）输入半径值为 140，然后在绘图区选择相应的圆弧，单击 ✓ 按钮确定，结果如图 3-36 所示。

3. 绘制扫描中心线。

（1）修改线型为中心线。

（2）执行【绘图】/【任意直线】/【绘制任意线】命令，依次输入中心线的起始点坐标（0,0,0）、（0,70,0），单击 ✓ 按钮确定，结果如图 3-37 所示。

4. 修改系统环境。

在状态栏中的图层文本框中输入 "2"，将图层 2 设置为当前图层，然后修改线型为实线型，

并单击 [████████▼] 按钮，在如图 3-38 所示的【颜色】对话框中设置系统颜色。

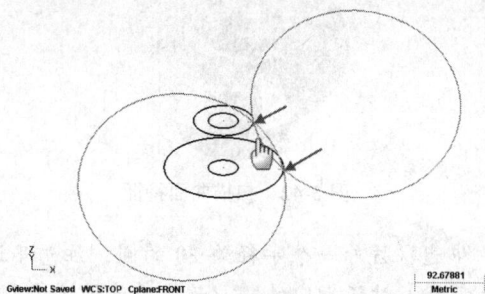

图 3-35　选取圆弧

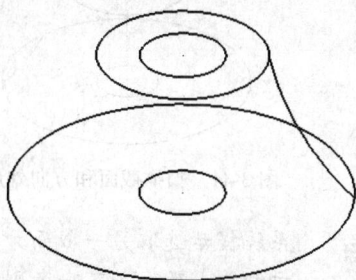

图 3-36　叶轮轮廓截面

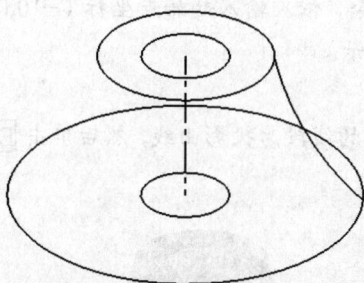

图 3-37　绘制中心线

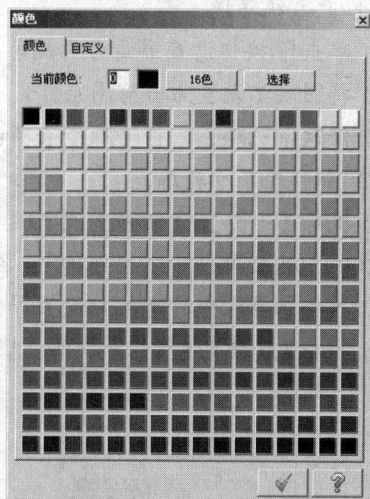

图 3-38　【颜色】对话框

5. 创建旋转曲面特征。

（1）执行【绘图】/【绘制曲面】/【旋转曲面】命令，系统弹出【转换参数】对话框。

（2）选取如图 3-39 所示曲线 1 为轮廓曲线，然后单击【转换参数】对话框中的 [✓] 按钮确定。

（3）选取曲线 2 为旋转轴，单击 [✓] 按钮确定，然后单击 [●] 按钮进行图形着色，结果如图 3-40 所示。

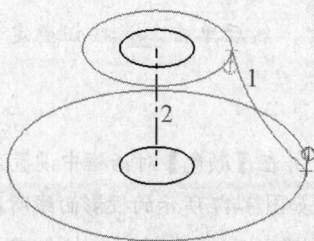

图 3-39　旋转截面与旋转轴

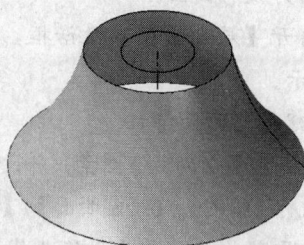

图 3-40　旋转曲面特征

6. 创建扫描曲面特征。

（1）执行【绘图】/【绘制曲面】/【扫描曲面】命令，系统弹出【转换参数】对话框。

（2）依次选取如图 3-41 所示的圆 1 和圆 2 为截面方向外形，然后按 [Enter] 键确定。

（3）选取中心线为扫描引导方向，然后单击 [✓] 按钮确定，结果如图 3-42 所示。

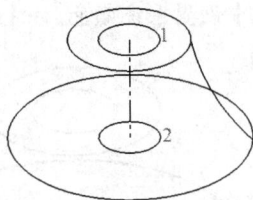

图 3-41　扫描截面和方向外形

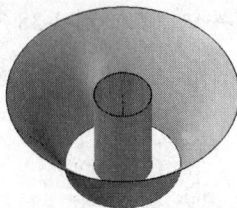

图 3-42　扫描曲面特征

> **要点提示**
>
> 系统提示选取另一截面方向外形时，即选取另外一个半径为 20 的圆，注意串连的方向要一致，若不一致则单击【转换参数】对话框中的 ⟶ 改变串连的方向。

7．修改系统环境。

（1）单击 ▦ 按钮设置平面为右视角，然后单击 ▧ 按钮设置右视图构图。

（2）将图层 1 设置为当前图层。

（3）修改系统颜色，将轮廓线条颜色设置为黑色。

8．绘制叶轮扇叶轮廓。

（1）执行【绘图】/【任意直线】/【绘制任意线】命令，依次输入起始点坐标（-10,0,100）、（10,70,100），然后单击 ✓ 按钮确定，结果如图 3-43 所示。

（2）单击工具栏中的 ▦ 按钮设置等角视图构图。

（3）执行【转换】/【投影】命令，选取如图 3-44 所示的线段为投影曲线，然后单击 Enter 键确定。

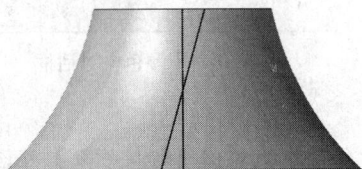

图 3-43　绘制直线

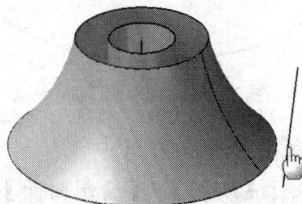

图 3-44　选取投影曲线

（4）在【投影选项】对话框中点选【移动】选项，然后单击 ▦ 按钮，在绘图区选择如图 3-45 所示的曲面为投影曲面。

（5）打开【层别管理】对话框，隐藏图层 2 所有图素，然后单击 ✓ 按钮确定，结果如图 3-46 所示。

9．创建栅格曲面特征。

（1）显示图层 2 的所有图素，并设置图层 2 为当前图层，并在【颜色】对话框中设置系统颜色。

（2）执行【绘图】/【绘制曲面】/【栅格曲面】命令，选择如图 3-47 所示的投影曲线所在的曲面。

（3）选取投影曲线作为串连曲线，然后单击【转换参数】对话框中的 ✓ 按钮确定。

（4）在【创建栅格曲面】工具栏中设置熔接方式为线锥，开始高度为 50，结束高度为 10，开始角度为 10°，结束角度为 30°，结果如图 3-48 所示。

10．创建旋转特征。

（1）单击 ▦ 按钮设置平面为俯视角。

（2）执行【转换】/【旋转】命令，选取刚创建的栅格曲面，然后按 Enter 键确定。

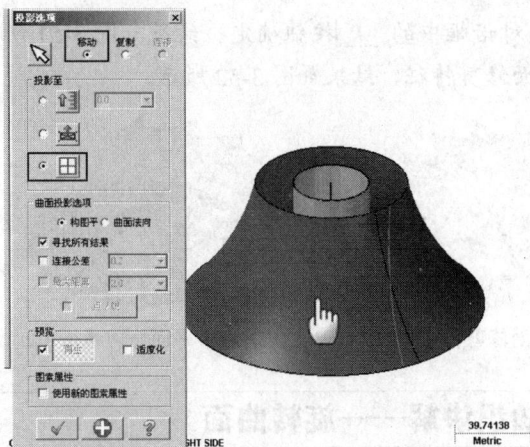

图 3-45　选取投影曲面

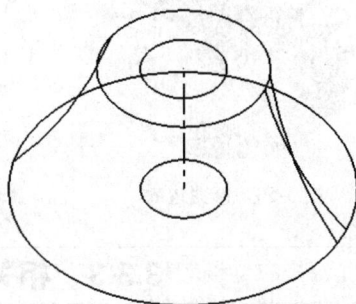

图 3-46　投影曲线

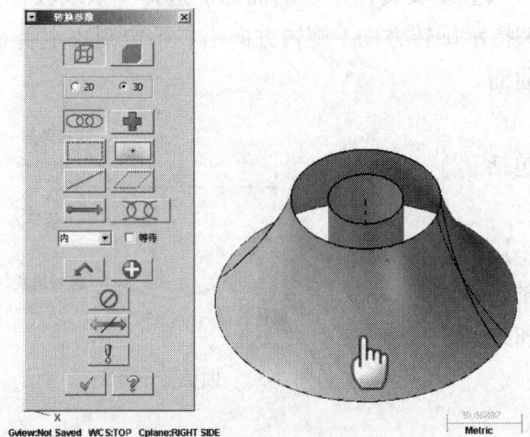

图 3-47　选取曲面

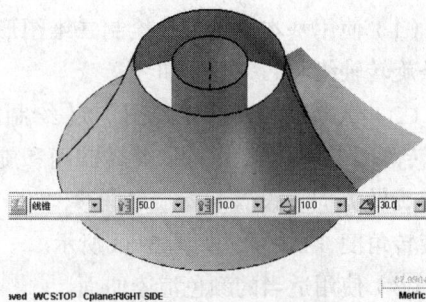

图 3-48　栅格曲面特征

（3）在【旋转】对话框中设置旋转参数，结果如图 3-49 所示。

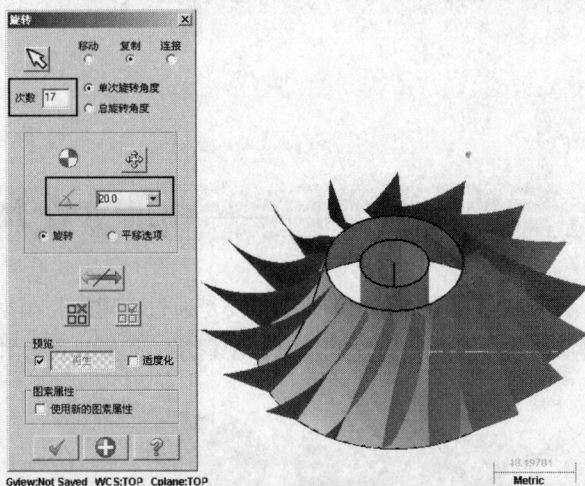

图 3-49　曲面旋转特征

11. 创建平面修剪特征。

（1）执行【绘图】/【绘制曲面】/【平面修剪】命令，在绘图区选取如图 3-50 所示的两个圆作为修剪边界，然后单击【转换参数】对话框中的 ✓ 按钮确定，结果如图 3-51 所示。

（2）用相同的方法创建叶轮下端面的平面修剪特征，结果如图 3-52 所示。

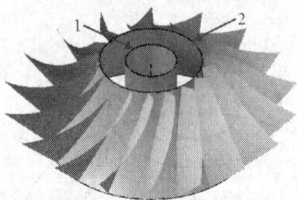

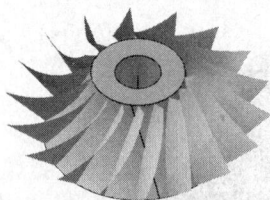

图 3-50　修剪边界　　　　图 3-51　平面修剪特征（1）　　　　图 3-52　平面修剪特征（2）

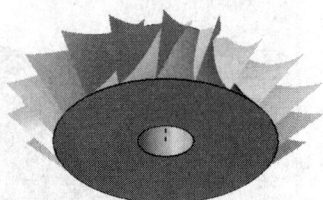

3.3.3　相关难点知识讲解——旋转曲面

旋转曲面是将串连选择的线架构外形绕一条直线旋转而产生的曲面。选择一条线段作为旋转轴时，系统会在线段的端点上显示一箭头来指示旋转方向（旋转方向由右手定则决定）。用户只要输入旋转有关的角度，就可以得到旋转曲面。

创建旋转曲面的方法如下。

（1）使用基本绘图工具绘制二维图形，包括一条旋转轴线和一条空间曲线。

（2）选择菜单命令【绘图】/【绘制曲面】/【旋转曲面】，根据提示选取旋转截面和旋转轴。指定旋转方向，设置起始旋转角度"45°"和终止旋转角度"180°"，如图 3-53 所示。

（3）使用适当的颜色渲染曲面。

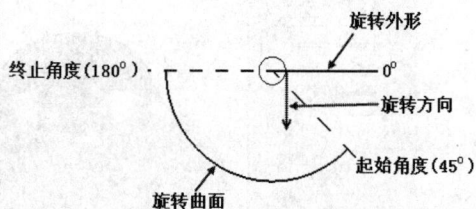

图 3-53　曲面旋转原理

> **要点提示**　在绘制二维图形作为旋转截面时，不要忘记绘制旋转轴线，而且如果母线本身是一个闭合图形，则最后的曲面也是一个中空的闭合曲面。

3.4　典型实例三——创建吹风机外壳

图 3-54 所示的吹风机外壳是典型的曲面零件，主要是通过创建外壳模型而设计出相应的模具，通过 Mastercam X2 设计吹风机模具加工方法和编制加工程序，是模具设计和制造中的典型案例。

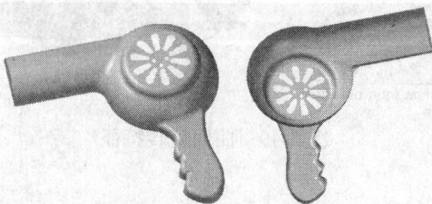

图 3-54　吹风机外壳

3.4.1 实 例 分 析

一、涉及的应用工具

（1）绘制举升截面，创建举升曲面特征形成吹风机的出风口。

（2）通过绘制圆、圆弧以及线段绘制旋转截面和旋转轴。

（3）通过创建旋转曲面特征创建吹风机的壳体。

（4）通过绘制样条曲线、圆弧和单体补正工具，绘制吹风机的把手轮廓。并以创建扫描曲面特征创建把手模型。

（5）绘制圆和切线，并通过图形编辑，绘制吹风机散热口的外形。

（6）通过创建平面修剪和曲面倒圆角特征，编辑曲面，即完成吹风机外壳模型的创建。

二、操作步骤概况

操作步骤概况，如图 3-55 所示。

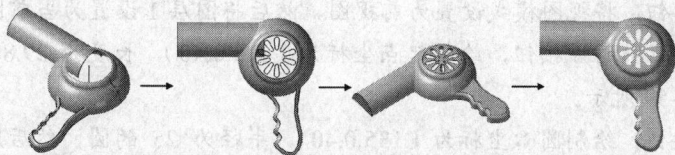

图 3-55　操作步骤

3.4.2　创建吹风机外壳

1．绘图环境设置。

（1）在工具栏中单击 按钮，设置右视图构图。

（2）设置线宽为第二条实线。

2．绘制举升曲面截面。

（1）执行【绘图】/【圆弧】/【极坐标画弧】命令，绘制圆心在原点，半径为20，起始角度和终止角度为 0° 和 180° 的圆弧，结果如图 3-56 所示。

（2）单击 按钮，设置等角视图构图。

（3）执行【转换】/【平移】命令，选取刚绘制的圆弧，然后按 Enter 键确定。

（4）在弹出的【平移选项】对话框中设置平移参数，结果如图 3-57 所示。

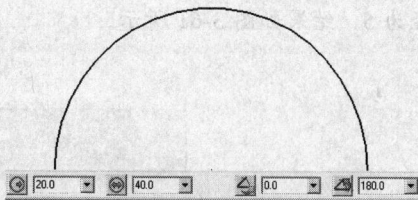

图 3-56　绘制圆弧

3．创建举升曲面特征。

（1）在图层文本框中输入图层名称"2"，设置图层 2 为当前图层，并在【颜色】对话框中修改系统颜色。

（2）执行【绘图】/【绘制曲面】/【直纹/举升】命令，依次选取两个圆弧，然后单击【转换参数】对话框中的 按钮确定。

（3）单击工具栏中的◙按钮进行图形着色，结果如图 3-58 所示。

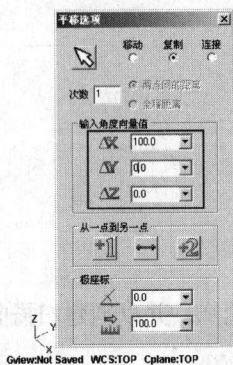

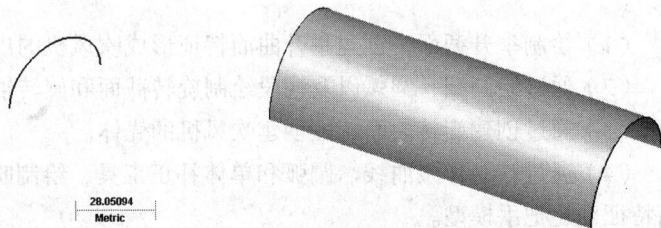

图 3-57　平移图形　　　　　　　　　　　　图 3-58　举升曲面特征

> **要点提示**　举升曲面的另个截面的串连方向需要保持一致，否则将出现曲面扭曲或者举升失败等现象，可以通过单击【转换参数】对话框中的↔按钮改变串连方向。

4．绘制旋转截面和旋转轴。

（1）单击▣按钮，将视图模式设置为前视图，然后将图层 1 设置为当前图层。

（2）单击工具栏中的╲按钮，绘制起点坐标为（115,0,40），长度为 29.88，角度为 90° 的直线，结果如图 3-59 所示。

（3）单击◉按钮，绘制圆心坐标为（135,0,40），半径为 25 的圆，然后用相同的方法绘制圆心坐标（140,24.87817,40）、半径为 5 的圆，结果如图 3-60 所示。

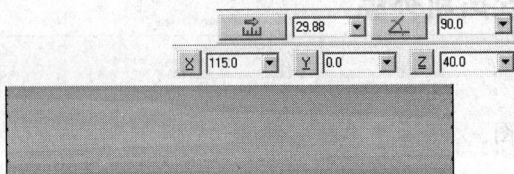

图 3-59　绘制线段　　　　　　　　　　　　图 3-60　绘制圆

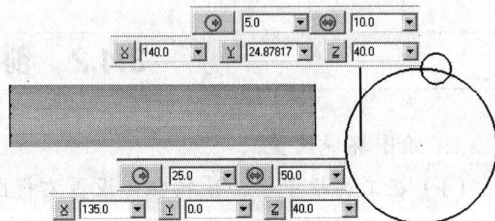

（4）单击【编辑圆心点】工具栏中的╱按钮，然后在绘图区选择刚绘制的两个圆，输入半径为 5，结果如图 3-61 所示。

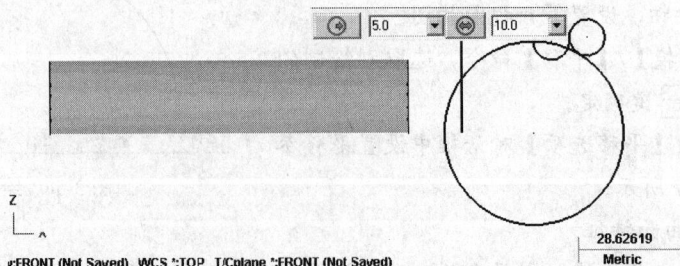

图 3-61　绘制切圆

（5）单击╲按钮，选择线段的上端点作为起点，圆的四等分点为终点，如图 3-62 所示，按 Enter 键确定；选择线段的下端点作为起点，输入长度为 50，角度为 0°，结果如图 3-63 所示。

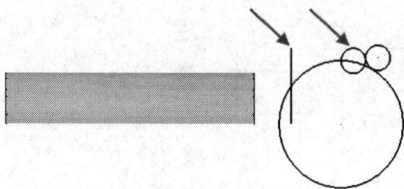

图 3-62　选取线段起始点　　　　　　　　　图 3-63　绘制线段

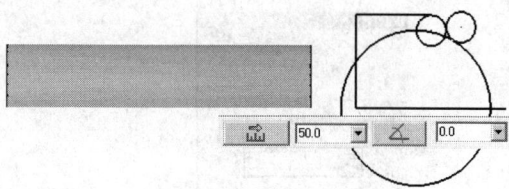

（6）单击 按钮，然后在工具栏中单击 按钮，选择要修剪掉的线进行图形修剪，结果如图 3-64 所示。

（7）选择如图 3-65 所示的线段，单击删除按钮 删除选中的线段。

图 3-64　修剪图形　　　　　　　　　　　图 3-65　删除多余图素

5．创建旋转曲面特征。

（1）单击 按钮，将视图模式设置为等角视图，并将图层 2 设置为当前图层。

（2）执行【绘图】/【绘制曲面】/【旋转曲面】命令，在绘图区选择曲线1，然后单击【转换参数】对话框中的 按钮确定。

（3）选取如图 3-66 所示的曲线 2 为旋转轴，旋转曲面结果如图 3-67 所示。

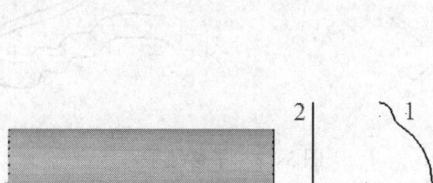

图 3-66　旋转截面与旋转轴　　　　　　　图 3-67　旋转曲面特征

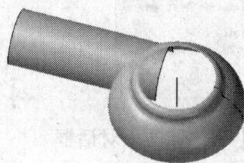

6．单击 按钮，将视图模式设置为俯视图，然后将图层 1 设置为当前图层，并单击 按钮，使曲面用线框显示。

7．绘制扫描曲面截面。

（1）单击【手动绘制样条曲线】按钮 ，绘制起点坐标为（143，−73，0），终点坐标为（100，−80，0）的样条曲线，如图 3-68 所示。

（2）执行【转换】/【单体补正】命令，选择绘制的样条曲线，参数设置如图 3-69 所示，补正方向指向里面，单击 按钮确定，结果如图 3-70 所示。

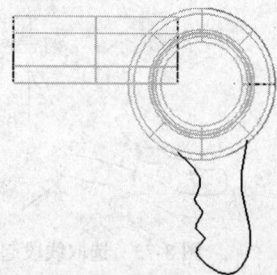

图 3-68　绘制自由样条曲线

（3）单击 按钮，将视图模式设置为等角视图。

（4）执行【转换】/【平移】命令，选择补正的样条曲线，按 Enter 键确定，参数设置如图 3-71 所示，单击 按钮确定，结果如图 3-72 所示。

（5）单击 按钮，设置右视图构图，单击 按钮，选择如图 3-73 所示的点为起点，输入长度为 5.72，角度为 90°，结果如图 3-74 所示。

（6）执行【绘图】/【圆弧】/【切弧】命令，单击 按钮，选择上面绘制的线段，圆弧的起点为线段的上端点，终点为平移的曲线的端点，结果如图 3-75 所示。

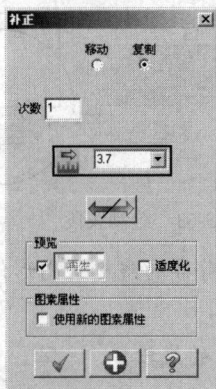

图 3-69 【补正】对话框

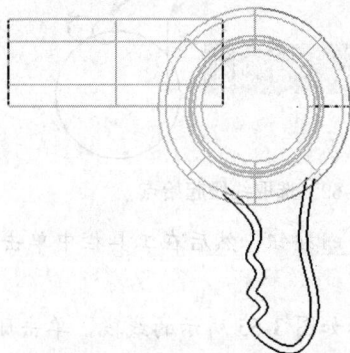

图 3-70 单体补正特征

图 3-71 【平移选项】对话框

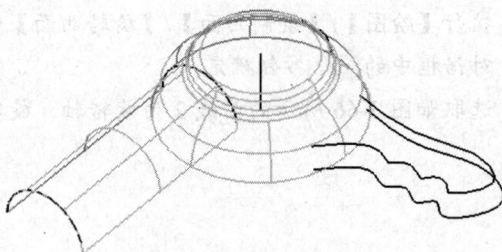

图 3-72 平移结果

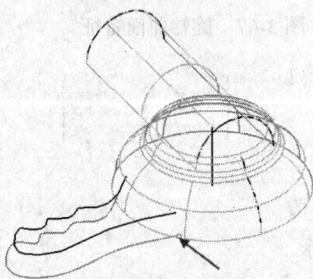

图 3-73 选取线段起点

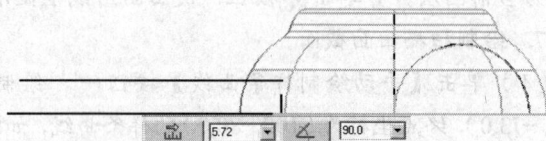

图 3-74 绘制线段

8. 创建扫描曲面特征。

（1）将图层 2 设置为当前图层。

（2）执行【绘图】/【绘制曲面】/【扫描曲面】命令，单击【转换参数】对话框中的【部分串连】

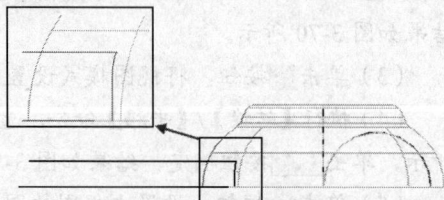

图 3-75 绘制切弧

按钮，选取如图 3-76 所示的曲线 1 为截面方向外形，然后按 Enter 键确定。

（3）单击【转换参数】对话框中的 按钮，依次选取曲线 2 和曲线 3 为扫描引导方向外形，单击 按钮确定。

（4）单击工具栏中的 ● 按钮，进行图形着色，结果如图 3-77 所示。

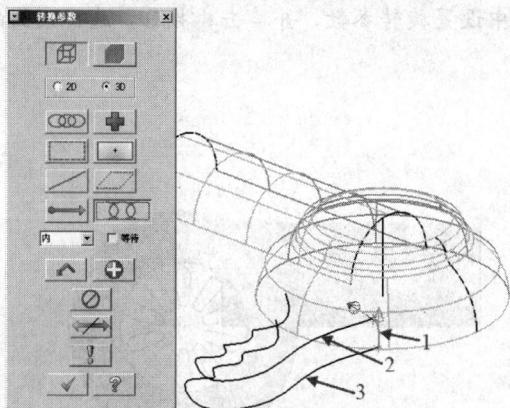

图 3-76　扫描截面和轨迹

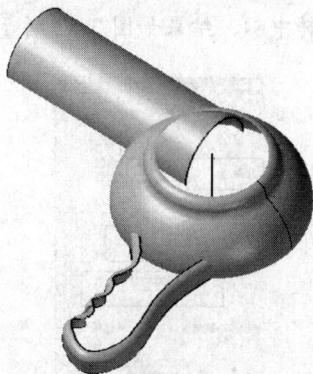

图 3-77　扫描曲面特征

9. 绘制平面修剪边界。

（1）单击 按钮，将视图模式设置为俯视图，然后将图层 1 设置为当前图层。

（2）设置绘图深度为 屏幕视角 构图面 Z 29.88 ，并单击 ⊕ 按钮，使曲面用线框显示。

（3）单击 ⊙ 按钮，绘制圆心坐标为（115,-40,29.88），输入半径为 25 的圆，按 Enter 键确定。

（4）用相同的方法绘制圆心坐标为（115,-20,29.88），半径为 3 和圆心坐标为（110.7,-13,29.88），直径为 3 的两个圆，然后按 Enter 键确定，结果如图 3-78 所示。

（5）单击 ＼ 按钮，在工具栏中单击 ／ 按钮，绘制如图 3-79 所示的切线。

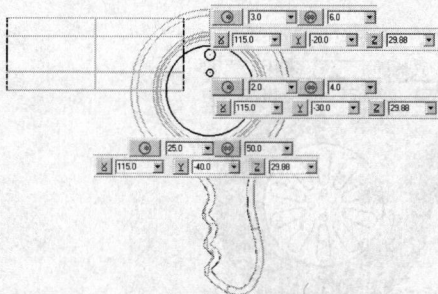

图 3-78　绘制圆

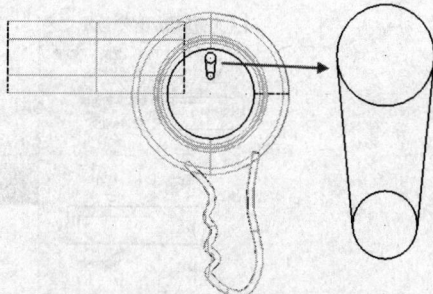

图 3-79　绘制切线

（6）单击 按钮，在工具栏中单击 按钮，选择要修剪掉的线进行图形修剪，结果如图 3-80 所示。

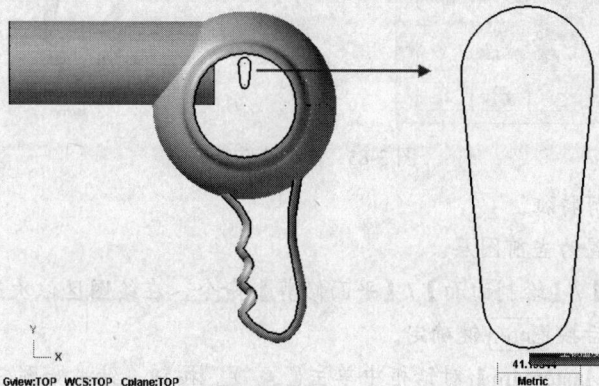

图 3-80　修剪图形

（7）执行【转换】/【旋转】命令，选择上步骤修剪的图形，然后按 Enter 键确定。

（8）在如图 3-81 所示的【旋转】对话框中设置旋转参数，并单击 按钮，选择大圆的圆心点为旋转中心，结果如图 3-82 所示。

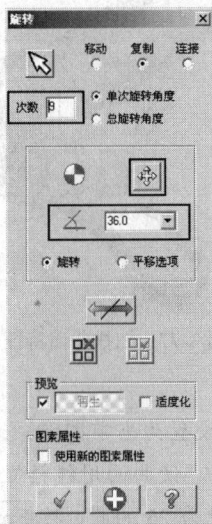

图 3-81　【旋转】对话框　　　　　　　　图 3-82　图形旋转特征

（9）单击 按钮，绘制圆心坐标为（115，-35，29.88）、半径为 1.5 的圆，并进行图形旋转操作，如图 3-83 所示。

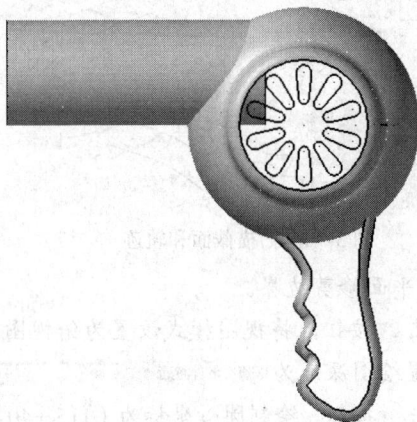

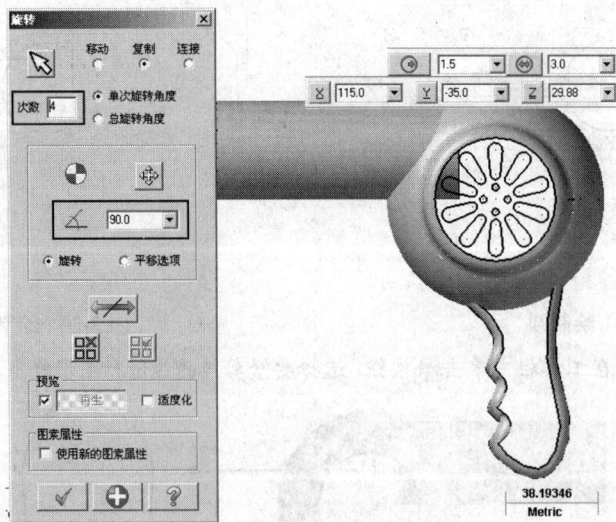

图 3-83　图形旋转特征

10. 创建平面修剪特征。

（1）将图层 2 设置为当前图层。

（2）执行【绘图】/【绘制曲面】/【平面修剪】命令，在绘图区依次选取如图 3-84 所示的图形为修剪边界，然后按 Enter 键确定。

（3）在弹出的【Mastercam】对话框中单击 是(Y) 按钮，结果如图 3-85 所示。

（4）用相同的方法创建两个平面修剪特征，修剪边界如图 3-86 所示，最终结果如图 3-87 所示。

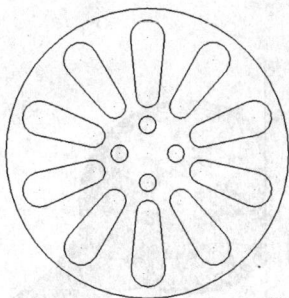

图 3-84　修剪边界

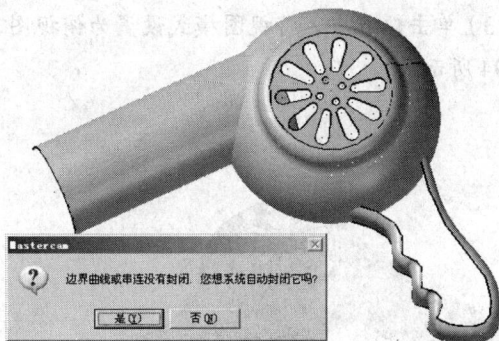

图 3-85　平面修剪特征（1）

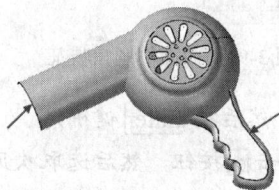

图 3-86　修剪边界

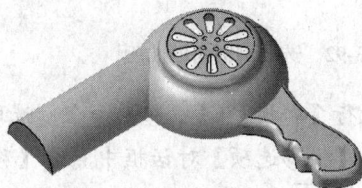

图 3-87　平面修剪特征（2）

11. 创建曲面修整特征。

（1）隐藏图层 1 的图素。

（2）执行【绘图】/【绘制曲面】/【修整】/【修整至曲面】命令，依次选取如图 3-88 所示的曲面 1 和曲面 2，按 Enter 键确定，然后选取曲面 3，并按 Enter 键确定。

（3）单击工具栏中的 按钮进行单边修剪，选取如图 3-89 所示的要保留的部分，单击 按钮确定，结果如图 3-90 所示。

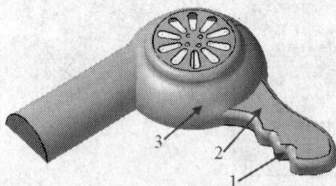

图 3-88　选取修整曲面

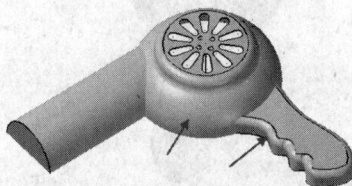

图 3-89　选取要保留的曲面

（4）用相同的方法修整吹风机外框的出风口的曲面，在此过程中单击工具栏中的 按钮进行两边修剪，结果如图 3-91 所示。

图 3-90　曲面修整

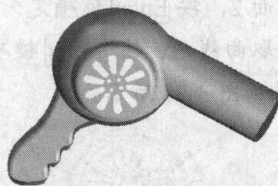

图 3-91　曲面修整结果

12. 创建曲面与曲面倒圆角特征。

（1）执行【绘图】/【绘制曲面】/【倒圆角】/【曲面与曲面】命令，依次选取如图 3-92 所示的曲面 1 和曲面 2，按 Enter 键确定，然后选取曲面 3，并按 Enter 键确定。

（2）在【两曲面倒圆角】对话框中设置倒圆角值为 5，结果如图 3-93 所示。

（3）单击 ⊞ 按钮，将视图模式设置为俯视图，并设置绘图深度为 30，绘制自由样条曲线如图 3-94 所示。

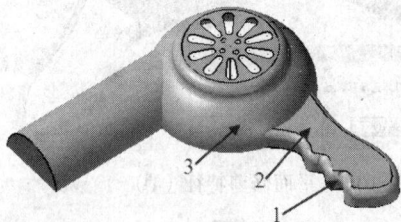

图 3-92　选取倒圆角的曲面

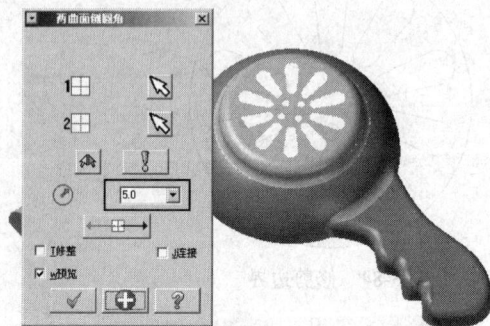

图 3-93　曲面倒圆角特征

（4）执行【转换】/【投影】命令，选取自由样条曲线，然后按 Enter 键确定。

（5）在【投影选项】对话框中点选【移动】选项，并单击 ⊞ 按钮，然后选取吹风机出风口的曲面，按 Enter 键确定，结果如图 3-95 所示。

图 3-94　绘制样条曲线

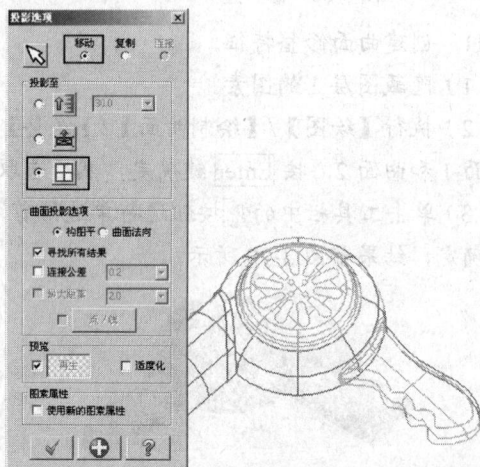

图 3-95　曲线投影

13．创建曲线与曲面倒圆角。

（1）执行【绘图】/【绘制曲面】/【倒圆角】/【曲线与曲面】命令，选取如图 3-96 所示的曲面 1 和曲面 2，按 Enter 键确定。

（2）选取曲线 3，按 Enter 键确定，并在【曲线与曲面倒圆角】对话框中设置倒圆角参数为 10，结果如图 3-97 所示。

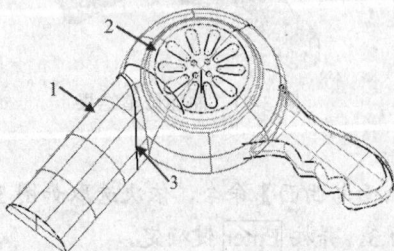

图 3-96　选取倒圆角的曲线与曲面

图 3-97　曲面倒圆角特征

3.4.3　相关难点知识讲解——曲面修整

　　采用各种曲面设计方法创建曲面后，设计工作尚未完全结束。还需要对曲面进行大量的编辑来完善曲面，直到达到理想的效果。

　　曲面编辑主要有曲面修整、曲面倒圆角、曲面修复以及曲面熔接等功能，如图 3-98 所示，其中以曲面修整较为复杂多变。

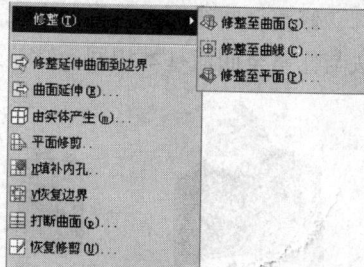

一、曲面修整

　　执行【绘图】/【绘制曲面】/【修整】命令，即可进入曲面修整环境，系统提供了 3 种修整方式。

- 【修整至曲面】：将曲面修剪到一个参照曲面。
- 【修整至曲线】：将曲面修剪到一条参照曲线。
- 【修整至平面】：将曲面修剪到一个参照平面。

　　（1）修整至曲面

修整至曲面是通过选取两组曲面（其中一组曲面必须只有一个曲面），将其中的一组或两组曲面在两组曲面的交线处断开后选取需要保留的曲面。在选取剪切曲面时，该曲面必须是被选另一组曲面完全断开的曲面。

　　执行【绘图】/【绘制曲面】/【修整】/【修整至曲面】命令，系统提示 选取第一个曲面或按 \<Esc\> 键去退出，即提示选取第一个曲面，按 Enter 键确定，系统则提示 选取第二个曲面或按 \<Esc\> 键去退出，然后选取第二个曲面按 Enter 键确定，此时可以在如图 3-99 所示的【曲面至曲面】工具栏中设置或选取修整类型，并选择要保留的部分，即可完成曲面的编辑。

图 3-99　【修整至曲面】工具栏

　　该工具栏主要有以下功能按钮。

- ：单击此按钮可返回绘图区重新选取第一个曲面。
- ：单击此按钮可返回绘图区重新选取第二个曲面。
- ：保留被修剪的部分，相当于从修剪平面处将曲面分割开。
- ：删除被修剪的部分。
- ：单击此按钮，修剪第一个曲面，如图 3-100 所示。
- ：单击此按钮，修剪第二个曲面，如图 3-101 所示。

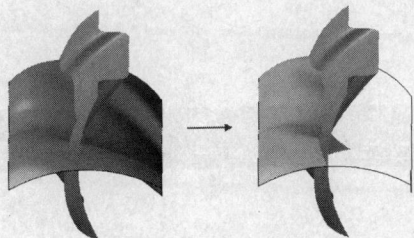

图 3-100　修剪第一个曲面　　　　　　　图 3-101　修剪第二个曲面

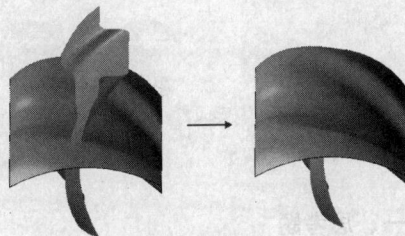

- ：单击此按钮，同时修剪两个曲面，如图 3-102 所示。
- ：切换修剪方向。
- ：使用当前构图层的属性（主要指颜色、线型、线宽以及图层等）。

（2）修整至曲线

修整至曲线命令可用一个或多个封闭曲线串连对选取的一个或多个曲面进行修剪，操作方法与修整至曲面基本相同，修剪效果如图 3-103 所示。

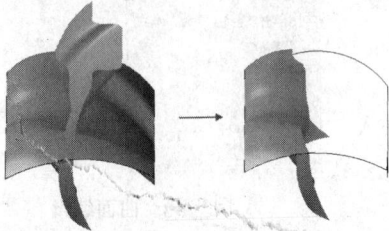

图 3-102　同时修剪两曲面

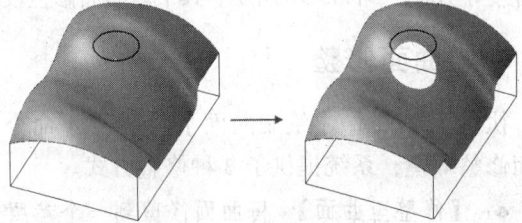

图 3-103　修整至曲线

（3）修整至平面

修整至平面命令是通过定义一个平面，使用该平面将选取的曲面切开并保留平面法线方向一侧的曲面方向一侧的曲面。

选择平面时，可以选择系统中定义的 x、y 或者 z 平面。

二、曲面倒圆角

在【绘图】主菜单中执行【绘制曲面】/【倒圆角】命令，即可进入倒圆角环境，系统提供了图 3-104 所示的 3 种圆角工具。

- 【曲面/平面】：在曲面与平面之间创建圆角。
- 【曲面/曲面】：在曲面与曲面之间创建圆角。
- 【曲面/曲线】：在曲面与曲线之间创建圆角。

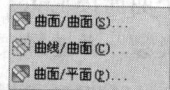

图 3-104　曲面倒圆角命令

三、曲面修复

只有曲面的修剪功能，还不能满足创建曲面特征的要求，有时还需要对曲面进行修补操作，系统提供了 3 种恢复修剪的工具。

- 【恢复边界】：恢复曲面到修剪前的形状，仍然为一个完整的曲面。
- 【恢复修剪】：生成一个新的曲面，一般比原曲面大，可以选择保留或删除原始曲面。
- 【填补内孔】：用于填充曲面或者实体中的破孔，但填补的曲面与原曲面为两个独立曲面。

3.5

习题

一、思考题

1. 简要说明编辑曲面中修整至曲面、修整至曲线、修整至平面的区别。

2．创建曲面倒圆角时，如何删除曲面之间的多余部分？

二、操作题

1．利用拉伸曲面、扫描曲面、曲面倒圆角等命令，创建如图 3-105 所示的模型。操作步骤提示如图 3-106 所示。

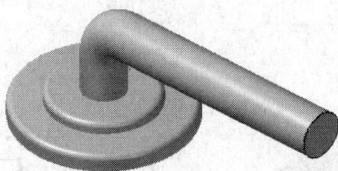

图 3-105　练习（1）

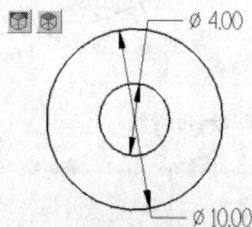

（1）绘制圆

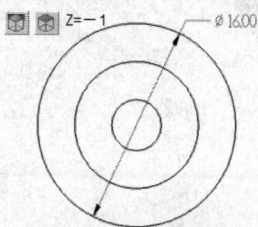

（2）绘制圆

（3）绘制拉伸截面

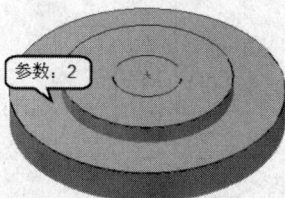

（4）创建拉伸曲面特征

（5）曲面间倒圆角

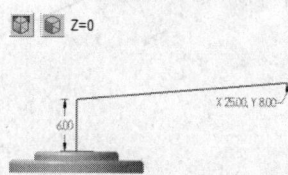

（6）绘制扫描线

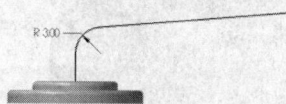

（7）直线间倒圆角

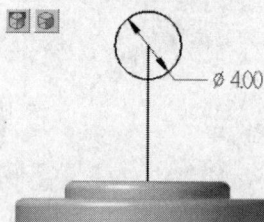

（8）绘制扫描截面

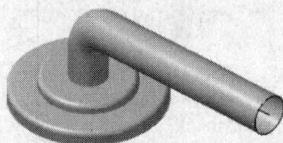

（9）创建扫描曲面特征

图 3-106　步骤提示（1）

2．利用旋转曲面、扫描曲面、拉升曲面、修整至曲面等命令，创建如图 3-107 所示的模型。操作步骤提示如图 3-108 所示。

图 3-107　练习（2）

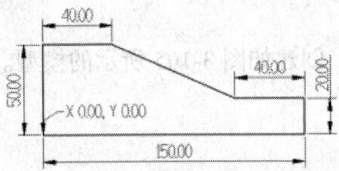

（1）绘制线架

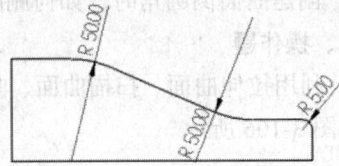

（2）直线间倒圆角

（3）创建旋转曲面特征

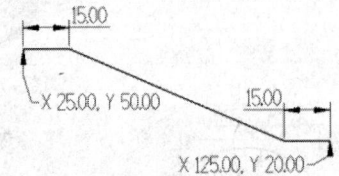

（4）绘制引导线

（5）直线间倒圆角

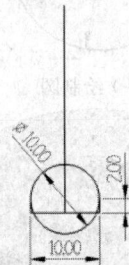

（6）绘制扫描截面

（7）修剪扫描截面

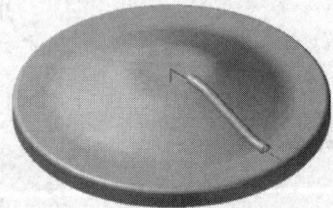

（8）创建扫描曲面特征

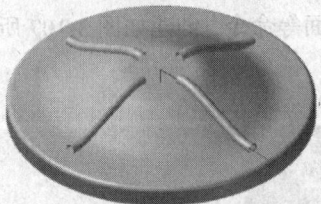

（9）旋转复制曲面

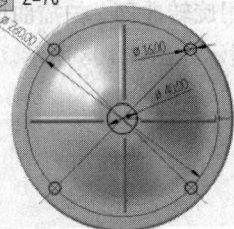

（10）绘制圆

图 3-108　步骤提示（2）

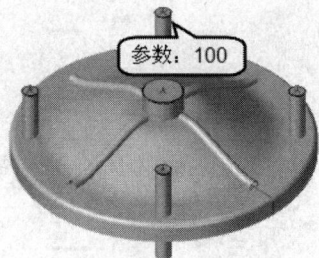

（11）创建拉伸曲面特征　　　　　　　　　　　　（12）曲面修整

图 3-108　步骤提示（2）（续）

第4章

三维实体造型与编辑

实体造型是利用一些基本图形元素，如长方体、圆柱体、球体、锥体和圆环体，并且采用扫描、拉伸、旋转、举升等方法产生的实体，通过布尔运算等编辑方式生成复杂形体的一种建模技术，它可以使计算机绘图的操作更加简单、实用。

4.1 相关基础知识

掌握三维造型与编辑的基础知识，有利于读者较快地掌握和领悟典型案例中的三维造型和编辑技术，更能融会贯通，得心应手，举一反三。

4.1.1 创建实体的基本方法

Mastercam X2 相比以前的版本有了很大变化，特别是在三维建模方面，将基本方法进行了整合和拆分，系统提供了如图 4-1 所示的 4 种常用的基本方法。

各基本方法的详细情况如表 4-1 所示。

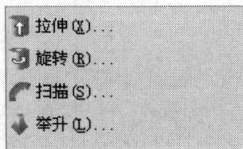

图 4-1　创建实体的基本方法

表 4-1　　　　　　　　　　　　　　实体建模基本方法

基本方法	作　用	执行命令	效　果　图
拉伸	拉伸是一个由二维图形组成的截面沿着一个直线轨迹运动生成的实体模型	执行【实体】/【拉伸】命令或者单击 🔼 按钮	
旋转	旋转实体是将一个或多个二维截面图形绕旋转中心轴线旋转指定的角度，最后生成回转型实体模型	执行【实体】/【旋转】命令或者单击 🔄 按钮	
扫描	扫描实体比拉伸实体更具有一般性，是将已有截面图形沿着指定的路径作扫描运动生成的实体模型	执行【实体】/【扫描】命令或者单击 ✏ 按钮	
举升	将两个或两个以上的截面用直线或曲线熔接形成实体的方法即为举升，其中用直线熔接的实体常常称之为直纹实体	执行【实体】/【举升】命令或者单击 ⬇ 按钮	

系统还设置了由曲面生产实体等功能,但其应用范围较窄,这里不再列举。

4.1.2 创建基本实体

基本实体具有确定的形状,主要包括圆柱体、圆锥体、长方体、球体和圆环体等。其创建方法比较简单,只需定义模型的尺寸参数和放置的位置坐标即可创建模型。

MastercamX2 中可以创建如图 4-2 所示的基本实体。创建每一个基本实体时,系统会打开相应的参数设置对话框,完成参数设置后即可创建该模型。

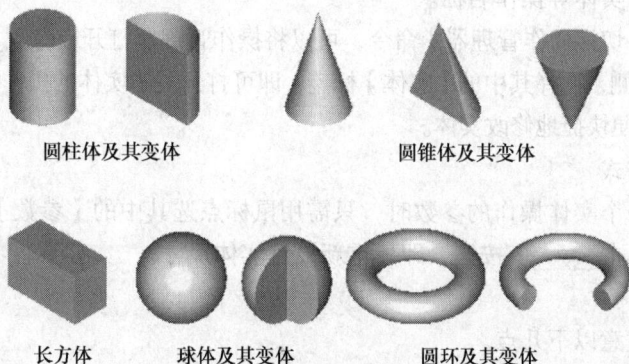

圆柱体及其变体   圆锥体及其变体

长方体   球体及其变体   圆环及其变体

图 4-2 基本实体

在【绘图】主菜单中选取【基本曲面】选项,打开如图 4-3 所示的【创建基本实体】子菜单,选择其中一项即可弹出相关的对话框,在对话框中选择【实体】选项即可创建实体。若选择【画圆柱体】选项,即可在如图 4-4 所示的对话框中设置主体参数,要注意的是必须选择【实体】选项,才能创建实体,否则将是默认为创建基本曲面。

图 4-3 创建基本实体的方法

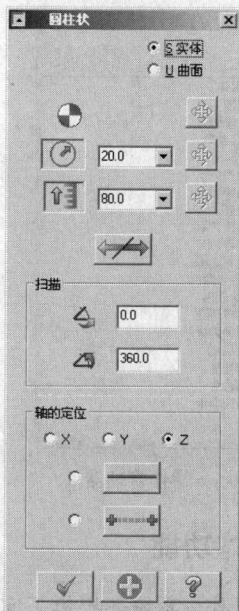

图 4-4 【圆柱状】对话框

4.1.3　实体管理器

系统提供了功能强大的操作管理器，可以对实体、刀具路径进行快捷操作。利用该实体管理器，主要可以完成以下功能操作。

一、修改实体尺寸

每创建一个新实体或对实体进行编辑、运算等操作后，在实体管理器中就会出现如图 4-5 所示的拉伸、倒圆角实体等操作名称。

执行【视图】/【切换操作管理器】命令，可以将操作管理器打开或隐藏，打开的操作管理器默认放置在屏幕的左侧，选择其中的【实体】标签，即可打开关于实体的操作管理器，利用该实体的管理器，可以很方便快捷地修改实体。

（1）命令启动方式

当需修改任何一个实体操作的参数时，只需用鼠标点选其中的【参数】选项，回到相应操作的设置对话框，单击 重新计算 按钮，即可重新设置实体尺寸。

（2）注意事项

在操作时，请注意以下几点。

- 这里所修改的实体尺寸，指的是进行实体操作时所设置的实体参数，如拉伸距离、旋转角度、抽壳厚度等。系统无法在图形生成后，完成各实体所需截面、路径等二维图形的尺寸修改。
- 完成实体参数修改后，实体管理器中相应的操作选项上显示如图 4-6 所示的"🔲"标记，此时需要单击实体操作管理器中的 重新计算 按钮，系统则会自动完成尺寸修改等计算。如果无法完成修改，系统会出现警告。

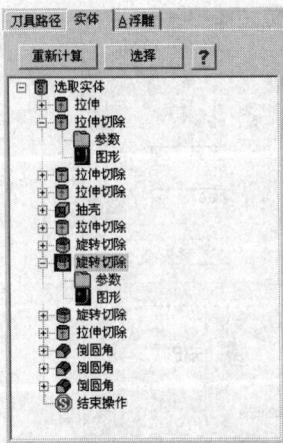

图 4-5　操作管理器

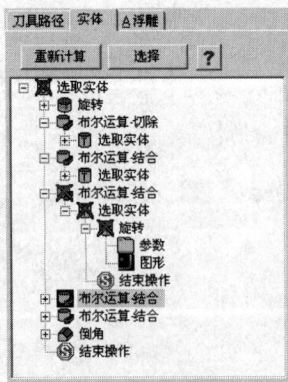

图 4-6　修改实体

二、移动实体功能

为了方便用户操作，系统还提供了实体的移动等功能。移动功能可以快速交换实体构建的先后顺序，而复制能帮助用户减少重复、相似实体的重复构建，这些功能都能提高用户的建模效率。

（1）命令启动方式

在操作该功能时，只需要在实体管理器中选择需要移动的实体，并按住鼠标左键，拖拉到需要放置的实体上面。系统将会把该实体移动到放置实体的下一步进行创建，操作示意如图4-7所示。

（2）注意事项

在操作中需要注意以下几点。

- 在使用移动功能时，系统会出现"↓"标记；如果出现"⊘"标记，表示无法完成移动。
- 移动实体时，并不是实体操作管理器中所有的实体都可以任意移动，要注意实体中的"父-子关系"。
- 只能移动独立的实体，无法移动实体的附加特征，比如基于实体的倒角、布尔运算等，即只能移动一个独立的"父特征"实体。

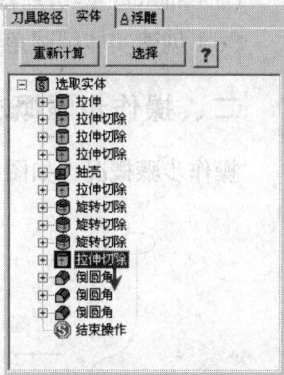

图4-7 实体移动功能

- 移动实体时，系统会及时运算，能完成的功能立即生成，不能完成的系统自动拒绝。不会出现类似修改尺寸等，需要手动操作进行重新计算生成的情况。

4.2

典型实例——创建吊钩模型

吊钩是起重机械中最常见的一种吊具，常借助于滑轮组等部件悬挂在起升机构的钢丝绳上。吊钩在作业过程中常受冲击，需采用合理的结构设计以及韧性好的优质碳素钢制造。下面以图4-8所示的吊钩讲解如何设计工程零件。

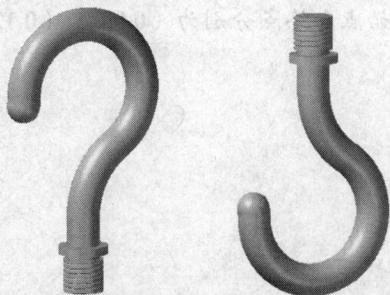

图4-8 吊钩

4.2.1 实 例 分 析

一、涉及的应用工具

（1）绘图环境设置，包括绘图平面、坐标轴的显示以及线宽的设置。

（2）通过绘制圆弧、圆，完成扫描截面以及扫描轨迹的绘制。

（3）创建扫描实体特征，生成吊钩主体。

（4）绘制螺旋线作为扫描轨迹，创建实体螺旋扫描的特征。

（5）布尔运算-切割特征修剪实体。

（6）创建实体倒圆角特征，修饰实体吊钩模型。

二、操作步骤概况

操作步骤概况，如图 4-9 所示。

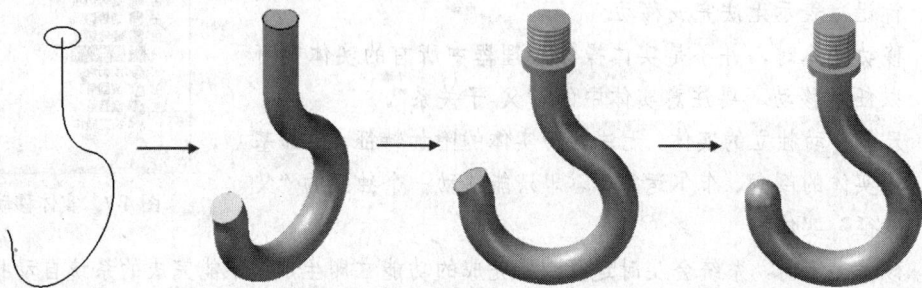

图 4-9　操作步骤

4.2.2　创建吊钩模型

1. 绘图环境设置。

（1）在工具栏中单击 按钮，设置右视图构图。

（2）设置线宽为第二条实线。

2. 绘制扫描轨迹和截面。

（1）单击 按钮，绘制圆心坐标为（0,0,0）、半径值为 40 和圆心坐标为（-70,0,0）、半径值为 30 的两个圆，结果如图 4-10 所示。

（2）单击 按钮，绘制起始点和终点分别为（0,0,0）、（0,120,0）的线段，结果如图 4-11 所示。

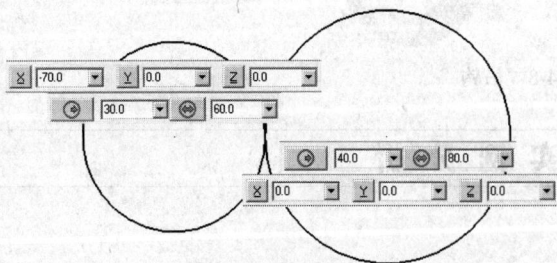

图 4-10　绘制圆

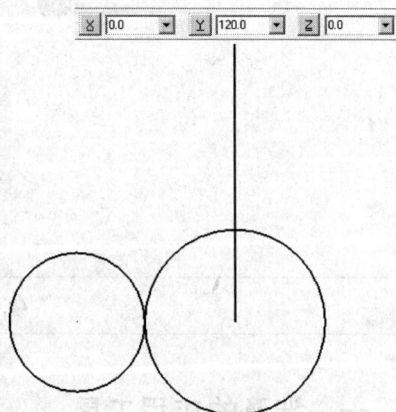

图 4-11　绘制线段

（3）执行【绘图】/【圆弧】/【切弧】命令，依次选取半径为 40 的圆和线段，然后输入切弧半径值为 50，结果如图 4-12 所示。

（4）单击 ＼ 按钮，绘制起始点（-70,0,0）、长度为 37，角度为 30°的线段，结果如图 4-13 所示。

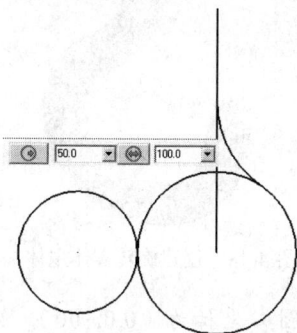

图 4-12　绘制圆弧

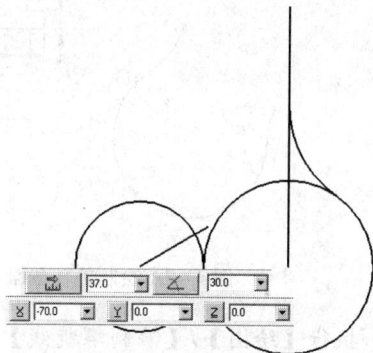

图 4-13　绘制线段

（5）单击 ▓ 按钮，修剪图形，结果如图 4-14 所示。

（6）单击 ▩ 按钮，设置等角视图构图，然后单击 ▩ 按钮，选取如图 4-14 所示的线段上端点为圆心，绘制半径为 10 的圆，结果如图 4-15 所示。

3．创建扫描实体特征。

（1）新建图层 2，将其设置为当前图层。

（2）执行【实体】/【扫描】命令，选取绘制的圆为扫描截面，然后单击【转换参数】对话框中的 ✔ 按钮确定。

（3）选取剩余图形为扫描轨迹，然后单击【扫描实体的设置】对话框中的 ✔ 按钮确定，结果如图 4-16 所示。

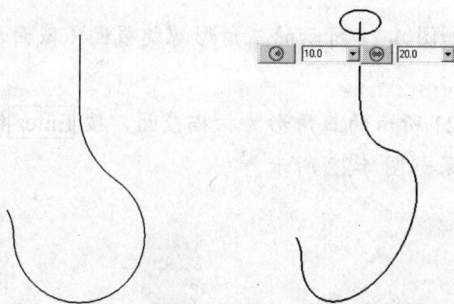

图 4-14　修剪图形

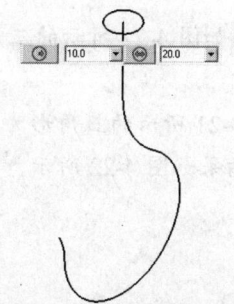

图 4-15　绘制扫描截面

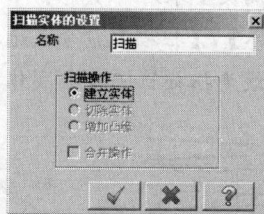

图 4-16　创建扫描实体特征

4．创建旋转实体特征。

（1）在工具栏中单击 ▩ 按钮，设置俯视图构图，并将图层 1 设置为当前图层。

（2）单击 ＼ 按钮，绘制如图 4-17 所示的旋转截面。

（3）将图层 2 设置为当前图层。

（4）执行【实体】/【旋转】命令，选取刚绘制的封闭图形为旋转截面，创建旋转实体特征，结果如图 4-18 所示。

5．创建实体扫描特征。

（1）隐藏图层 2 的显示，并新建图层 3，将其设置为当前图层。

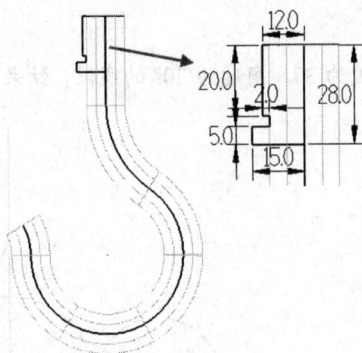

图 4-17　绘制旋转截面

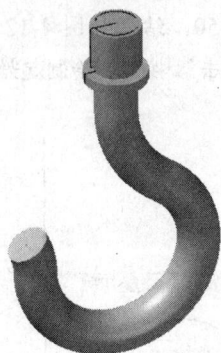

图 4-18　创建旋转实体主体

（2）执行【绘图】/【绘制螺旋线】命令，输入螺旋线圆心坐标为（0,0,100），然后在如图 4-19 所示的【螺旋线选项】对话框中设置螺距、圈数等参数，结果如图 4-20 所示。

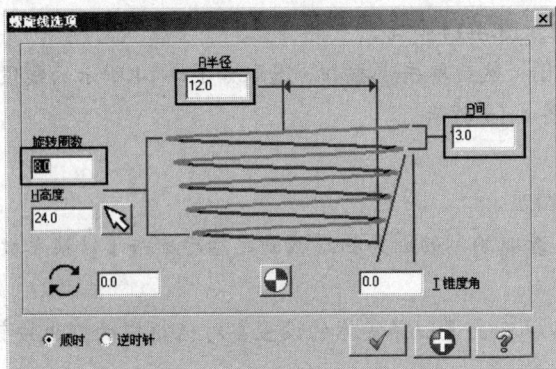

图 4-19　【螺旋线选项】对话框

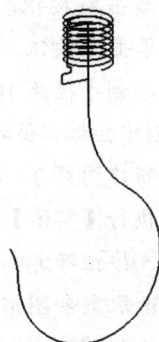

图 4-20　绘制螺旋线

（3）单击 按钮，设置前视图构图，然后绘制如图 4-21 所示的三角形螺旋截面（截面形状和大小自拟，大致满足要求即可）。

（4）执行【实体】/【扫描】命令，选取如图 4-21 所示的三角形为扫描截面，按 Enter 键确定，然后选取螺旋线为扫描轨迹建立实体模型，结果如图 4-22 所示。

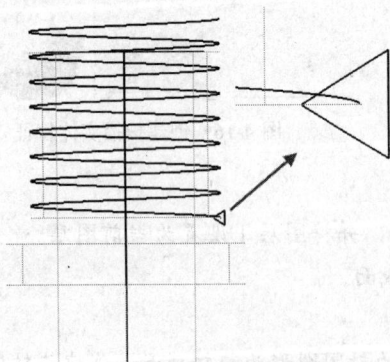

图 4-21　绘制扫描截面

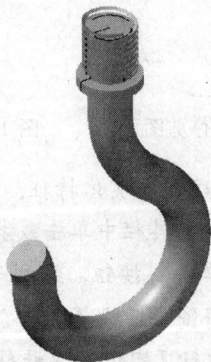

图 4-22　创建扫描实体特征

6. 创建布尔运算-切割特征。

（1）隐藏图层 1、图层 3 的显示。

（2）执行【实体】/【布尔运算-切割】命令，依次选取旋转实体和扫描实体，按 Enter 键确定，结果如图 4-23 所示。

7. 创建实体倒圆角特征。

（1）执行【实体】/【倒圆角】/【倒圆角】命令，选取如图 4-24 所示的倒圆角边，按 Enter 键确定。

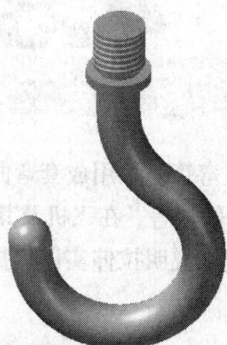

（2）在【实体倒圆角参数】对话框中设置倒圆角参数为 10，结果如图 4-25 所示。

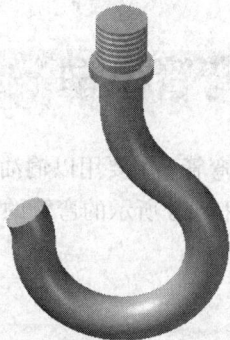

| 图 4-23 创建布尔运算-切割特征 | 图 4-24 倒圆角边 | 图 4-25 实体倒圆角特征 |

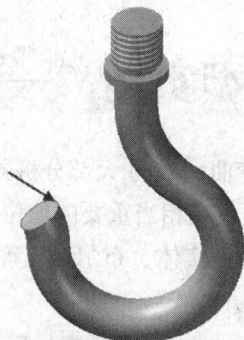

4.2.3 相关难点知识讲解——特殊线型的绘制

Mastercam X2 为了方便用户快捷地绘制多边形、矩形、椭圆、盘旋线以及螺旋线等特殊线型，满足用户以特殊线型为基础而进行的相关实体或曲面的特征操作，特别在【绘图】主菜单中设置了图 4-26 所示的几个绘制特殊线型的功能命令。

以绘制螺旋线为例说明特殊线型绘制的一般过程以及注意事项。

执行【绘图】/【绘制螺旋线】命令，在如图 4-27 所示的【螺旋线选项】对话框中设置螺旋线的螺距、线数、半径等参数。

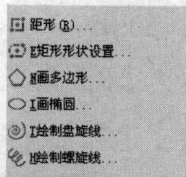

图 4-26 特殊线型命令

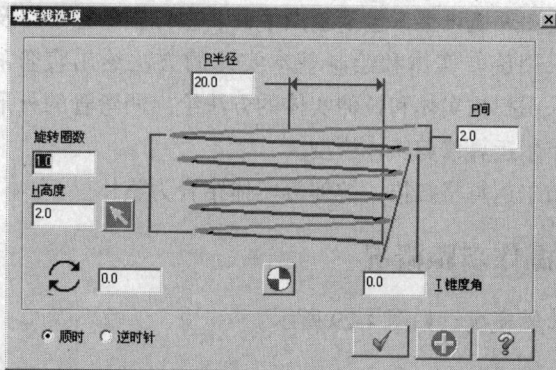

图 4-27 【螺旋线选项】对话框

- 半径：即螺旋线的半径，倘若设置锥度角则为最大端的半径值。
- 螺距：即螺旋线相邻两圈的垂直高度，代表着螺旋线的紧密程度。
- 旋转圈数：即螺旋线螺旋的次数，和螺距一同决定螺旋线的高度。
- 锥度角：即设置带有锥度的螺旋线。

● 顺时、逆时：即螺旋线的旋转方向，默认情况为顺时针。

要点提示 绘制螺旋线要特别的注意螺旋线的圈数、螺距以及半径的标准化，应尽量参考国标中对弹簧的参数的规定，符合机械行业标准。

4.3 典型实例二——创建弯管模型

弯管是采用成套弯曲模具进行弯曲而成的，大部分机器设备都用到弯管，主要用以输油、输气、输液等，在飞机及其发动机上更占有相当重要的地位。下面以如图 4-28 所示的弯管的创建为例来说明拉伸实体、扫描实体、切割实体、布尔运算等功能的使用方法。

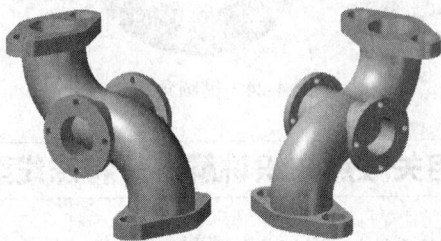

图 4-28　弯管

4.3.1　实 例 分 析

一、涉及的应用工具

（1）绘图环境设置，包括绘图平面、坐标轴的显示以及线宽的设置。

（2）采用旋转实体和绘制基本实体的方法绘出直管的外形。

（3）采用扫描实体和拉伸实体的方法绘出两弯管的外形。

（4）布尔运算修剪实体模型。

（5）布尔运算将扫描、拉伸等实体结合为整体。

二、操作步骤概况

操作步骤概况，如图 4-29 所示。

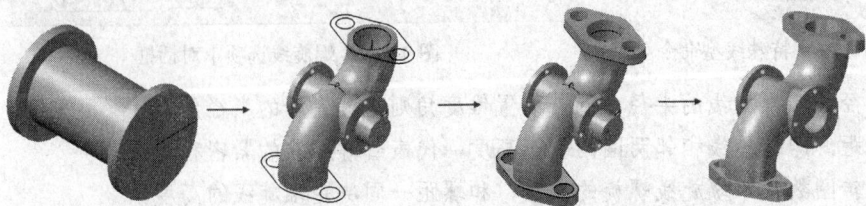

图 4-29　操作步骤

4.3.2　创建弯管模型

1．绘图环境设置。

（1）在工具栏中单击 按钮，设置前视图构图。

（2）设置线宽为第二条实线。

2．创建实体旋转特征。

（1）单击 按钮，并按下工具栏中的 按钮，依次输入坐标分别为（65,0,0）、（65,50,0）、（55,50,0）、（55,35,0）、（-55,35,0）、（-55,50,0）、（-65,50,0）、（-65,0,0）、（65,0,0），绘制如图 4-30 所示的连续线段。

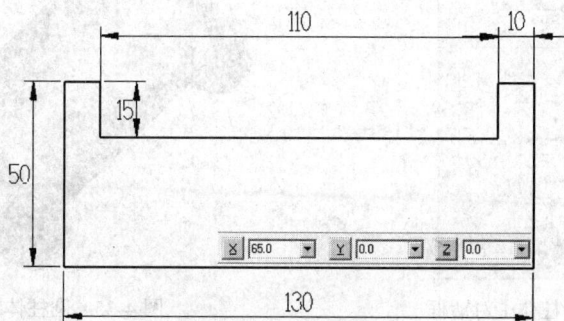

图 4-30　旋转截面

（2）新建图层 2，将其设置为当前图层。

（3）执行【实体】/【旋转】命令，选取绘制的封闭图形为旋转截面，在【转换参数】对话框中单击 按钮确定。

（4）选取封闭图形下端的水平线为旋转轴，在如图 4-31 所示的【方向】对话框中单击 按钮确定。

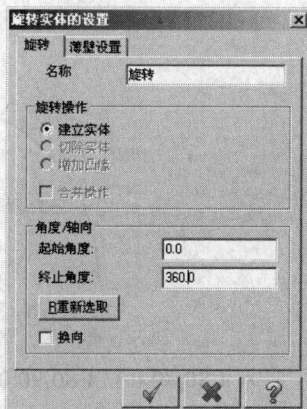

（5）采用如图 4-32 所示的【旋转实体设置】对话框中的默认参数，结果如图 4-33 所示。

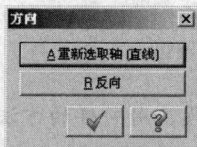

图 4-31　【方向】对话框　　　图 4-32　【旋转实体设置】对话框　　　图 4-33　旋转实体特征

3．创建圆柱体。

单击 按钮，输入（-65,0,0），在如图 4-34 所示的【圆柱体】对话框中设置高度为 160、直径为 25，并沿 x 轴定位伸长，结果如图 4-35 所示。

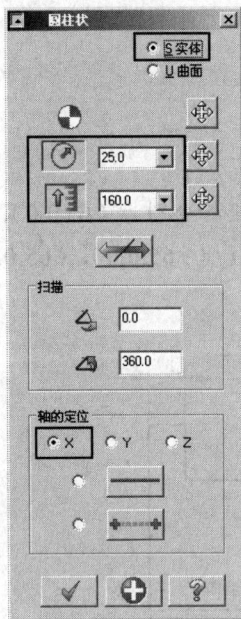

图 4-34 【圆柱体】对话框

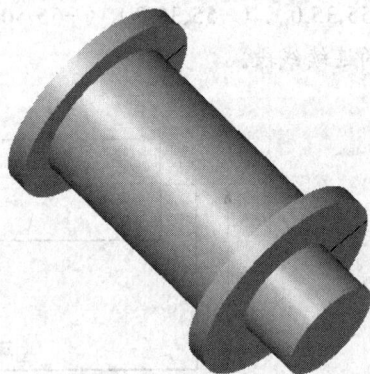

图 4-35 圆柱体

4. 绘制扫描截面及截面。

（1）单击 按钮，设置右视图构图，并将图层 1 设置为当前图层。

（2）执行【绘图】/【圆弧】/【两点画弧】命令，绘制圆弧两端点坐标（80,80,0）、（0,0,0），半径为 80 的圆弧，选取满足条件的圆弧，结果如图 4-36 所示。

（3）用相同的方法绘制如图 4-37 所示的圆弧。

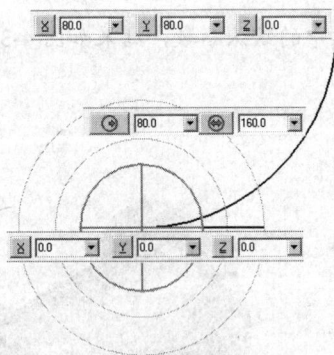

图 4-36 绘制圆弧（1）

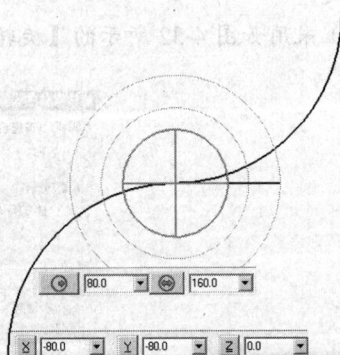

图 4-37 绘制圆弧（2）

（4）单击 按钮，绘制两端点坐标分别为（80,80,0）、（80,90,0）的线段，用同样的方法绘制两端点坐标分别为（−80,−80,0）、（−80,−90,0）的线段，结果如图 4-38 所示。

（5）单击 按钮，设置前视图构图。

（6）单击 按钮，绘制圆心坐标为（0,0,0），半径分别为 40 和 30 的两圆，结果如图 4-39 所示。

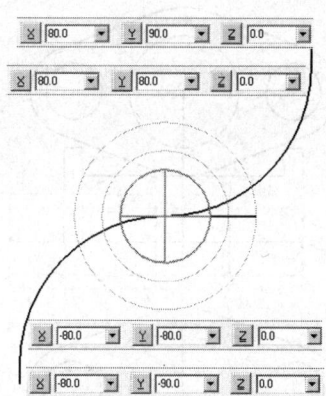

图 4-38　绘制线段

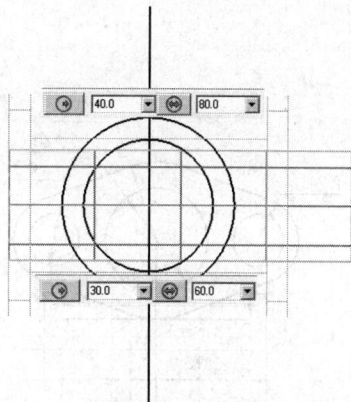

图 4-39　绘制扫描截面

5．创建实体扫描特征。

（1）将图层 2 设置为当前图层。

（2）执行【实体】/【扫描】命令，依次选取如图 4-39 所示的两个圆，在【转换参数】对话框中单击 ✓ 按钮确定。

（3）选取如图 4-38 所示的曲线为扫描轨迹，实体扫描结果如图 4-40 所示。

6．绘制实体拉伸截面。

（1）单击 按钮，设置右视图构图，新建图层 3，将其设置为当前图层。

（2）单击 按钮，绘制圆心坐标为（0,42.5,0），半径为 4.5 的圆，然后将其旋转形成均布的 4 个圆的拉伸截面 1，结果如图 4-41 所示。

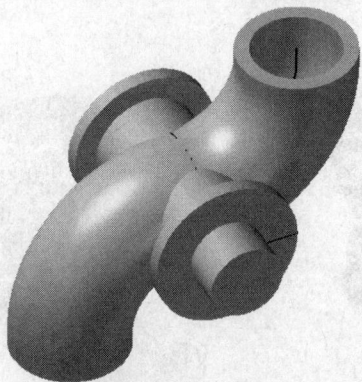

图 4-40　扫描实体特征

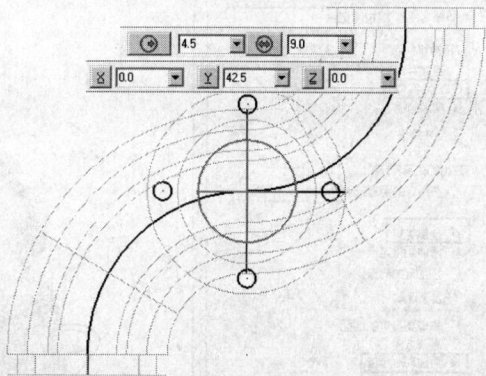

图 4-41　绘制拉伸截面（1）

（3）单击 按钮，设置俯视图构图，并设置构图深度为 90，绘制如图 4-42 所示的拉伸截面 2，其中圆心坐标为（0,80,90）。

（4）将构图深度改为−90，绘制出如图 4-43 所示的拉伸截面 3，该截面与截面 2 完全一致并且关于 x 轴对称。

要点提示　这一步也可以直接对截面 2 进行复制处理来得到如图 4-43 所示的图形。具体方法：首先将截面 2 沿 x 轴镜像复制处理，再将视图模式转为侧视图，对复制的图形沿 x 轴进行镜像复制处理即可。

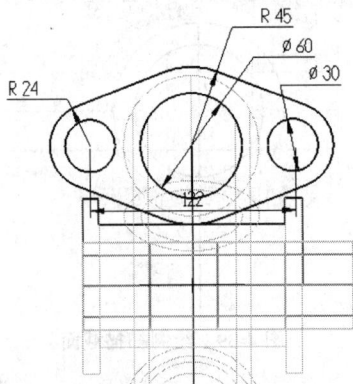

图 4-42　拉伸截面（2）

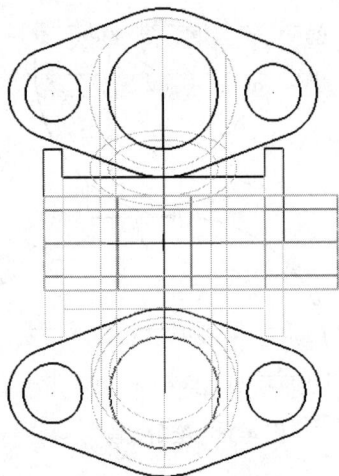

图 4-43　拉伸截面（3）

7. 创建实体拉伸特征。

（1）将图层 2 设置为当前图层。

（2）执行【实体】/【拉伸】命令，依次选取如图 4-41 所示拉伸截面 1 的 4 个均布圆。

（3）在图 4-44 所示的【拉伸实体设置】对话框中点选【切除实体】、【全部贯穿】和【两边同时拉伸】选项，并选取拉伸实体为切除主体，结果如图 4-45 所示。

（4）用相同的方法创建拉伸截面 2 和 3 的拉伸特征，拉伸距离为 20，结果如图 4-46 所示。

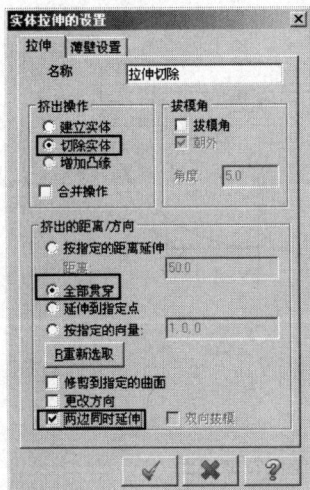

图 4-44　【实体拉伸的设置】对话框

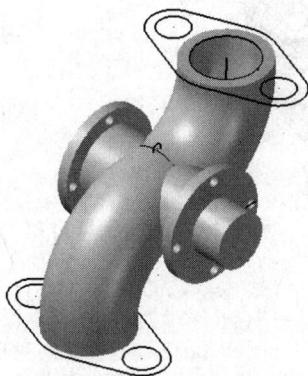

图 4-45　拉伸切除实体特征

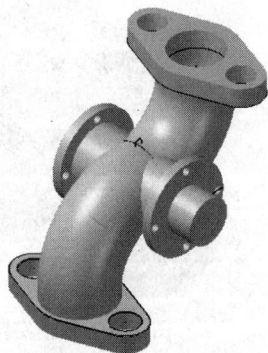

图 4-46　拉伸实体特征

8. 实体编辑。

（1）隐藏图层 1 及图层 3 的显示。

（2）执行【实体】/【布尔运算-切割】命令，依次选取如图 4-47 所示的旋转实体特征 1 和圆柱体 2，按 Enter 键确定，结果如图 4-48 所示。

（3）执行【实体】/【布尔运算-结合】命令，依次选取旋转实体特征 1 和扫描实体特征 3，按 Enter 键确定。

（4）用相同的方法将拉伸实体特征4和5依次与主体结合，最终结果如图4-49所示。

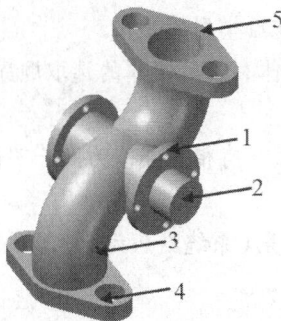

图 4-47　选取实体　　　　　图 4-48　布尔运算-切割　　　　　图 4-49　布尔运算-结合

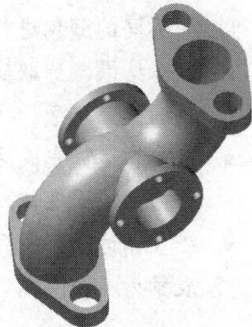

4.3.3　相关难点知识讲解——布尔运算

根据实体建模理论，实体建模有一种最基本的方法就是体素法（简称 CSG）。CSG 是通过图素的运算创建几何实体模型，这种几何实体运算就是所谓的布尔运算，主要包括布尔运算-结合、布尔运算-切割以及布尔运算-交集等3 种运算方式，如图4-50所示。

图 4-50　布尔运算

一、布尔运算–结合

【布尔运算-结合】命令用于布尔求和运算，能够将图形中已存在的、部分重叠的（至少共面）的两个或两个以上的实体连接成一个实体。创建两相交的实体后，在【实体】主菜单中选取【布尔运算-结合】选项，或在【实体】工具栏中单击█按钮打开设计工具，选取目标实体和工具实体即可对二者进行布尔求和运算。

下面简要说明布尔求和运算的设计方法。

（1）创建两个相交的实体，实体模型和线框模型如图4-51所示。

（2）执行【实体】/【布尔运算-结合】命令。

（3）依次选取两实体作为目标实体和工具实体，按 Enter 键确定，最后得到的布尔求和运算结果如图4-52所示。

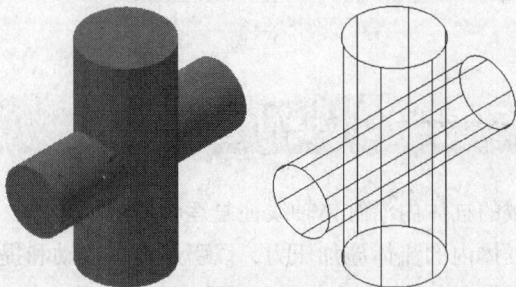

图 4-51　布尔运算前　　　　　　　　　图 4-52　布尔运算-结合后

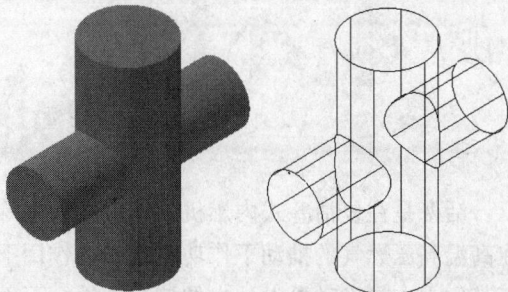

注意事项如下。

- 在着色模式下，多个实体在布尔求和运算前后的效果没有明显区别，除非事先对实体采用不同的颜色进行表示。但在线框模式下可明显看出操作前后模型的变化。
- 运算结果与选取实体顺序无关，即在图 4-51 中交换目标实体和工具实体的选取顺序所得的结果一致。
- 在求和运算完成后，用户可以通过线框模式查看有无相贯线，有相贯线的为同一实体，否则为不同实体。
- 在求和运算完成后，当鼠标光标滑过实体时，如果整体以高亮（系统默认为黄色）显示，表示为一个实体，否则为不同的实体。

二、布尔运算–切割

【布尔运算-切割】命令用于布尔求差运算，能够利用工具实体对目标实体进行切剪操作。

布尔求差的操作方法与前面介绍的布尔-结合的操作方法类似，只是运算结果会因选定的目标实体和工具实体的不同而不同。对如图 4-51 所示的实体模型进行布尔求差运算，结果如图 4-53 所示。

三、布尔运算–交集

【布尔运算-交集】命令用于布尔求交运算，能够将工具实体和目标实体进行求交运算，得到公共部分的实体，其结果与选取实体的顺序无关。对图 4-51 所示的实体模型进行布尔求交运算，结果如图 4-54 所示。

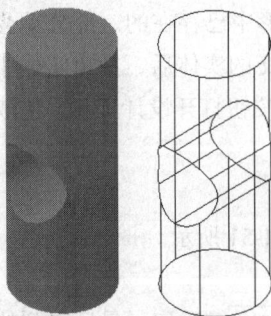

图 4-53　布尔运算-切割　　　　　　　图 4-54　布尔运算-交集

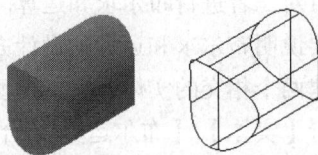

4.4

典型实例三——创建活塞模型

活塞是往复活塞式内燃机、压缩机和泵等机械的缸体内沿缸体轴线往复运动的机械零件，在高温高压燃气的推动下作功或在外力作用下对缸体内的流体施加压力，以引起流体流动和提高其压力，是发动机设计中的核心部件。下面以图 4-55 所示的活塞模型的设计介绍拉伸实体、拉伸切割实体、抽壳、旋转实体以及实体修饰等操作。

图 4-55　活塞

4.4.1　实 例 分 析

一、涉及的应用工具

（1）绘图环境设置，包括绘图平面、坐标轴的显示以及线宽的设置。

（2）创建拉伸实体特征，生成活塞主体。

（3）创建拉伸切除实体特征，生成活塞工程特征。

（4）通过实体抽壳，将活塞主体创建为薄壁零件。

（5）通过创建旋转切除实体特征，生成活塞密封环槽。

（6）创建实体倒圆角特征，修饰活塞模型。

二、操作步骤概况

操作步骤概况，如图 4-56 所示。

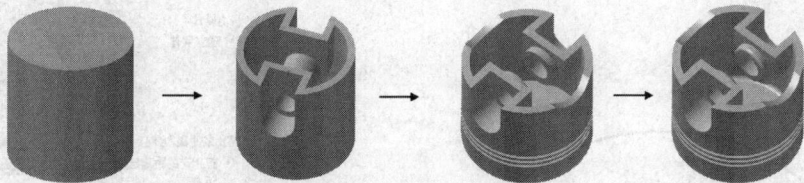

图 4-56　操作步骤

4.4.2　创建活塞模型

1. 绘图环境设置。

（1）在工具栏中单击 按钮，设置俯视图构图。

（2）设置线宽为第二条实线。

2. 创建活塞主体。

（1）单击 按钮，输入圆心坐标（0,0,0），绘制半径为 40 的圆，结果如图 4-57 所示。

（2）新建图层 2，设置为当前图层。并单击 按钮，设置等角视图构图。

（3）执行【实体】/【拉伸】命令，选取绘制的圆，然后单击【转换参数】对话框中的 按钮确定。

（4）在【实体拉伸的设置】对话框中设置拉伸参数为 80，拉伸方向向上，并单击 按钮进行图形着色，结果如图 4-58 所示。

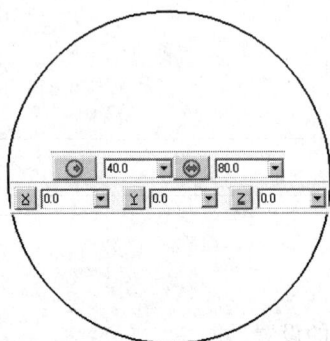

图 4-57　绘制圆

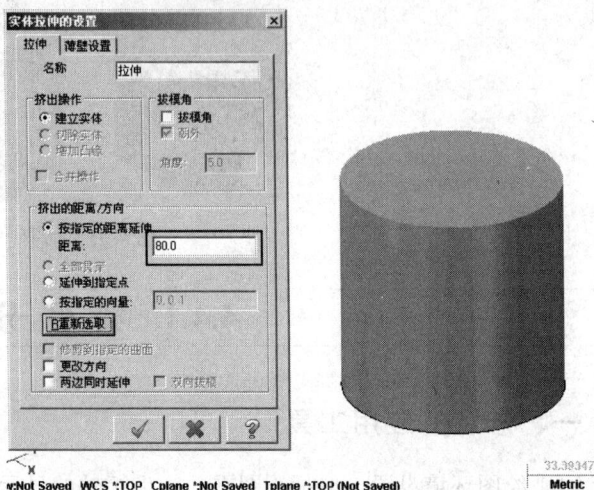

图 4-58　实体拉伸特征

> **要点提示**
>
> 更改拉伸方向有以下几种方法。
> （1）单击绘图区拉伸截面上的方向箭头标识，如图 4-59 所示。
> （2）在【实体拉伸的设置】对话框中输入负数值，如"-80"。
> （3）勾选【实体拉伸的设置】对话框中的【更改方向】选项，如图 4-60 所示。

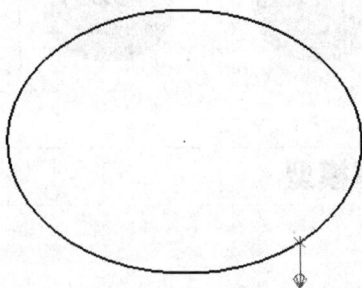

图 4-59　拉伸方向

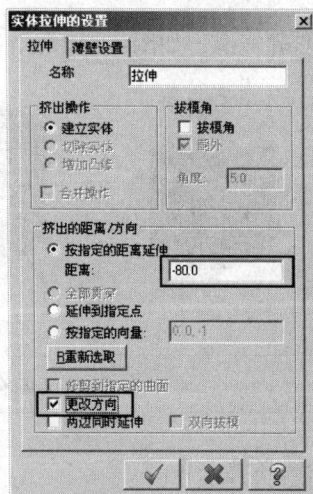

图 4-60　【实体拉伸的设置】对话框

3．创建拉伸实体切除特征 1。

（1）单击 按钮，设置前视图构图，并将图层 1 设置为当前图层。

（2）单击 按钮，输入圆心坐标（0,30,0），绘制直径为 15 的圆，结果如图 4-61 所示。

（3）新建图层 2，设置为当前图层。并单击 按钮，设置等角视图构图。

（4）执行【实体】/【拉伸】命令，选取绘制的圆，在【实体拉伸的设置】对话框中依次选择【切除实体】、【全部贯穿】和【两边同时延伸】选项，结果如图 4-62 所示。

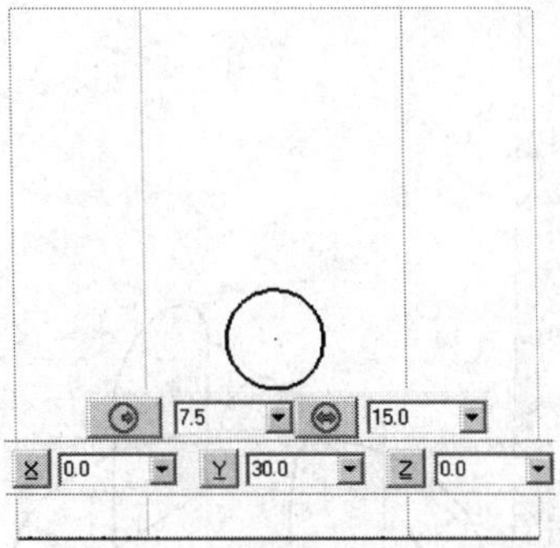

图 4-61　绘制拉伸截面（1） 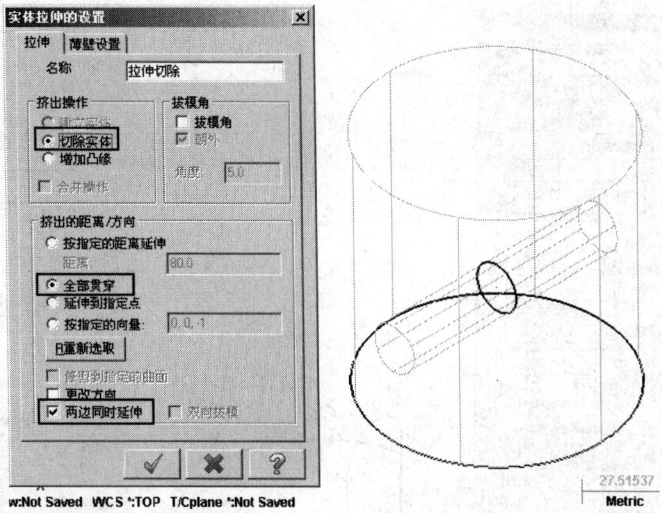　　　　图 4-62　拉伸实体特征（1）

4．绘制拉伸实体截面。

（1）单击 按钮，设置前视图构图，并将图层 1 设置为当前图层。

（2）执行【绘图】/【圆弧】/【极坐标圆弧】命令，输入圆心坐标（0,30,0），绘制直径为 24，起始的角度为 0°，终止角度为 180° 的圆弧，如图 4-63 所示。

（3）单击 按钮，分别以圆弧的两端点为起始点，绘制长度为 30，角度为 270° 的线段，然后连接两条线段的下端点，结果如图 4-64 所示。

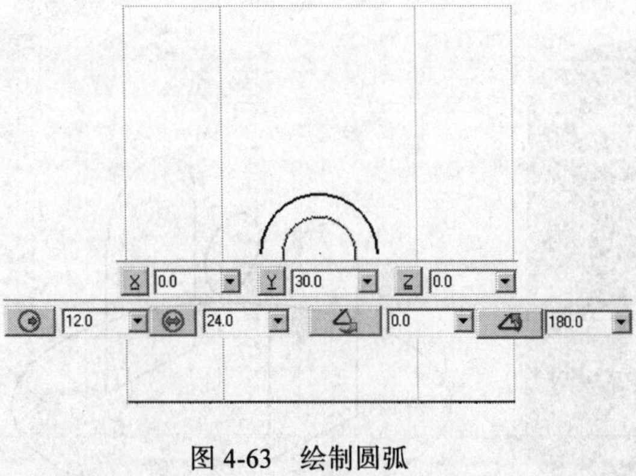

图 4-63　绘制圆弧 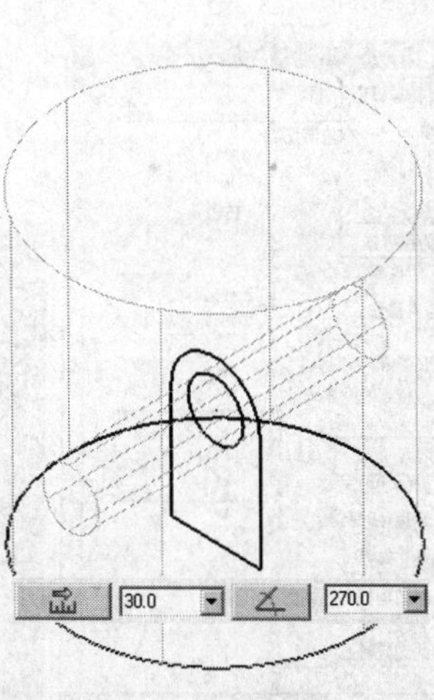　　　　　　　　　图 4-64　绘制线段

（4）执行【转换】/【平移】命令，选择绘制的圆弧和 3 条线段，按 Enter 键确定，在【平移选项】对话框中设置参数，结果如图 4-65 所示。

（5）用相同的方法反方向平移图形，结果如图 4-66 所示。

5．创建拉伸实体切除特征 2。

（1）将图层 2 设置为当前图层。

（2）执行【实体】/【拉伸】命令，选取其中一个平移图形，然后单击【转换参数】对话框中的 按钮确定。

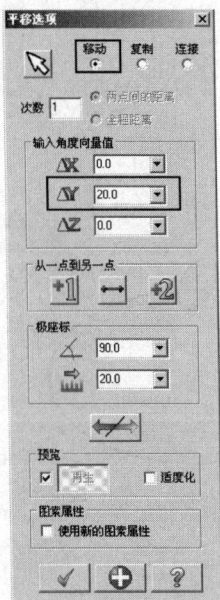

图 4-65　平移图形

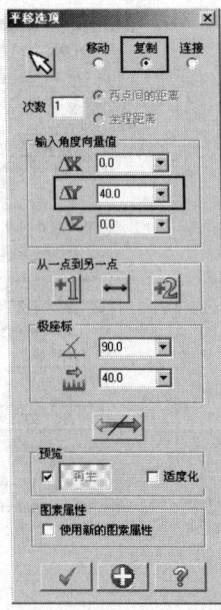

图 4-66　平移图形

（3）在【实体拉伸的设置】对话框中依次选择【切除实体】、【全部贯穿】选项，结果如图 4-67 所示。

（4）用相同的方法创建另一平移图形的实体切除特征，结果如图 4-68 所示。

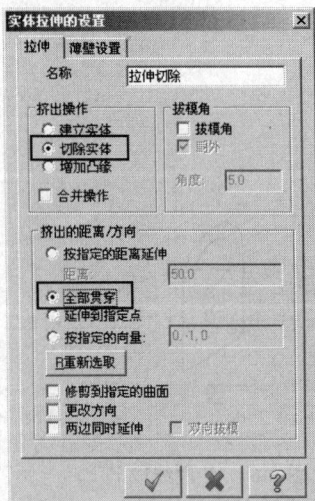

图 4-67　拉伸实体切除特征（1）

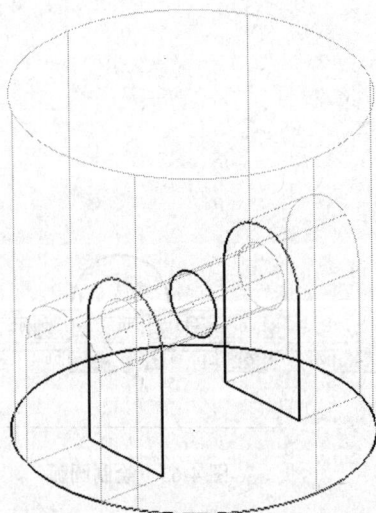

图 4-68　拉伸实体切除特征（2）

6. 创建实体抽壳特征。

（1）隐藏图层 1 的显示。

（2）执行【实体】/【抽壳】命令，选取图 4-69 所示的面为要开启的面，然后按 Enter 键确定。

（3）在【实体抽壳的设置】对话框中设置向内抽壳厚度为 5，结果如图 4-70 所示。

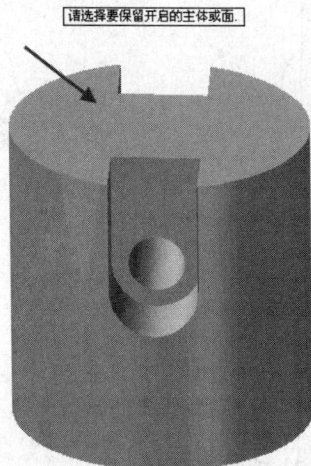

图 4-69　选取抽壳面

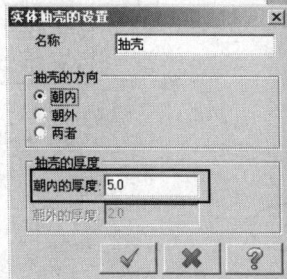

图 4-70　实体抽壳特征

7.　创建拉伸实体切除特征 3。

（1）单击 按钮，设置俯视图构图，并将图层 1 设置为当前图层。

（2）单击 按钮，绘制中心坐标在原点，长度为 25，高度为 20 的矩形，如图 4-71 所示。

（3）将图层 2 设置为当前图层。

（4）执行【实体】/【拉伸】命令，选取绘制的矩形为拉伸截面，在【实体拉伸的设置】对话框中设置切除实体参数为 50，结果如图 4-72 所示。

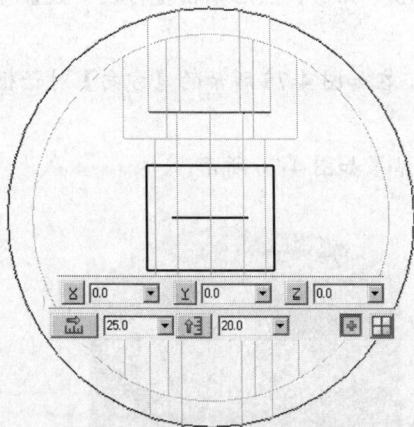

图 4-71　绘制拉伸截面（3）

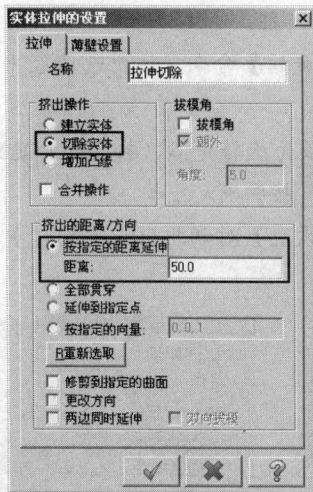

图 4-72　拉伸实体切除特征（3）

8.　绘制旋转实体截面和旋转轴。

（1）单击 按钮，设置前视图构图，并将图层 1 设置为当前图层。

（2）单击 按钮，绘制坐标分别为（38.5,65,0）、（40,63,0）的矩形，按 Enter 键确定，结果如图 4-73 所示。

（3）执行【转换】/【平移】命令，选择绘制的矩形，按 Enter 键确定，在【平移选项】对话框中设置平移参数，结果如图 4-74 所示。

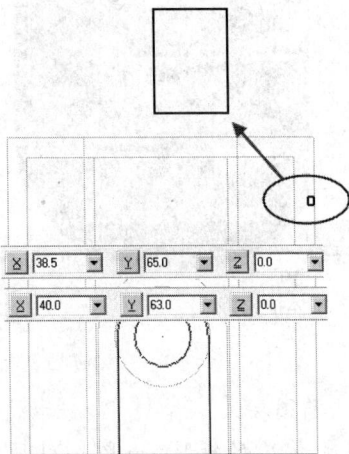

图 4-73　绘制旋转截面

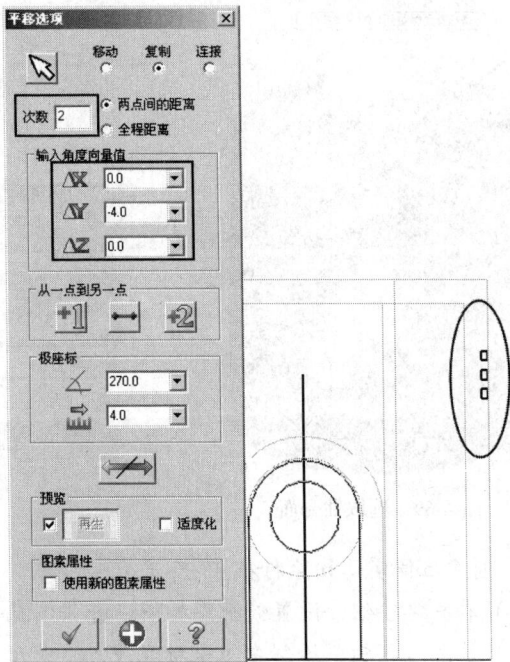

图 4-74　平移图形

（4）单击 ＼ 按钮，绘制起始点和终点坐标分别为（0,0,0）和（0,60,0）线段，然后单击 ✓
按钮确定。

9．创建旋转实体切除特征。

（1）执行【实体】/【旋转】命令，依次选取经平移的 3 个矩形，然后单击【转换参数】对
话框中的 ✓ 按钮确定。

（2）选取刚绘制的线段为旋转中心，按 Enter 键确定，在如图 4-75 所示的【方向】对话框
中调整方向，然后单击 ✓ 按钮确定。

（3）在【旋转实体的设置】对话框中设置旋转参数，结果如图 4-76 所示。

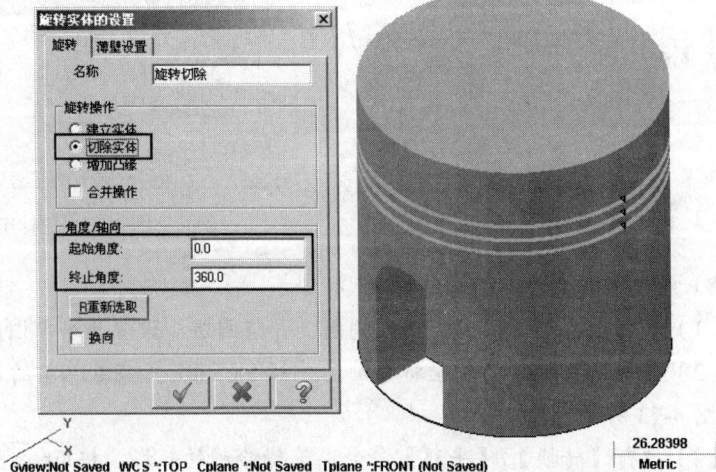

图 4-75　【方向】对话框

图 4-76　旋转实体切除特征

10. 绘制拉伸实体截面。

（1）单击🔲按钮，设置右视图构图，隐藏图层1的显示，并新建图层3，将其设置为当前图层。

（2）单击✎按钮，在工具栏中单击📐按钮，依次绘制以下线段，结果如图4-77所示。

● 始点和终点分别为（15,14,0）和（40,14,0）。

● 长度为14，角度为270°。

● 长度为80，角度为180°。

● 长度14，角度90°。

● 长度为25，角度为0°。

（3）执行【绘图】/【圆弧】/【两点画弧】命令，选取图4-77所示的两个端点，输入半径值为25，然后选取要保留的圆弧，结果如图4-78所示。

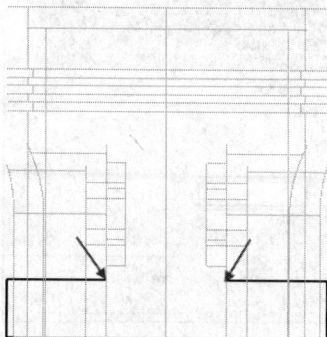

图4-77 选取端点

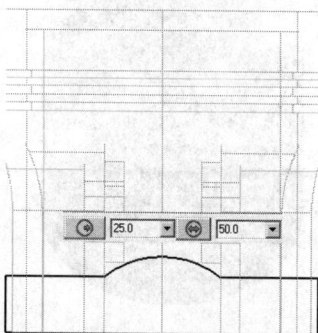

图4-78 绘制圆弧

11. 创建拉伸实体切除特征4。

（1）将图层2设置为当前图层。

（2）执行【实体】/【拉伸】命令，选取刚绘制的截面图形，然后单击【转换参数】对话框中的✔️按钮确定。

（3）在【实体拉伸的设置】对话框中依次选择【切除实体】、【全部贯穿】和【两边同时延伸】选项，结果如图4-79所示。

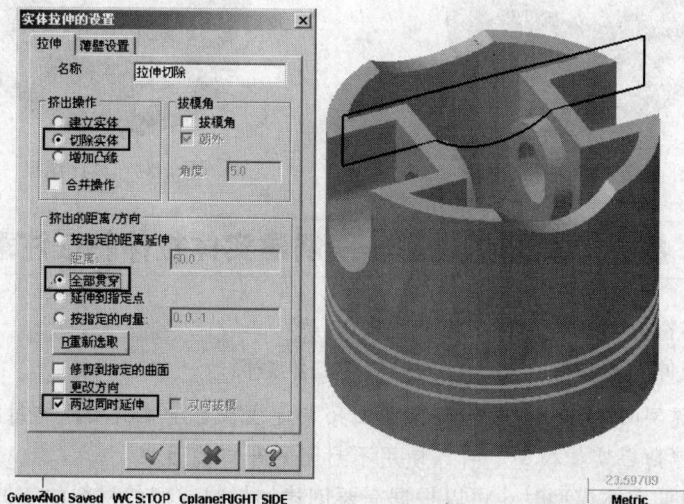

图4-79 拉伸实体切除特征（4）

12. 创建实体倒圆角特征。

（1）隐藏图层 3 中图素的显示。

（2）执行【实体】/【倒圆角】/【倒圆角】命令，依次选取如图 4-80 所示的倒圆角，然后按 Enter 键确定。

（3）在弹出的【实体倒圆角参数】对话框中设置倒圆角参数为 2，单击 ✓ 按钮确定。

（4）用相同的方法对另一边进行倒圆角，结果如图 4-81 所示。

图 4-80 倒圆角边   图 4-81 实体倒圆角

（5）选取如图 4-82 所示的边进行实体倒圆角，倒圆角半径为 3，最终结果如图 4-83 所示。

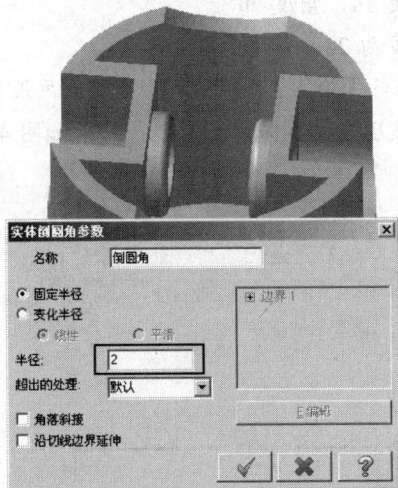

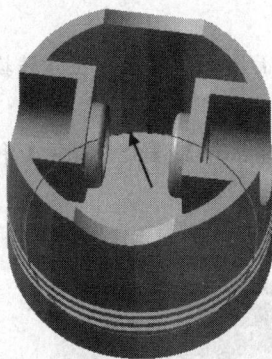

图 4-82 实体倒圆角边   图 4-83 最终结果

4.4.3 相关难点知识讲解——创建实体拉伸特征注意事项

创建拉伸实体特征模型时，需注意以下几点。

（1）在创建拉伸实体模型之前，首先要创建二维截面。

● 如果要创建实心的实体模型，二维截面必须是线条首尾顺次相连的封闭图形。

● 如果要创建薄壁实体模型，可以使用不封闭的开口截面。

（2）在创建拉伸实体模型时，可以根据需要创建加材料或切剪材料的实体。

● 如果希望增加新的实体，可以创建加材料实体模型。

- 如果希望在已有实体模型上切去部分材料，可以创建减材料实体。

（3）在创建实体模型时，需要指定模型生成的方向。

（4）在创建实体模型时，需要指定模型的拉伸深（高）度。

（5）为了便于模型的创建工作，在创建模型时，可以使用以下设计技巧。

- 设置合理的视图模式，以便能够更好地观察建模过程。

- 合理使用图层，以方便对模型上的图素进行管理。

- 适当对模型进行渲染，以增强所设计模型的视觉冲击力。

4.5 典型实例四——创建曲轴模型

曲轴是发动机上的一个重要机件，引擎的主要旋转机件，装上连杆后，可承接连杆的上下（往复）运动变成循环（旋转）运动，是发动机的动力源，也是整个机械系统的源动力。下面以如图 4-84 所示的曲轴的设计来讲解旋转实体、拉伸实体、布尔运算以及倒圆角等操作。

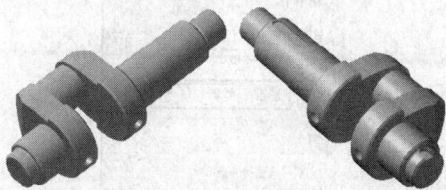

图 4-84　曲轴

4.5.1　实 例 分 析

一、涉及的应用工具

（1）绘图环境设置，包括绘图平面、坐标轴的显示以及线宽的设置。

（2）利用矩形、直线等工具绘制旋转截面。

（3）创建旋转实体特征，生成曲轴的轴端、轴头、轴颈部分。

（4）绘制拉伸截面创建拉伸实体特征，生成曲轴轴臂连接轴头与轴颈。

（5）通过拉伸实体特征和布尔运算创建键槽特征。

（6）创建实体倒角特征修饰曲轴。

二、操作步骤概况

操作步骤概况，如图 4-85 所示。

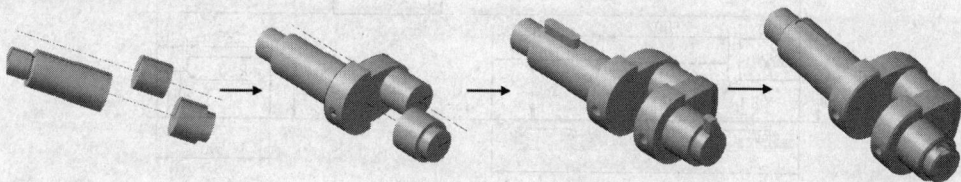

图 4-85　操作步骤

4.5.2 创建曲轴模型

1. 绘图环境设置。

（1）在工具栏中单击 ⊕ 按钮，设置俯视图构图。

（2）设置线宽为第一条实线，线形为中心线。

2. 绘制中心线。

（1）单击 ＼ 按钮，绘制起始点和终点坐标分别为（-5,0,0）和（289,0,0）的中心线，然后单击 ✓ 按钮确定。

（2）执行【转换】/【平移】命令，在绘图区选取绘制的中心线，然后按 Enter 键确定。

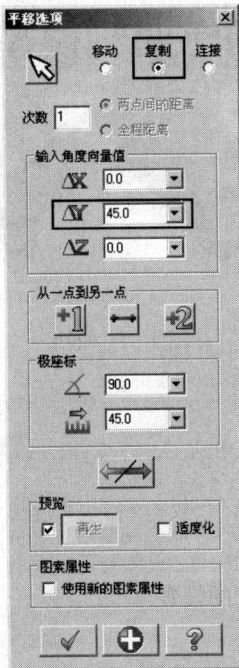

（3）在图 4-86 所示的【平移选项】对话框中设置平移参数，结果如图 4-87 所示。

图 4-86 【平移选项】对话框

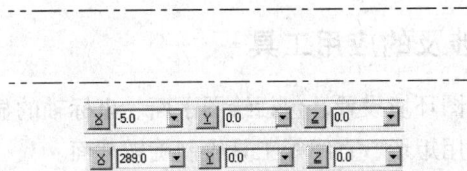

图 4-87 平移图形

3. 创建实体旋转特征。

（1）将线型修改为实线，线宽为第二条实线。

（2）单击 ＼ 按钮，利用连续直线模式绘制旋转截面，并加以圆角修饰，结果如图 4-88 所示。

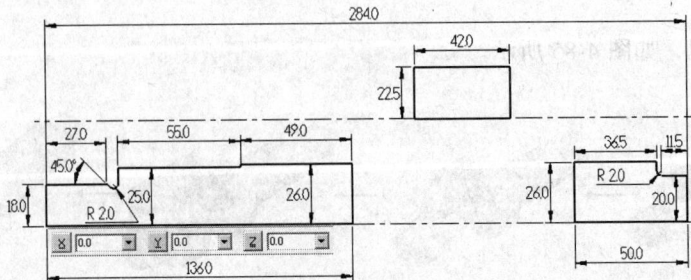

图 4-88 旋转截面

（3）新建图层 2，将其设置为当前图层。

（4）执行【实体】/【旋转】命令，选取最左端的图形为旋转截面，在【转换参数】对话框中单击 ✓ 按钮确定。

（5）选取相应的中心线为旋转轴，在弹出的【方向】对话框中单击 ✓ 按钮确定。

（6）采用【旋转实体的设置】对话框中的默认设置，结果如图 4-89 所示。

（7）用相同的方法创建最右端图形的实体旋转特征，结果如图 4-90 所示。

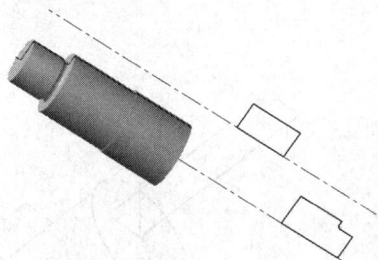

图 4-89　旋转实体特征（1）

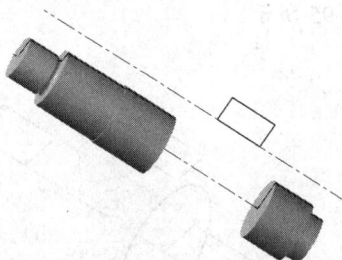

图 4-90　旋转实体特征（2）

（8）用相同的方法创建中间图形的实体旋转特征，结果如图 4-91 所示。

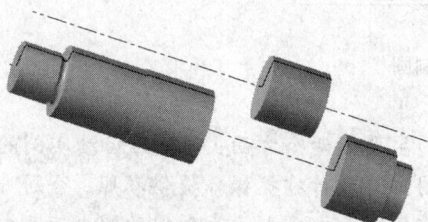

图 4-91　旋转实体特征（3）

4．新建构图面。

（1）单击状态栏中的 构图面 按钮，在如图 4-92 所示的菜单中选取【按实体面设置平面】选项。

（2）选取如图 4-93 所示的实体面为构图面。

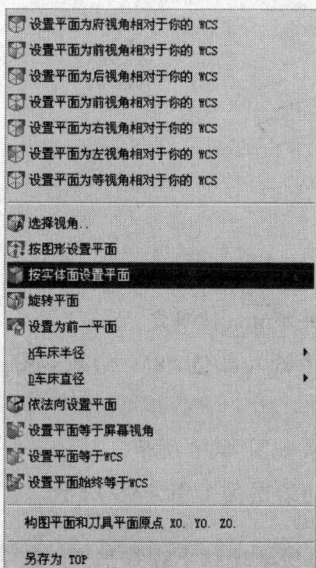

图 4-92　【构图面】菜单

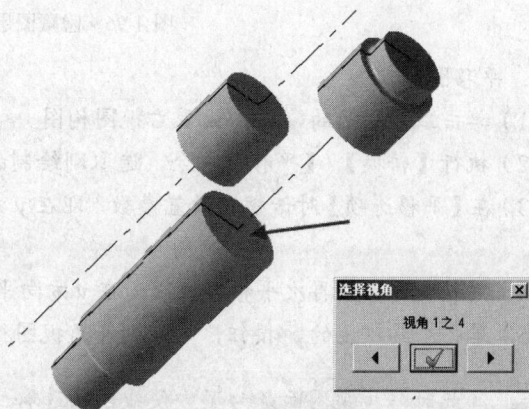

图 4-93　新建构图面

（3）在【选择视角】对话框中单击 ✓ 按钮确定，完成构图面的新建。

5. 绘制圆。

（1）新建图层 3，将其设置为当前图层。

（2）单击工具栏上的 ⊕ 按钮，以线框方式显示模型。

（3）单击 ⊙ 按钮，输入圆心坐标（0,0,0），绘制半径为 40 的圆，结果如图 4-94 所示。

（4）单击 ＼ 按钮，并按下工具栏中的 ⚏ 按钮，以圆心为起点绘制长度大于圆半径的垂线段，结果如图 4-95 所示。

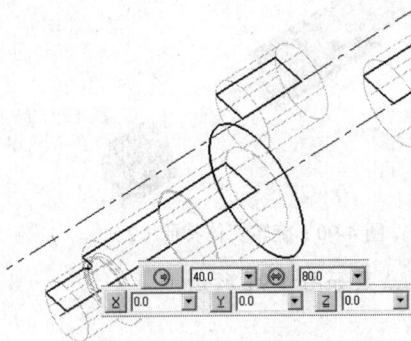

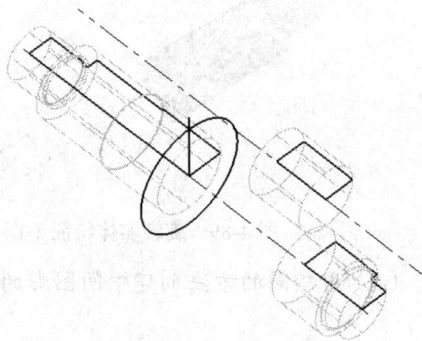

图 4-94　绘制圆　　　　　　　　　　　　　　　图 4-95　绘制线段

> **要点提示**　创建此线段的目的主要有两个方面：一是为后续实例的创建提供参照；二是为在当前构图面内创建图形时进行捕捉操作提供参照，否则可能造成捕捉错位，使得所创建的图形不在当前构图面内。上一步创建的圆也有同样的设计用途。

（5）隐藏图层 2 的显示，结果如图 4-96 所示。

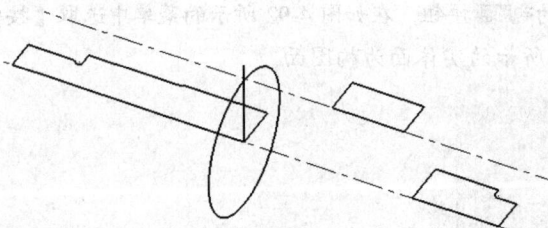

图 4-96　隐藏图层（2）

6. 平移图形。

（1）单击工具栏上的 🔲 按，设置右视图构图。

（2）执行【转换】/【平移】命令，选取刚绘制的垂线段，并 Enter 键确定。

（3）在【平移选项】对话框中设置参数，即在 y 方向文本框中输入数值 "8"，结果如图 4-97 所示。

（4）用相同的方法再次平移垂线段，在 y 方向平移 43，结果如图 4-98 所示。

（5）单击工具栏上的 ⊕ 按钮，切换到等角视图模式，此时的绘图区如图 4-99 所示。

> **要点提示**　此时转换视图面是为了方便线段的选取，这在模型的创建过程中经常用到，在学习的过程中应当总结一些选取操作的技巧。

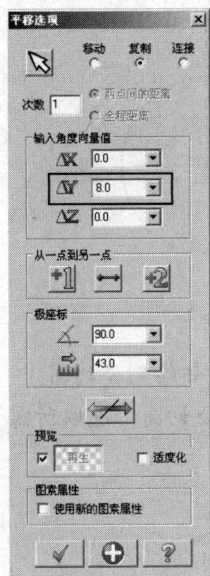

图 4-97　平移图形（1）　　　　　　　图 4-98　平移图形（2）

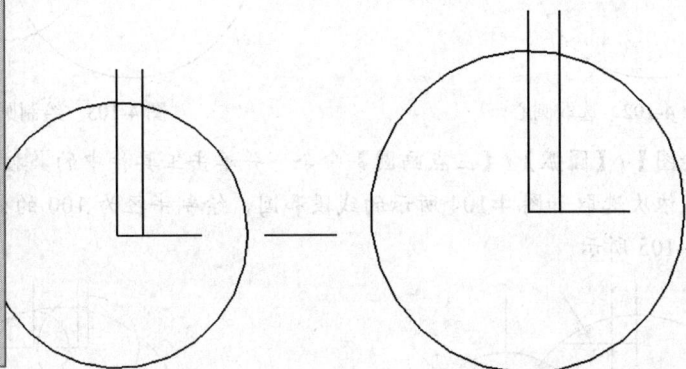

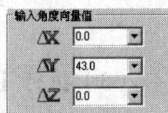

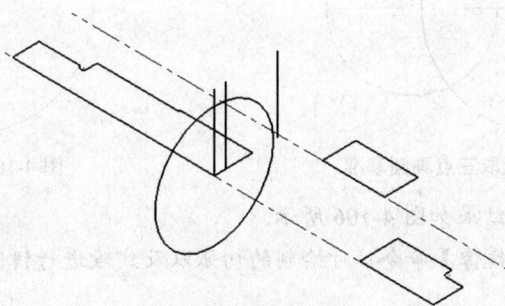

图 4-99　平移图形结果

（6）执行【转换】/【平移】命令，选取如图 4-100 所示的线段，并 Enter 键确定。

（7）在【平移选项】对话框中设置平移参数，即 z 轴方向平移 31，结果如图 4-101 所示。

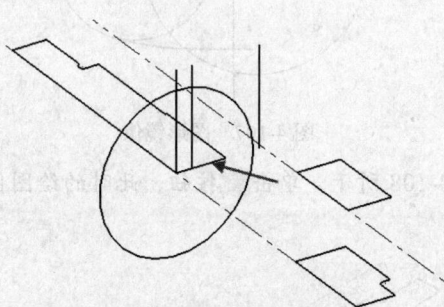

图 4-100　选取平移线段　　　　　　　图 4-101　平移结果

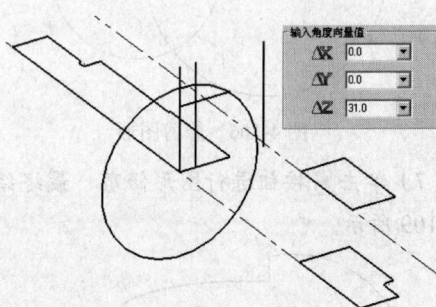

7. 绘制切弧。

（1）单击 按钮，切换到右视图模式构图，并单击 按钮旋转构图面为平行于右视图。

（2）单击 按钮，选取如图 4-102 所示的线段端点为圆心，绘制半径为 28 的圆，结果如图 4-103 所示。

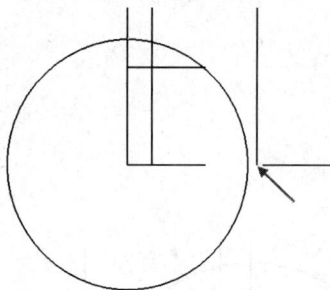

图 4-102　选取圆心　　　　　　　　　　图 4-103　绘制圆

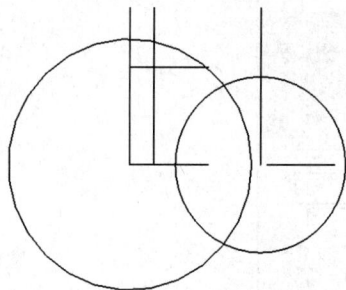

（3）执行【绘图】/【圆弧】/【三点画圆】命令，并单击工具栏中的 ✏ 按钮绘制公切圆。

（4）在绘图区依次选取如图 4-104 所示的线段和圆，绘制半径为 100 的公切圆，选取所需的圆，结果如图 4-105 所示。

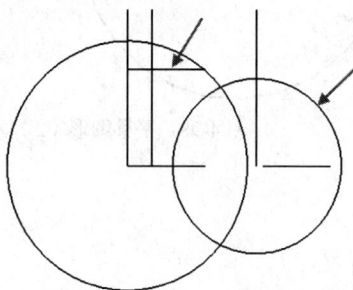

图 4-104　选取三点画圆基准　　　　　　图 4-105　三点画圆

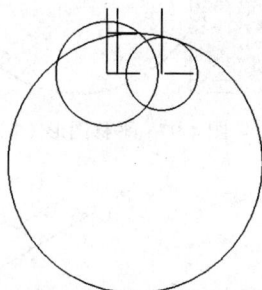

（5）编辑修剪图形，结果如图 4-106 所示。

（6）执行【转换】/【镜像】命令，对绘制的切弧以及线段进行镜像，结果如图 4-107 所示。

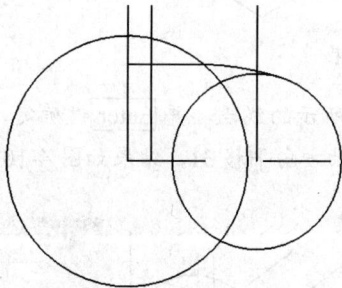

图 4-106　修剪图形　　　　　　　　　　图 4-107　图形镜像

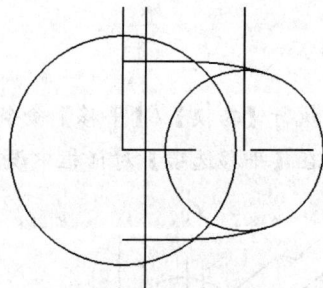

（7）单击 ✏ 按钮进行图形修剪，最终结果如图 4-108 所示。单击 ⊞ 按钮，此时的绘图区如图 4-109 所示。

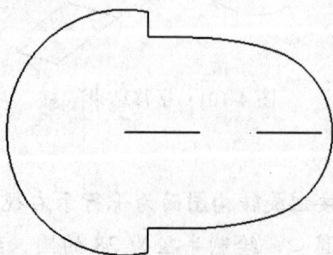

图 4-108　修剪图形　　　　　　　　　　图 4-109　等角视图

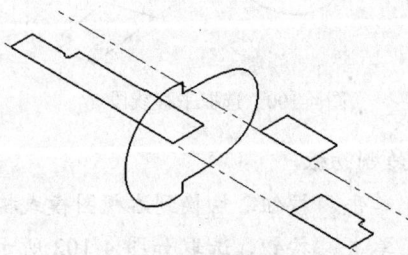

8. 创建实体拉伸特征。

（1）设置图层 2 为当前图层。

（2）执行【实体】/【拉伸】命令，选取如图 4-109 所示的截面，然后单击【转换参数】对话框中的 ✓ 按钮确定。

（3）在【实体拉伸的设置】对话框中设置拉伸参数为 28，拉伸方向向上，并单击 ● 按钮进行图形着色，结果如图 4-110 所示。

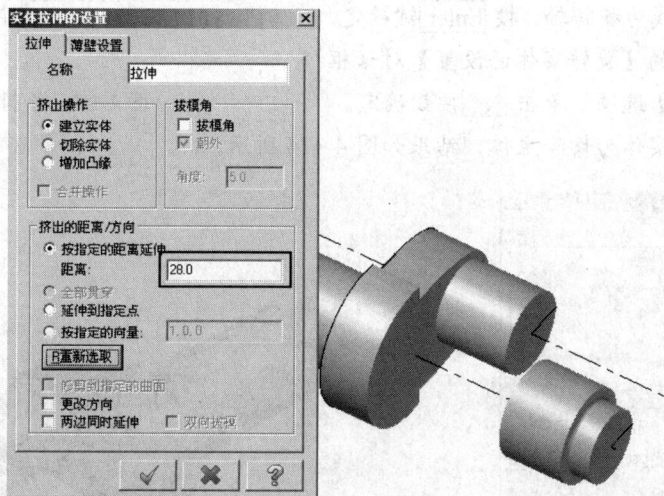

图 4-110　创建拉伸实体特征

选取拉伸截面时，选取成功的标志有两个，一者为封闭图形全部变色，二者为封闭图形上出现的指示箭头首尾相接或者有首尾相接的趋势。当出现串连不成功时，首先将各线段相接处进行放大，查看是否出现不相交或者局部封闭的现象。

9. 绘制实体旋转截面。

（1）在工具栏中单击 按钮，设置俯视图构图，并将图层 1 设置为当前图层。

（2）线型修改为中心线，线宽修改为第一条实线。

（3）单击 按钮，绘制起始点坐标为（150，−45，0），长度为 35 的垂线段，结果如图 4-111 所示。

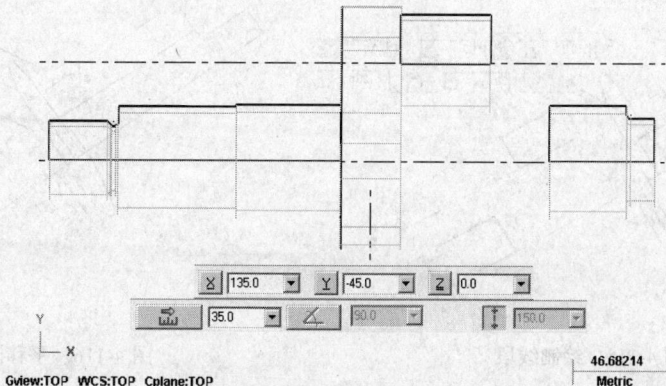

图 4-111　绘制中心线

（4）线型修改为实线，线宽修改为第二条实线。

（5）单击 ◣ 按钮，输入起始点坐标为（150，−40,0），绘制如图 4-112 所示的图形。

10. 创建实体旋转切除特征。

（1）将图层 2 设置为当前图层。

（2）执行【实体】/【选取】命令，选取如图 4-112 所示的图形为旋转截面，然后单击【转换参数】对话框中的 ✓ 按钮确定。

（3）选取中心线为旋转轴，按 Enter 键确定，在如图 4-113 所示的【旋转实体的设置】对话框中选择【切除实体】选项，单击 ✓ 按钮确定。

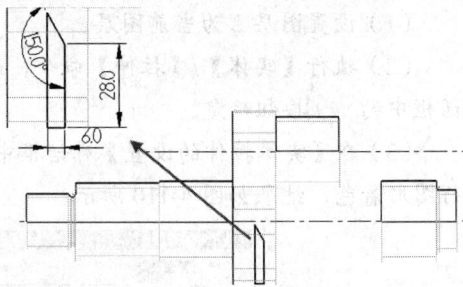

图 4-112　绘制旋转截面

（4）选取拉伸实体为切除主体，结果如图 4-114 所示。

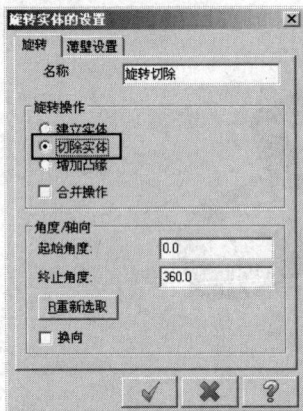

图 4-113　【旋转实体的设置】对话框

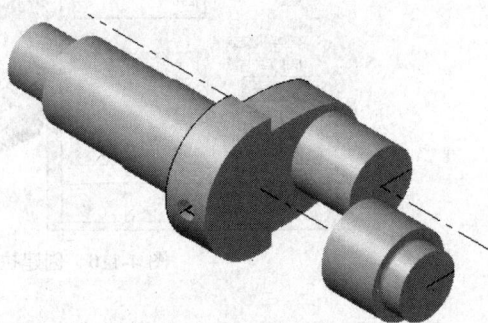

图 4-114　旋转实体切除特征

11. 创建举升曲面特征。

（1）将图层 1 设置为当前图层。

（2）单击 ◣ 按钮，绘制起始点坐标为（150,71,0），长度为 30，角度为−120°的线段，如图 4-115 所示。

（3）执行【转换】/【平移】命令，将绘制的线段进行双向平移，结果如图 4-116 所示。

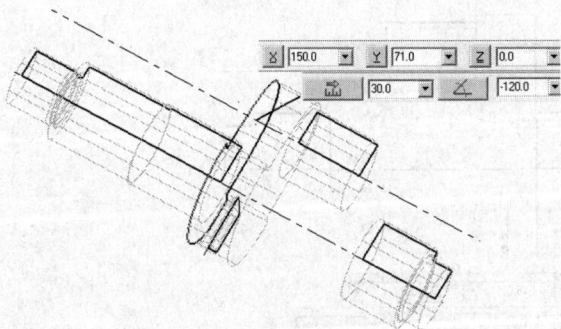

图 4-115　绘制线段

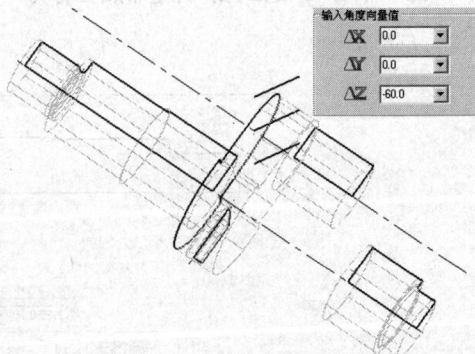

图 4-116　平移图形

12. 创建举升曲面特征。

（1）新建图层 4，将其设置为当前图层。

（2）执行【绘图】/【绘制曲面】/【直纹/举升】命令，依次选取经平移而得到的 3 条线段，单击 ✓ 按钮确定，结果如图 4-117 所示。

13. 创建实体修剪特征。

（1）执行【实体】/【修剪】命令，选取与曲面相交的拉伸实体作为参照后按 Enter 键确定。

（2）在【修剪实体】对话框中选择【S 曲面】选项，在绘图区选取举升曲面，修剪结果如图 4-118 所示。

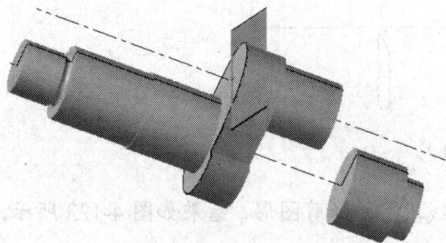

图 4-117　举升曲面特征　　　　　　　　　　　　　图 4-118　修剪实体

> 图 4-118 所示的修剪结果图是隐藏图层 1、图层 3 和图层 4 后的结果，这样可以更加直观地阐述创建过程，同时也可以将此技术应用到平时复杂模型的创建过程中。

14. 创建实体镜像特征。

（1）单击 ＼ 按钮，绘制两端点坐标分别为（185,67.5,0），（185,45,0）的线段，结果如图 4-119所示。

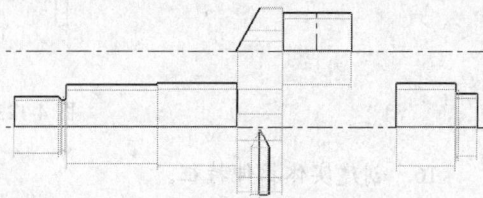

（2）执行【转换】/【镜像】命令，选取如图 4-118 所示的实体为镜像对象后按 Enter 键确定。

图 4-119　实体镜像特征

（3）在如图 4-120 所示的【镜像】对话框中单击 ↦ 按钮，选取刚绘制的中心线，结果如图 4-121 所示。

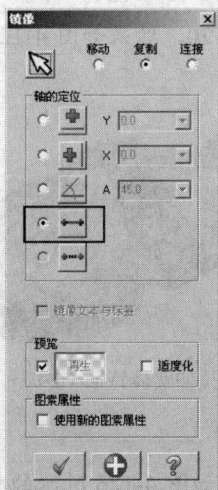

图 4-120　【镜像】对话框　　　　　　　　　图 4-121　实体镜像特征

15. 绘制拉伸截面。

（1）在工具栏中单击 ⊛ 按钮，设置俯视图构图，并将图层 1 设置为当前图层。

（2）单击 ⊙ 按钮，分别绘制圆心坐标（77,0,36）和（41,0,36），半径为 6 的圆，并绘制切线后修剪图形，结果如图 4-122 所示。

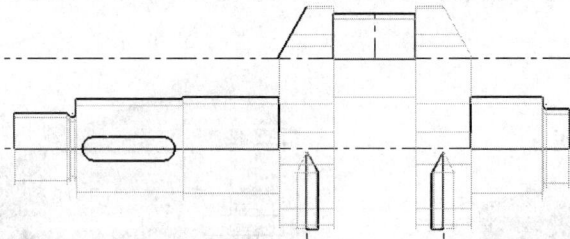

图 4-122 拉伸截面（1）

（3）用相同的方法绘制圆心坐标（276,0,36）的圆以及线段，并修剪图形，结果如图 4-123 所示。

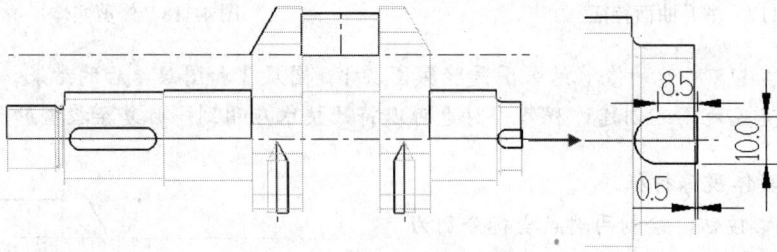

图 4-123 拉伸截面（2）

16. 创建实体拉伸特征。

（1）将图层 2 修改为当前图层。

（2）执行【实体】/【拉伸】命令，选取如图 4-122 所示的拉伸截面，然后单击【转换参数】对话框中的 ✔ 按钮确定。

（3）在【拉伸实体的设置】对话框中设置拉伸参数为 14，结果如图 4-124 所示。

（4）用相同的方法创建另一封闭截面的拉伸特征，拉伸参数为 20，结果如图 4-125 所示。

图 4-124 拉伸实体特征（1）

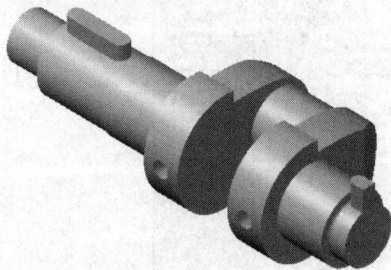

图 4-125 拉伸实体特征（2）

17. 创建实体布尔运算。

（1）执行【实体】/【布尔运算-切割】命令，按顺序依次选取如图 4-126 所示的模型，按 Enter 键确定，结果如图 4-127 所示。

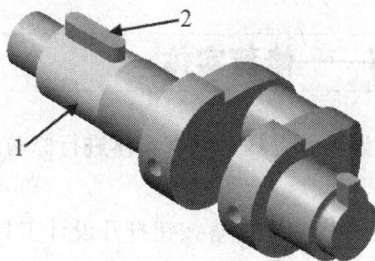

图 4-126　选取实体

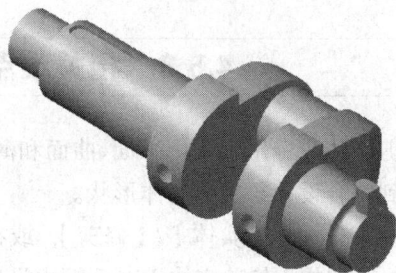

图 4-127　布尔运算-切割特征（1）

（2）用相同的方法对另一端的实体进行布尔运算，结果如图 4-128 所示。

（3）执行【实体】/【布尔运算-结合】命令，选取相邻的两个实体后按 $\boxed{\text{Enter}}$ 键，即可完成布尔求和运算。

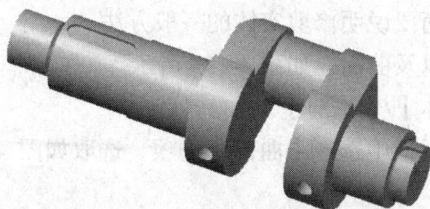

图 4-128　布尔运算-切割特征（2）

18．修饰模型。

（1）执行【实体】/【倒角】/【单一距离】命令，选取如图 4-129 所示的实体边后按 $\boxed{\text{Enter}}$ 键，在【实体倒角设置】对话框中设置倒角参数为 2，结果如图 4-130 所示。

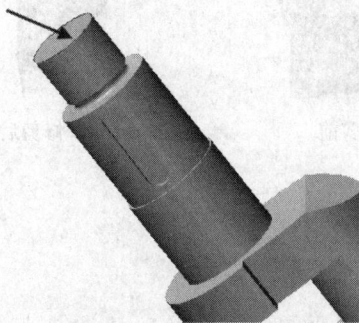

图 4-129　倒角边

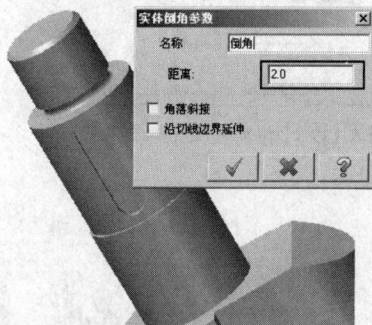

图 4-130　实体倒角特征

（2）用类似的方法对其他实体进行倒角和倒圆角修饰，最终结果如图 4-131 所示。

图 4-131　最终结果

4.5.3　相关难点知识讲解——修剪实体

修剪实体命令用于使用平面、曲面和薄片实体等作为修剪工具对已有实体进行修剪或分割，最后得到符合设计要求的实体形状。

选择菜单命令【实体】/【修剪】，或在【实体】工具栏中单击 按钮打开设计工具，在如图 4-132 所示的【修剪实体】对话框中设置参数后即可对实体模型进行修剪。系统提供了 3 种修剪方式。

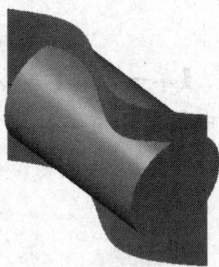

- 修剪至平面：以平面为界修剪实体。
- 修剪至曲面：以曲面为界修剪实体。
- 修剪至薄片实体：以薄片实体为界修剪实体。

下面以修剪至曲面为例简要说明修剪实体的一般方法。

（1）创建拉伸实体特征以及曲面，如图 4-133 所示。

（2）选择菜单命令【实体】/【修剪】。

（3）在【修剪实体】对话框中选择【曲面】选项，选取如图 4-134 所示的曲面作为修剪工具，修剪结果如图 4-所示。

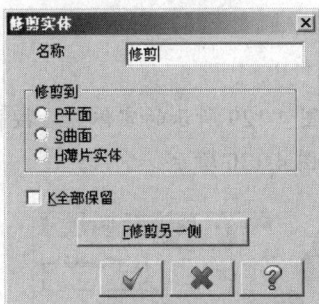

图 4-132 【修剪实体】对话框　　　图 4-133　修剪前　　　图 4-134　修剪后

4.6

习题

一、思考题

1. 简要说明实体模型与曲面模型的区别？

2. 简要说明旋转、拉伸、扫描及抽壳等实体建模工具的用途？

二、操作题

1. 利用实体旋转等设计工具，创建图 4-135 所示的模型特征。操作步骤提示如图 4-136 所示。

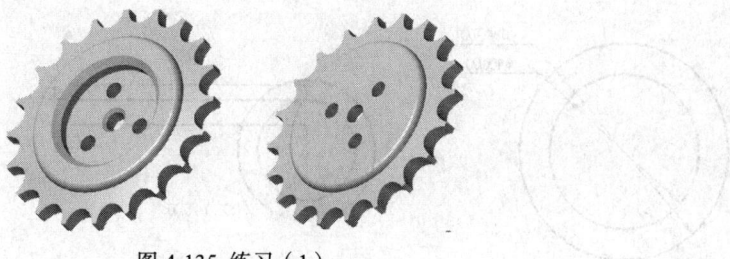

图 4-135 练习（1）

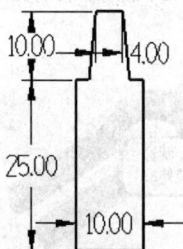

（1）绘制旋转截面

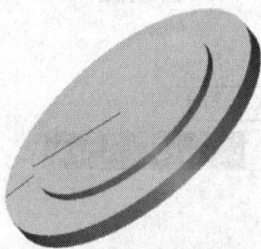

（2）创建实体旋转特征

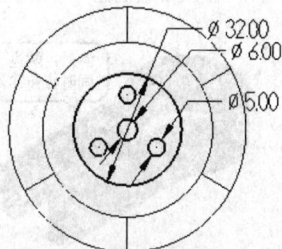

（3）绘制拉伸截面

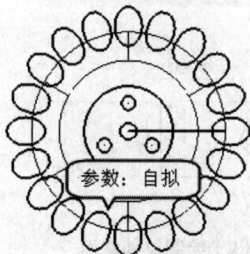

（4）绘制拉伸截面

（5）创建实体剪切特征

（6）创建实体剪切特征

（7）实体倒圆角

（8）实体倒角

图 4-136 步骤提示（1）

2. 利用实体旋转等设计工具，创建如图 4-137 所示的模型特征。操作步骤提示如图 4-138 所示。

图 4-137 练习（2）

（1）绘制圆   （2）绘制直线   （3）镜像并修剪图形

（4）创建实体拉伸特征   （5）绘制拉伸截面   （6）创建实体拉伸特征

（7）绘制拉伸截面   （8）创建实体剪切特征   （9）绘制拉伸截面

（10）创建实体剪切特征   （11）实体倒圆角   （12）实体倒角

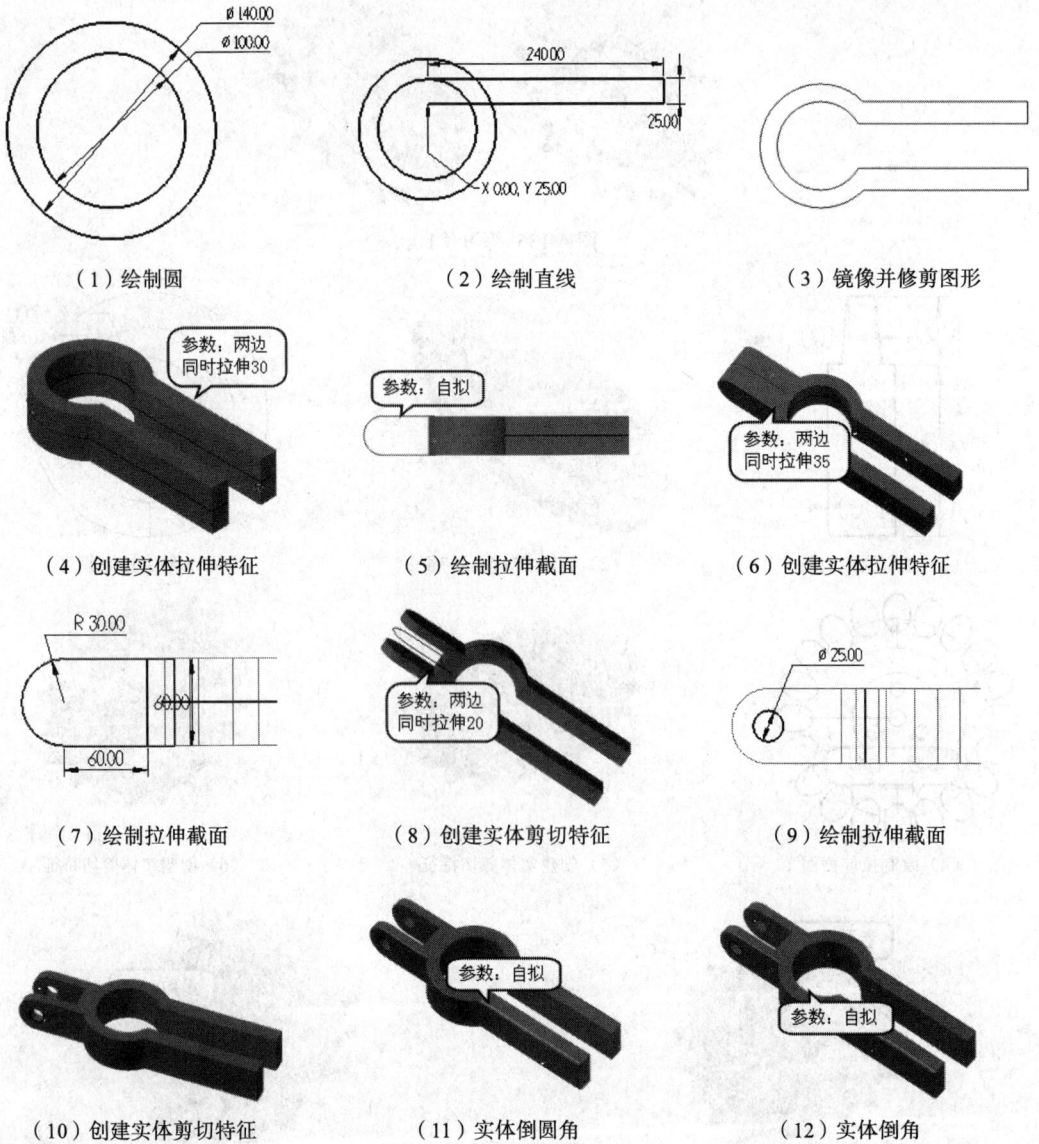

图 4-138   操作步骤提示（2）

3. 利用实体拉伸、实体镜像等设计方法，创建如图 4-139 所示的模型特征。操作步骤提示如图 4-140 所示。

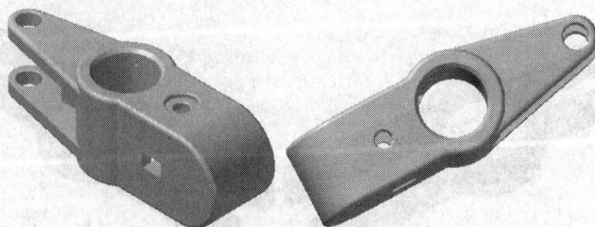

图 4-139   练习（3）

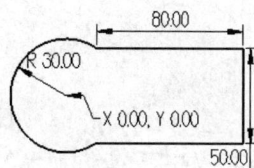

（1）绘制拉伸截面

（2）创建实体拉伸特征
参数：两边
同时拉伸30

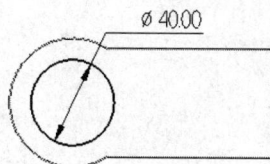

（3）绘制拉伸截面
Ø 40.00

（4）创建实体剪切特征
参数：两边
同时贯穿

（5）实体倒圆角
参数：30

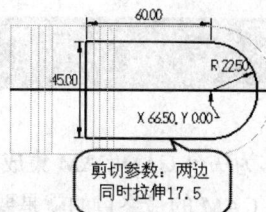

（6）绘制拉伸截面并剪切实体
剪切参数：两边
同时拉伸17.5

（7）创建圆柱体特征
参数：半径5，两
边同时拉伸35

（8）布尔运算-结合

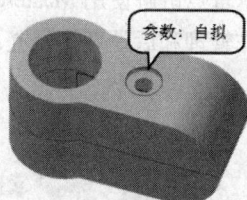

（9）创建拉伸实体剪切特征
参数：自拟

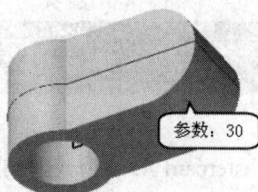

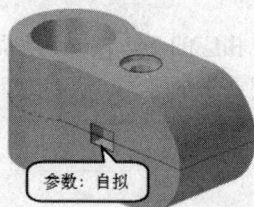

（10）创建拉伸实体剪切特征
参数：自拟

（11）绘制拉伸截面
参数：基点（-40，0，0）
长、宽为22、6的矩形

（12）创建实体拉伸特征
参数：两边同时
拉伸15

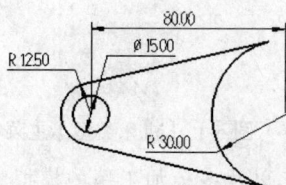

（13）绘制拉伸截面

（14）实体拉伸、镜像
参数：10

（15）实体倒圆角、倒角

图4-140　操作步骤提示（3）

第5章

CAM 加工综述

作为一个 CAD/CAM 集成软件，Mastercam X2 系统包括了设计（CAD）和加工（CAM）两大部分。CAM 的最终目的就是要生成加工路径和程序，CAD 主要是为 CAM 服务的。在本书的前半部分讲叙了 Mastercam X2 CAD 的相关知识。接下来将重点介绍 Mastercam X2 CAM 的相关知识。

本章重点讲解使用 Mastercam X2 进行数控加工的基本设置：加工坐标系、工件设置、刀具管理、操作管理和后处理等设置，主要包括刀具设置、工件设置、操作管理、加工模拟和后处理等。

5.1

CAM 加工环境概述

对于数控加工，首先要建立几何模型，系统根据几何模型再生成相应的 NC 代码，最后由这些 NC 代码驱动机床进行相应的动作，加工出满足设计意图和使用要求的零件。几何模型的建立由 CAD 完成，NC 代码的生成和加工由 CAM 完成。

5.1.1 机床及加工类型

在 Mastercam X2 的【机床类型】主菜单中包括图 5-1 所示的【铣削系统】、【车削系统】、【线切割系统】、【雕铣系统】以及【设计模块】等 5 个选项。选取其中的任意一项，就可以针对不同类型的机床来设置具体的参数，不同机床类型所对应的对话框内容也不尽相同。

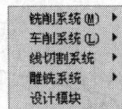

铣削系统（M）
车削系统（L）
线切割系统
雕铣系统
设计模块

图 5-1 【机床类型】主菜单

- 铣削系统模块不仅可以用来生成铣削加工刀具路径，还可以进行外形铣削、型腔加工、钻孔加工、平面加工、曲面加工以及多轴加工等的模拟。
- 车削系统模块不仅可以用来生成车削加工刀具路径，还可以进行粗车、精车、切槽以及车螺纹的加工模拟。
- 线切割系统模块主要用来生成线切割激光加工路径，从而高效地编制出任何线切割加工程序，可进行多轴上下异形零件的加工模拟，并支持各种 CNC 控制器。

一、铣削系统

铣削系统模块是 Mastercam X2 的主要功能，在【机床类型】主菜单中选取【铣削系统】选项，铣床类型如图 5-2 所示。

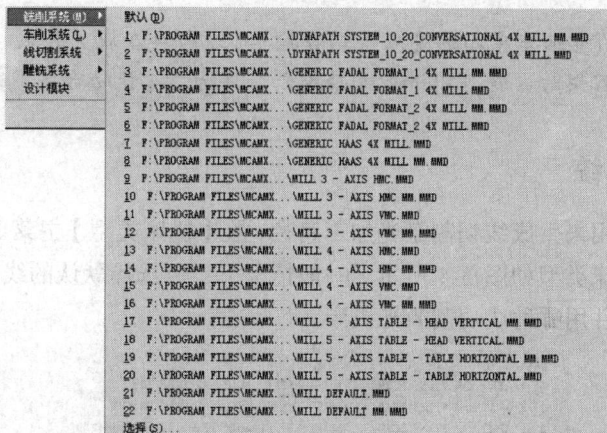

图 5-2　铣床类型

铣床类型主要有以下几种。

（1）铣削系统 3-AXIS HMC：3 轴卧式铣床，该类铣床的主轴平行于机床工作台面。

（2）铣削系统 3-AXIS VMC：3 轴立式铣床，该类的主轴垂直于机床工作台面。

（3）铣削系统 4-AXIS HMC：4 轴卧式铣床。

（4）铣削系统 4-AXIS VMC：4 轴立式铣床。

> **要点提示**　在 3 轴铣床的工作台上加一个数控分度头，并和原来的 3 轴联动，就变成了 4 轴联动数控铣床。

（5）铣削系统 5-AXIS TABLE-HEAD VERTICAL：5 轴立式铣床。

（6）铣削系统 5-AXIS TABLE-HEAD HORIZONTAL：5 轴卧式铣床。

> **要点提示**　如果在 3 轴铣床工作台上安装一个数控回转工作台，在数控回转工作台再安装一个数控分度头，就变成了 5 轴联动数控铣床。

（7）铣削系统 DEFAULT：系统默认的铣床类型。

二、车削系统

车削系统模块用来生成车削加工刀具路径，在【机床类型】主菜单选取【车削系统】选项，车床类型如图 5-3 所示。

车床类型主要有以下几种。

- 车削系统 2-AXIS：两轴车床。
- 车削系统 C-AXIS 铣削系统-TURN BASIC：带旋转台的 C 轴车床。
- 车削系统 DEFAULT：系统默认的车床类型。
- 车削系统 MULTI-AXIS 铣削系统 -TURN ADVANCED 2-2：带 2-2 旋转台的多轴车床。

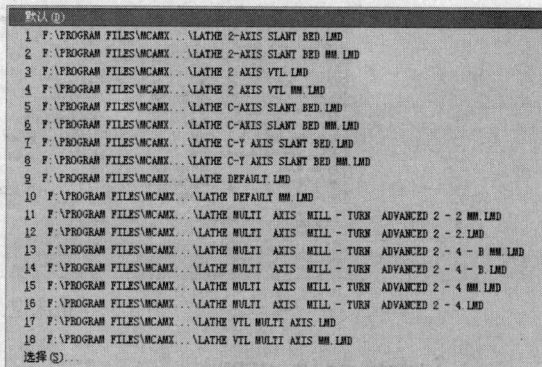

图 5-3　车床类型

- 车削系统 MULTI-AXIS 铣削系统-TURN ADVANCED 2-4-B：带 2-4-B 旋转台的多轴车床。

● 车削系统 MULTI-AXIS 铣削系统-TURN ADVANCED 2-4：带 2-4 旋转台的多轴车床。

要点提示 其中 2-2 的多轴车床指的是双主轴数控车床，当再在双主轴数控车床上配备两个独立的回转刀架时，就可以进行 4 轴控制，即为 2-4 旋转台的多轴车床。

三、线切割系统

线切割系统模块用来生成线切割激光加工路径，在【机床类型】主菜单选取【线切割系统】选项，线切割激光机床类型如图 5-4 所示。一般情况下，可选择默认的线切割激光机床选项，由系统自行判定该零件用哪种线切割激光机床。

```
默认(D)
1  F:\PROGRAM FILES\MCAMX...\AGIE GENERIC AC123 4X WIRE.WMD
2  F:\PROGRAM FILES\MCAMX...\AGIE GENERIC AC123 4X WIRE MM.WMD
3  F:\PROGRAM FILES\MCAMX...\AGIE GENERIC AGIEVISION 4X WIRE MM.WMD
4  F:\PROGRAM FILES\MCAMX...\AGIE GENERIC AGIEVISION 4X WIRE.WMD
5  F:\PROGRAM FILES\MCAMX...\WIRE DEFAULT.WMD
6  F:\PROGRAM FILES\MCAMX...\WIRE DEFAULT MM.WMD
选择(S)...
```

图 5-4　线切割激光机床类型

要点提示 一般情况下，选择默认的机床选项（即【默认】选项），由系统自行判定该零件用何种机床。

5.1.2　机床管理器

执行【设置】/【机床定义管理器】命令，打开如图 5-5 所示【机床定义管理】对话框，该对话框中可对设备的选择、定义进行集中管理。

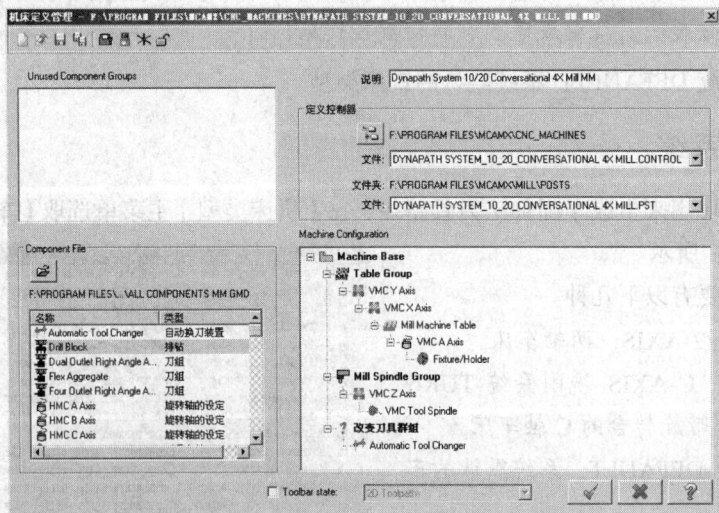

图 5-5　【机床定义管理】对话框

一、新建 CNC 机器

在【机床定义管理】对话框中单击 ▯ 按钮，系统弹出如图 5-6 所示的【CNC 机床类型】对话框，包括以下几个按钮。

- 铣/立式/卧式，用于定义铣床组件。
- 车床/垂直刀塔，用于定义车床组件。
- 雕刻，用于定义雕铣系统机器的组件。
- 线切割，用于定义激光/线切割机床组件。
- 机器组件资料库。

图 5-6 【CNC 机床类型】对话框

要点提示 如果用户进入系统后已经指定了机床类型，则系统不会打开如图 5-6 所示的【CNC 机床类型】对话框，而会直接进入相应机床类型的定义对话框中。

二、【机床定义管理】对话框的模块

该对话框中主要包含以下几组选项。

- 未使用的组件组：该选项组的选项表示当前机床未使用的组件，用户可以直接双击需要添加的机床组件，系统会自动将组件加入到【机床参数】列表框中。
- 组件文件：该选项组显示出当前组件文件路径，并列出该文件所包含的组件。当然，用户也可以自定义组件文件。
- 控制器定义：用于指定机床控制器，该选项只有在指定了相应的机床后才会显亮。
- 机床参数：当设定了相应的机床类型、机床组件等后，其下的列表区会列出相应的条目。

5.1.3　控制器定义

执行【设置】/【控制器定义】命令，系统打开如图 5-7 所示【自定义控制器】对话框。

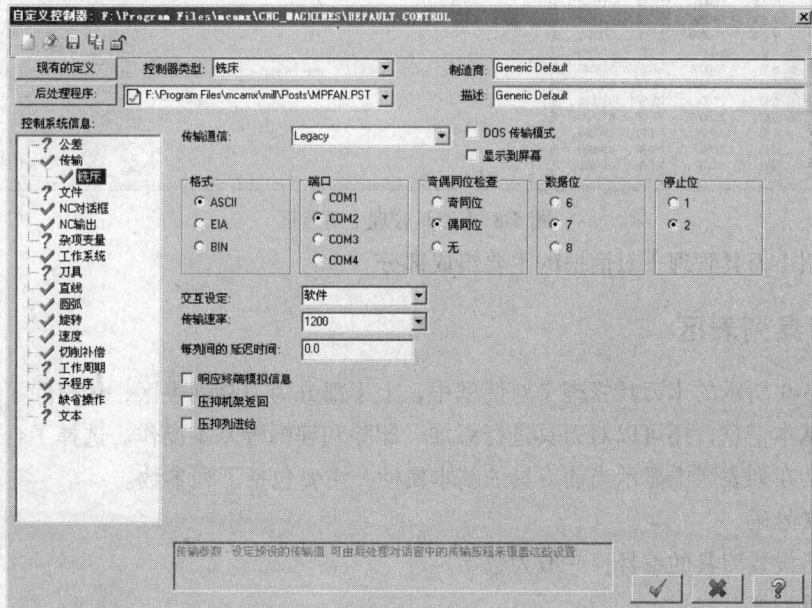

图 5-7 【自定义控制器】对话框

单击 按钮，用户可以对控制器进行自定义，自定义的参数将作为后处理生成 NC 代码的基本规则。

5.2 刀具设置

Mastercam X2 系统在生成刀具路径前，首先要选择该加工过程中使用的刀具。根据零件的工艺性，一个零件的加工往往会分成多个加工步骤，并使用多把刀具，刀具的选择直接影响到加工的成败和效率。刀具参数的设置是 Mastercam X2 加工参数设置的重点，具有重要的地位。在众多的 CAD／CAM 软件中，Mastercam X2 之所以占有一席之地，其强大的刀具管理功能也是原因之一。

5.2.1　刀具管理器

执行【刀具路径】/【刀具管理器】命令，系统打开如图 5-8 所示的【刀具管理】对话框。

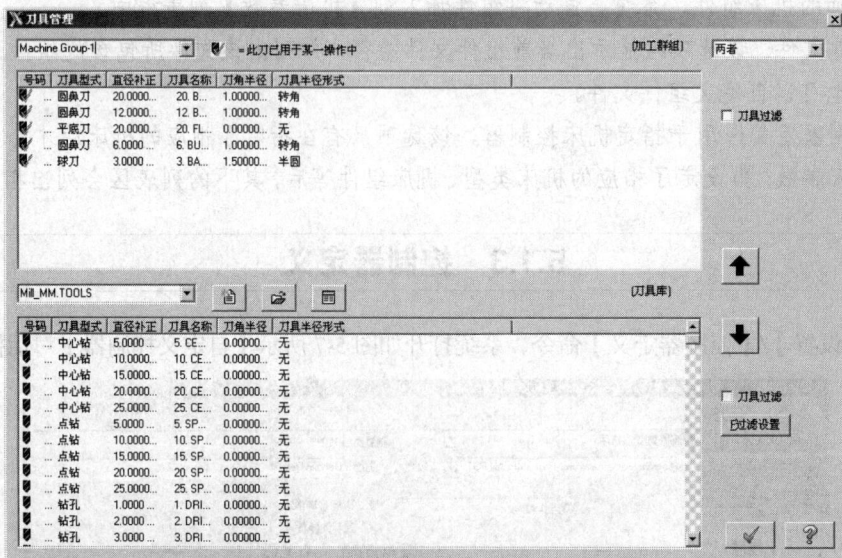

图 5-8　【刀具管理】对话框

下面介绍【刀具管理】对话框的主要组成部分。

一、刀具列表区

在如图 5-9 所示的【刀具管理】对话框中，上半部分为刀具列表区，用户除了可以查看已添加刀具的基本信息，还可以对刀具进行添加、删除和编辑等基本操作。选择了合适的刀具以后，系统就会在列表区中显示当前刀具的基本属性，主要包括下列参数。

（1）刀具号码

显示出已设置刀具的编号，一般为数字。

（2）刀具型式

显示出已设置刀具的类型，如铣削系统平底铣刀、球头铣刀等。

（3）直径补正

显示出已设置刀具的直径，单位为 mm。

（4）刀具名称

显示出已设置刀具的名称，显示格式一般为"刀具直径.刀具类型"。

（5）刀角半径

显示出已设置刀具的刀角半径，单位为 mm。通过刀具直径和刀角半径，可以判断出当前铣刀的类型。当刀角半径等于刀具半径时，即为球头铣刀；刀具半径为 0 时，即为平底铣刀；否则为鼻铣刀。

（6）刀角形状

从刀角形状，可以区分刀具的基本类型。当选择不同的刀具后，此项参数会显示【无】、【转角】和【半圆】3 种格式。

- 【无】表示无刀角，即刀角半径为 0。
- 【转角】表示有刀角，即刀角半径为小于刀具半径。
- 【半圆】表示全刀角，即刀角半径等于刀具半径。

若列表中没有显示所需刀具，则可通过单击鼠标右键，在弹出的如图 5-9 所示的快捷菜单中选择【新建刀具】选项来添加新刀具。

此快捷菜单中常用选项功用如下。

- 新建刀具：添加一把新刀具到刀具列表中。
- 编辑刀具：打开【定义刀具】对话框。
- 删除刀具：从刀具列表中删除已选刀具，若在对话框中没有显示刀具，系统不显示该选项。

图 5-9　快捷菜单

- 输入/输出刀具信息：此选项主要用于用户自定义刀具库，可以从一个刀具文件输出刀具库信息到一个文本文件中，也可以从一个文本文件中输入新刀具库信息到一个刀具文件中。

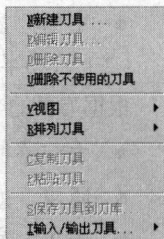

二、刀具库区

在如图 5-8 所示的【刀具管理】对话框中，下半部分为刀具库区。用户直接双击此列表中的条目，就可以添加刀具到刀具列表区中。

三、刀具过滤器

在图 5-8 所示的【刀具管理】对话框中单击 过滤设置 按钮，系统弹出图 5-10 所示的【刀具过滤设置】对话框。该对话框的选项使刀具管理器只显示适合过滤器设定条件的那些刀具。

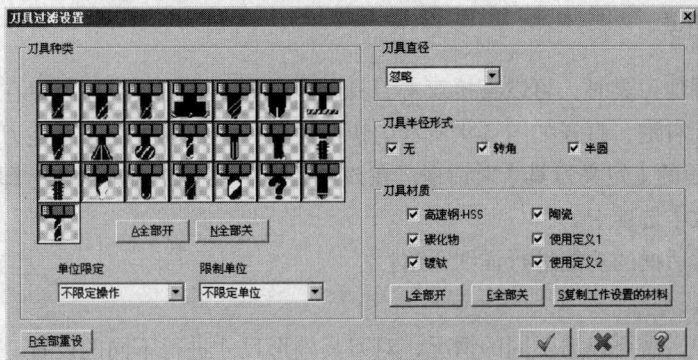

图 5-10　【刀具过滤设置】对话框

【刀具过滤设置】对话框中的选项及其功用如下。

- 从刀具类型按钮中选择一种刀具类型，单击 △全部开 或 N全部关 按钮则可以显示或不显示所有的刀具类型。
- 用户也可以在对话框右方的【刀具直径】、【刀具半径形式】以及【刀具材质】模块中选择屏蔽选项，以提供更多过滤标准。

主要有以下几个标准选项。

（1）刀具直径

按照刀具直径，限制刀具管理器显示某种类型的刀具，从下拉列表中选择所需的选项即可。

- 忽略：忽略刀具直径。
- 相等：显示等于刀具直径值的刀具，直径值在选项后的文本框中输入。
- 小于：显示小于刀具直径值的刀具，直径值在选项后的文本框中输入。
- 大于：显示大于刀具直径值的刀具，直径值在选项后的文本框中输入。
- 中间：显示界于两个直径值之间的刀具，直径值在选项后的文本框中输入。

（2）刀具半径形式

根据刀具的半径形式限制刀具管理器显示某种类型的刀具，可以选择列表中的一个或多个选项。

- 无：不使用半径类型的刀具，仅显示平端刀具。
- 转角：显示圆角刀具。
- 半角：显示全半径圆角刀具。

（3）刀具材料

通过对刀具材料的限制，系统在刀具管理器中显示出符合条件的刀具，用户可以选择下列的一个或多个选项。

- 高速钢 HSS。
- 碳化物。
- 镀钛（即 YT 类硬质合金钢刀具）。
- 陶瓷。
- 自定义。

修改完刀具过滤选项后，单击【刀具过滤设置】对话框中的 ✔ 按钮，再选中刀具管理器对话框中的【刀具过滤】复选框，刀具库就会根据过滤器中所设置的项目自动过滤，只显示出满足用户需求的刀具。

四、添加刀具

当用户需要添加刀具时，可以直接双击刀具库区中的需要刀具，还可以在刀具列表区中的空白区域单击鼠标右键，打开如图 5-9 所示的快捷菜单，选择其中的【新建刀具】选项，系统打开如图 5-11 所示的【定义刀具】对话框。在该对话框中共有 3 个选项卡，即【平底刀】、【刀具型式】和【参数】选项卡。

下面就对该对话框的功能进行详细介绍。

（1）编辑刀具

在实际加工中，需要根据不同的情况，对刀具外形尺寸进行不同的设置。该设置在【平底刀】选项卡中进行。该选项卡中有多个选项可供刀具外形尺寸设置，其功用如下。

- 定义刀具直径。
- 定义刀具排屑槽长度。
- 定义刀具切削刃长度。
- 定义刀具编号，刀具在刀具库中的编号。
- 定义刀具位置号，有的数控机床中的刀具是以刀座位置编号的，可在此输入编号。
- 定义刀具外露长度。
- 定义刀柄直径。
- 定义夹头长度。
- 定义夹头直径。
- 设置刀具适用的加工类型，分别为粗加工、精加工和都可以用。

（2）刀具类型

系统默认的刀具类型为平底铣刀，若要选择其他类型的刀具，可以在【定义刀具】对话框中打开如图 5-12 所示【刀具型式】选项卡，用户可以根据需要选择刀具类型。

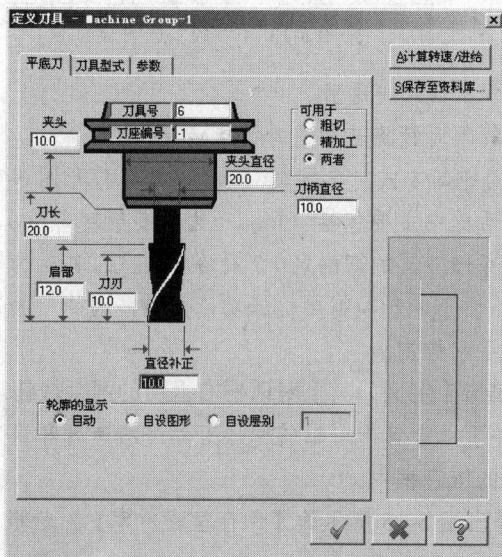

图 5-11 【定义刀具】对话框   图 5-12 【刀具型式】选项卡

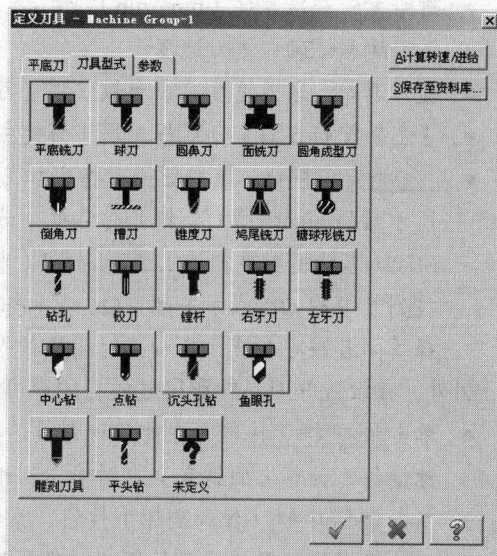

系统提供了平底铣刀、球头铣刀、圆头铣刀、槽铣刀、钻头、反镗杆等多种类型的刀具可供选择，直接单击需要的刀具图标，就可以进行刀具尺寸参数的编辑。

（3）刀具参数

当用户需要对刀具的切削参数进行设置时，可以在【定义刀具】对话框中进入如图 5-13 所示的【参数】选项卡，该选项卡主要用于设置刀具在加工时的有关参数。主要参数选项的含义如下。

- **XY 粗铣步进（%）**：粗加工时在 x 和 y 方向的步距进给量。该参数计算刀具在 x 和 y 轴的粗加工步距大小，系统测量该距离是用刀具直径的百分比表示。
- **Z 向粗铣步进**：粗加工时在 z 方向的步距进给量。该参数计算刀具在 z 轴的粗加工步距大小，系统测量该距离是用刀具直径的百分比表示。
- **XY 精修步进**：精加工时在 x 和 y 方向的步距进给量。该参数计算刀具在 x 轴和 y 轴的精加工步距大小，系统测量该距离是用刀具直径的百分比表示。

- Z 向精修步进：精加工时在 z 轴方向的步距进给量。该参数计算刀具在 z 轴的精加工步距大小，系统测量该距离是用刀具直径的百分比表示。

- 中心直径（无切刃）：引导孔直径。在镗孔、攻丝时，需要事先加工出一个底孔（即引导孔），一般引导孔直径设置为刀具能进入孔的最小直径。

- 直径补正号码：刀具半径补偿号（当使用 G41、G42 语句在机床控制器补偿时，设置在数控机床中的刀具半径补偿器号码）。

- 刀长补正号码：刀具长度补偿号，用于在机床控制器补偿时，设置在数控机床中的刀具长度补偿器号码。

- 进给率：进给速度（mm/min）。

- 下刀速率：轴向进刀速度。

- 提刀速率：退刀速度。该参数仅用于刀具沿 z 轴正向退出。

- 【主轴旋转方向】分组框：用于设定主轴的顺时针旋转和逆时针旋转。

- ▢ Coolant... 按钮：该按钮用于指定加工时的冷却方式。单击 ▢ Coolant... 按钮打开图 5-14 所示【Coolant...】（冷却）对话框。该对话框中主要包括 Flood（大量喷射冷却液）、Mist（雾状喷射冷却液）、Thru-tool（直接冷却刀具的切削区）3 种冷却方式。其后的下拉列表中的 Off 表示关闭，On 表示打开。由于此选项需要机床功能支持，因此一般选择关闭各种冷却液，在加工时由操作人员手动控制。

另外，在设置好刀具外形尺寸后，用户可以单击【定义刀具】对话框右上角的两个按钮。

- 单击 ▢ 计算转速/进给 按钮，在使用该刀具的条件下，计算出主轴转速、刀具进给速度和退刀速度等，计算出的结果会自动输出到相应的信息框中。

- 单击 ▢ 保存至资料库... （保存到库）按钮，系统弹出图 5-15 所示的【保存至资料库】对话框。用户可以将设置好的刀具保存到刀具库中，以备后用。

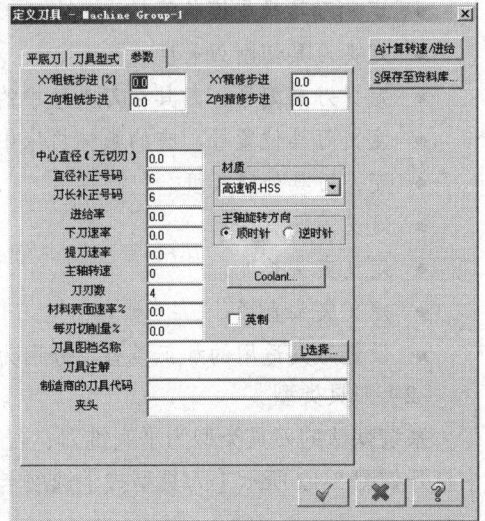

图 5-13 【参数】选项卡

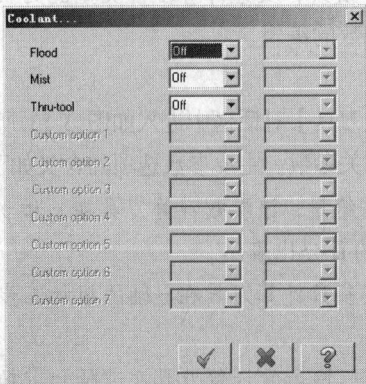

图 5-14 【Coolant...】对话框

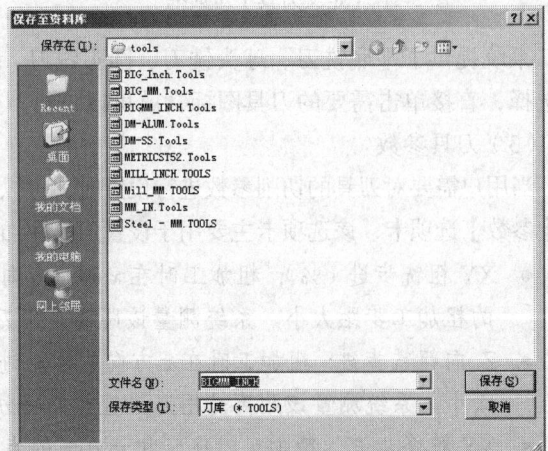

图 5-15 【保存至资料库】对话框

5.2.2　机床组参数

在一个数控加工系统中，机床是必不可少的组成部分。在加工中，需要对机床进行各种操作和管理。在 Mastercam X2 中，对机床的操作和管理有专门的菜单及选项。

执行【视图】/【切换操作管理】命令，可以打开或关闭操作管理器，如图 5-16 所示。

在操作管理器选择【属性】选项组下的【文件】选项，可以打开如图 5-17 所示的【机器群组属性】对话框。

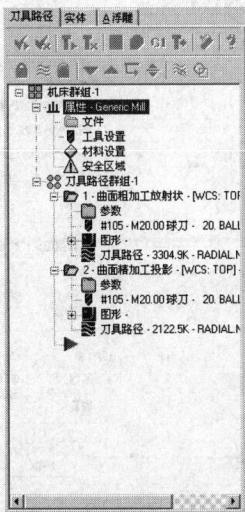

图 5-16　【操作管理器】对话框　　　　图 5-17　【机器群组属性】对话框

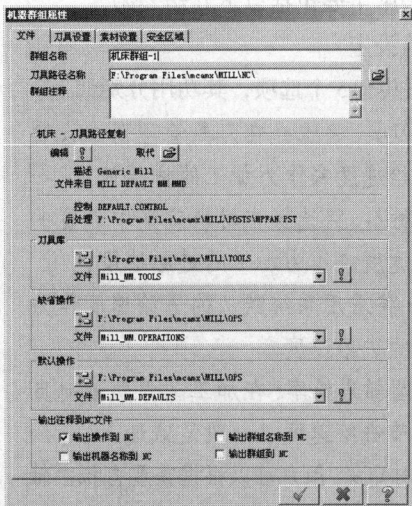

图 5-17 所示的对话框中主要包括【文件】、【刀具设置】、【素材设置】和【安全区域】4 个选项卡，下面分别进行说明。

一、文件管理

文件管理主要对系统的一些基本文件进行管理，包括 NCI 文件名、刀具库及操作库等文件，主要包括以下选项。

（1）【群组名称】：按添加机床类型的顺序显示在图 5-17 中，如机床群组-1 等。

（2）【刀具路径名称】：用于指定刀具路径文件在计算机中存储的位置。

（3）【群组注释】：机床组参数备注说明信息。

（4）【机床-刀具路径复制】分组框：显示刀具路径、后处理器等基本信息。其中有两个按钮可供用户使用，一个是 █ 按钮，单击该按钮可以打开【机床定义管理】对话框，用户可以修改机床的基本设置；另一个是 █ 按钮，单击该按钮可以选择其他机床控制器来替换当前机床的控制器。

（5）【刀具库】分组框：设置并显示刀具库路径。

（6）【缺省操作】分组框：设置并显示操作库路径。

（7）【默认操作】分组框：设置并显示操作库默认文件路径。

（8）【输出注释到 NC 文件】分组框：在 NC 文件输出时是否添加注释信息等选项，包括 4 个选项。

- 【输出操作到 NC】复选项用于指定是否将操作信息输出到 NC 文件。
- 【输出群组名称到 NC】复选项用于指定是否将组名输出到 NC 文件。
- 【输出机器名称 NC】复选项用于指定是否将机床名称输出到 NC 文件。
- 【输出群组到 NC】复选项用于指定是否将注释信息输出到 NC 文件。

二、刀具设置

单击【刀具设置】选项卡，进入【机器群组属性】对话框中的【刀具设置】选项卡，如图 5-18 所示。

该选项卡中主要包括以下几组参数。

（1）进给设定

该分组框共有 5 个选项，其功用分别如下。

- 依照刀具：将选择在刀具管理器中设置的进给速度来作为加工的进给速度。
- 依照材料：将选择在材料定义中设置的进给速度来作为加工的进给速度。
- 默认：将采用系统默认的进给速度作为加工的进给速度。
- 调整圆弧进给率：在加工圆弧轨迹时自动调节进给速度，一般是减速。
- 使用自定义：用户可以根据需要自拟主轴转速、进给率、提刀速率以及下刀速率。

（2）刀具路径设置

该分组框共有按顺序分配刀具号码、刀具号码重复时显示警告信息、使用刀具步进量和输入刀号后自动取刀 4 个选项，可以完成设定刀具号的分配、冷却等。

图 5-18 【刀具设置】选项卡

（3）高级选项

选中【高级选项】模块中的【以常用值取代缺省值】复选项表示使用默认值，不选中表示由用户自行设定。

（4）顺序

在输出 NC 程序时行号的自动生成规则，主要是对行号的起始和增量进行设置。

（5）工件材料

用于设定并显示工件材料信息，具体使用方法请参考后续内容。

三、素材设置

素材设置指的是设置当前的工件参数，它包括素材形状、尺寸和原点的设置。设置好工件后，在验证刀具路径时可以看到所设置工件的三维图形效果。进入【机器群组属性】对话框中的【素材设置】选项卡，如图 5-19 所示。

（1）工件材料形状的选择

根据毛坯形状可选择立方体和圆柱体两种毛坯。在选择圆柱体时，可选 x、y 和 z 轴来确定

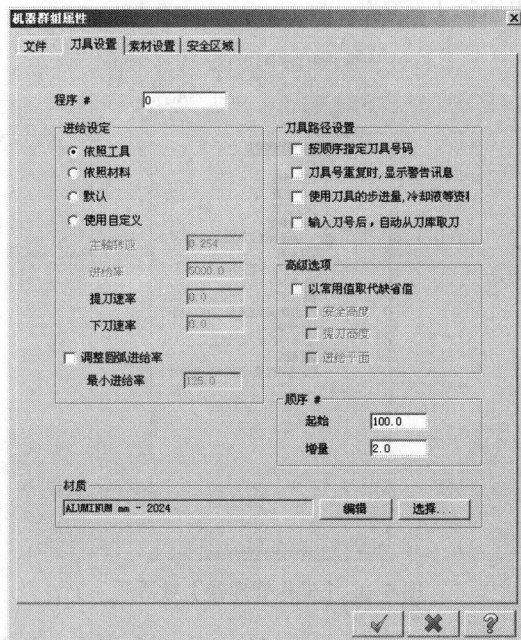

圆柱摆放的方向。

- 选取实体：可通过单击 [⊞] 按钮在图形中选择一部分实体作为毛坯形状。
- 文件：可通过单击 [⊞] 按钮从一个 STL 文件输入毛坯形状。
- 显示：决定是否在屏幕上显示工件。

（2）工件尺寸设置

Mastercam X2 提供了以下几种设置工件尺寸的方法。

- 直接输入

用户可以在如图 5-19 所示的对话框中，输入 x、y 和 z 的数值以确定工件尺寸。

- 选取毛坯的顶点

单击 [选取对角] 按钮返回到图形区，选择零件的相对角以定义一个零件毛坯，返回图形区后选择图形对角的两个点，表示图形的两个角，该选项根据选择的角重新计算毛坯原点，毛坯上 x 和 y 轴尺寸也随之改变。

- 边界盒

单击 [边界盒⒝] 按钮，根据图形边界确定工件尺寸，并自动改变 x、y 轴和原点坐标。此时系统打开如图 5-20 所示的【边界盒选项】对话框。

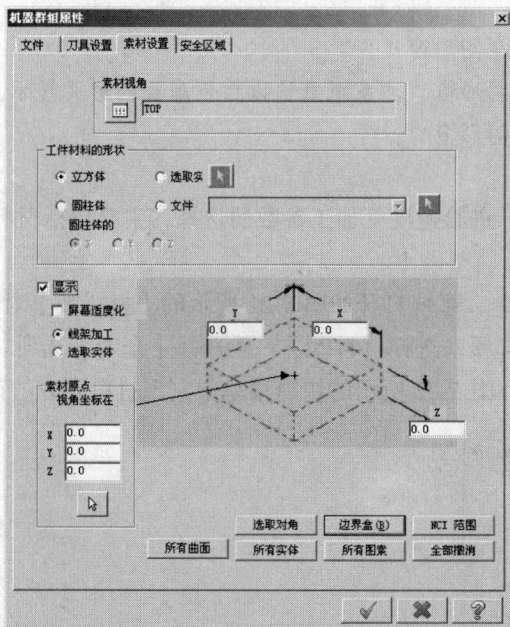

图 5-19 【素材设置】选项卡   图 5-20 【边界盒选项】对话框

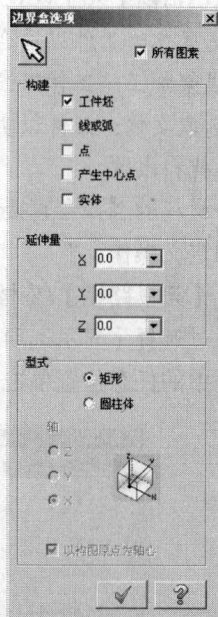

该对话框主要包括以下 3 组参数。

- 【构建】分组框：用于指定生成工件形状的图形模型的类型。
- 【延伸量】分组框：用于指定生成的工件尺寸在图形尺寸基础上的扩展量，该扩展尺寸相当于工件的加工余量。
- 【型式】分组框：用于指定工件的形状，其中【矩形】选项表示采用长方体工件，【圆柱体】选项表示采用圆柱体工件。当选择【圆柱体】选项时需要指定工件的旋转轴，即可确定工件的摆放位置。

● NCI 范围

单击 ▢NCI 范围▢ 按钮，根据刀具在 NCI 文档中的移动范围确定工件尺寸，并自动改变 x、y 轴和原点坐标。

（3）工件原点设置

Mastercam X2 提供了以下几种设置工件的方法。

● 系统默认

系统默认的毛坯原点位于毛坯的中心。

● 直接输入

用户可以通过在如图 5-19 所示的【素材设置】选项卡中的【素材原点】分组框中，输入 x、y 和 z 的数值以确定工件原点。

● 屏幕拾取

用户也可单击 ▯ 按钮返回到图形区中选择一点作为工件原点，x、y 和 z 轴的坐标值将自动改变。

（4）工件显示设置

设置完工件类型、尺寸以及原点之后，用户可以将工件显示在图形窗口中。具体的做法是，在图 5-19 所示的【素材设置】选项卡中选中【显示】复选项，就可以将工件显示在图形窗口中，该分组框包括以下几个设置。

● 适度化：工件以适合屏幕方式显示在图形窗口。
● 线架加工：工件以线框形式显示在图形窗口，系统默认以红色虚线的形式显示。
● 选取实体：工件以实体形式显示在图形窗口。

（5）材料设置

工件材料的选择会直接影响主轴转速、进给速度等加工参数的选择，主要包括材料的选择和材料的定义操作。

执行【刀具路径】/【材料管理器】命令，系统打开如图 5-21 所示的【材料表】对话框。

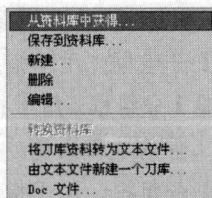

可通过选择【显示选项】分组框中的选项来选择材料库，一般选择【毫米】选项。也可以在对话框中的任意位置单击鼠标右键，在如图 5-22 所示的快捷菜单中实现材料列表的设置。

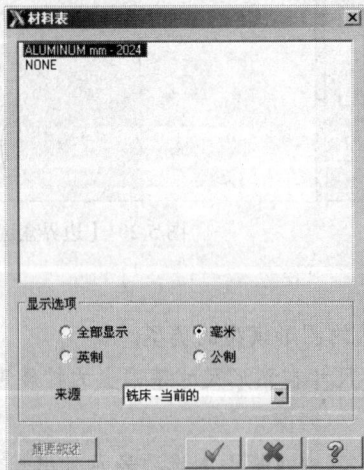

图 5-21 【材料表】对话框　　　　图 5-22 材料设置快捷菜单

快捷菜单主要包括以下几个选项。

● 从资料库中获得

通过该选项可以显示材料列表，从中选择需要使用的材料并添加到当前材料列表中。

● 新建材料

通过设置材料的各个参数来定义新材料。选择【新建】选项后，系统打开图 5-23 所示的【材料定义】对话框。

● 编辑

编辑选定材料的各个参数，选择该选项后，将在图 5-23 所示的【材料定义】对话框中编辑材料参数。

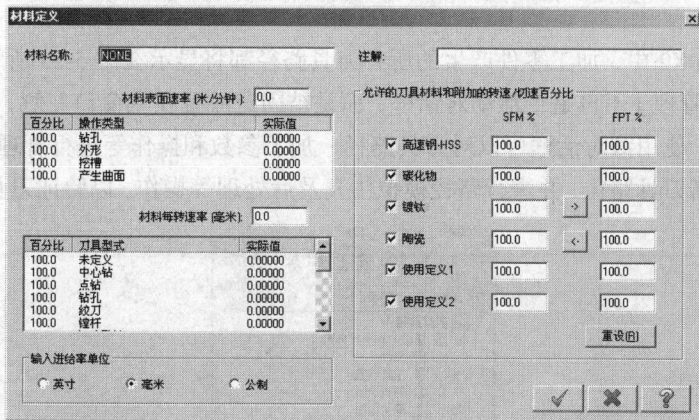

图 5-23 【材料定义】对话框

四、安全区域

在 Mastercam X2 中用户可以围绕工件原点定义一块安全区域，允许刀具退到该区域外的安全位置。单击【机器群组属性】对话框中的【安全区域】选项卡，结果如图 5-24 所示。

该对话框设置主要包括以下选项。

● 无：不设置安全区域。

● 立方体：以矩形区域作为安全区域。

● 圆球：以球形区域作为安全区域。

● 圆柱体：以圆柱形区域作为安全区域。

● 显示安全区域：选择此单选项后，系统将在工件周围显示出安全区域。

● 安全区域屏幕适度化：将安全区域以适合整个屏幕的方式显示。

另外，在选择了不同类型的安全区域后，图 5-24 所示的对话框将根据选择的类型自动预览出相应的安全区域模型图。其中，系统显示的红色图形表示工件，灰色表示安全区域。用户可以在文本框中输入 x、y 和 z 方向安全区域的界限值。

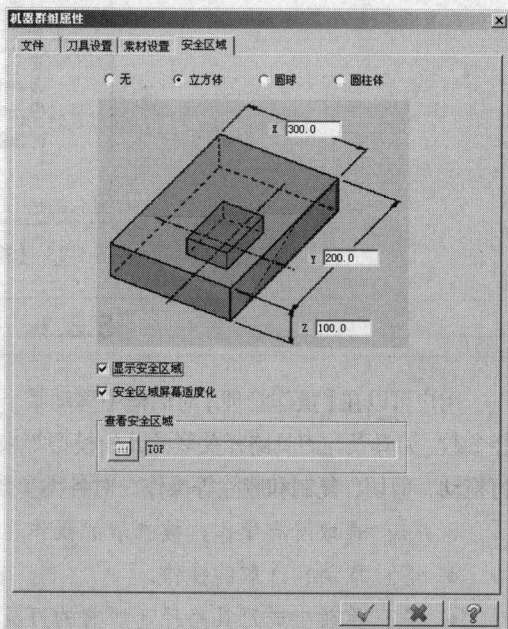

图 5-24 【安全区域】选项卡

> **零点提示** 安全区域只能用于 4 轴和 5 轴的机床。在默认情况下，Mastercam X2 以系统原点（0,0,0）作为安全区域的中心点。

5.3 操作管理

在 Mastercam X2 中，加工零件产生的所有刀具路径都将显示在图 5-25 所示的【操作管理】对话框中。【操作管理】不再是个活动对话框，而是被固定放置在主窗口左侧，管理刀具路径的功能也更加强大。使用该对话框可以对刀具路径、加工参数和操作等进行管理，还可以产生、编辑和重新计算新刀具路径，并进行路径模拟仿真及后处理等操作，以验证刀具路径是否正确。

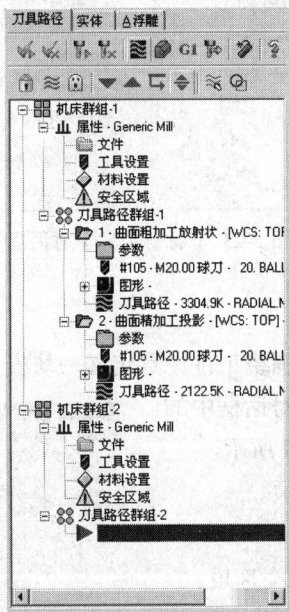

图 5-25 【操作管理】对话框

5.3.1 操作管理器

用户可以在【操作管理】对话框中移动某个操作的位置来改变加工次序，也可以通过改变刀具路径参数、刀具及与刀具路径关联的几何模型等来改变刀具路径。此管理器对话框中的各项按钮可以进行拖动、剪切、复制和删除等操作。对各类参数进行设置后，单击 按钮即可生成新的刀具路径。

- ：选取所有操作，被选取的操作在树形文件夹图标上方以小勾（即 ）标记。
- ：取消已选取的操作。
- ：重新生成刀具路径（所有的刀具路径）。
- ：重新生成刀具路径（只包括修改后失效的刀具路径）。
- ：刀具路径模拟，即刀具路径模拟验证方式。

- ![]: 实体切削模拟。
- ![G1]: 后处理操作。
- ![]: 高速切削。
- ![]: 删除所有的群组、刀具及操作。
- ![]: 锁定所选操作，不允许对锁定的操作进行编辑。
- ![]: 切换刀具路径的显示开关。
- ![]: 关闭后处理，即在后处理时不生成 NC 代码。

要点提示 在操作按钮区中，请注意区别其中的刀具路径模拟按钮（即 ![]）和切换刀具路径的显示按钮（即 ![]）。

5.3.2 刀具路径模拟管理器

在操作管理器中选择一个或几个加工操作，单击 ![] 按钮，系统弹出如图 5-26 所示的【刀路模拟】对话框。该对话框中的各个选项可以对刀具路径模拟的各项参数进行设置。同时，在图形显示区上方出现类似视频播放器的控制条。用户可在图形显示区看到刀具路径模拟加工的过程，同时该功能还可以在机床加工前进行检验，提前发现错误。

一、刀具路径模拟管理器

【刀路模拟】对话框中各个按钮的主要功能如下。

- ![]: 该图标呈按下状态时，用各种颜色显示刀具路径。
- ![]: 该图标呈按下状态时，在路径模拟过程中显示出刀具。
- ![]: 显示夹头，该选项只有在 ![] 按钮按下时才能进行设置。单击按下该按钮，在路径模拟过程中显示出刀具的夹头，以便检验加工中刀具和刀具夹头是否会与工件碰撞。
- ![]: 显示快速位移路径，在加工时从一加工点移至另一加工点，需抬刀快速位移，此时并未切削，按下此按钮将显示快速位移路径。

图 5-26 【刀路模拟】对话框

- ![]: 显示刀具路径的节点位置。
- ![]: 快速检验，对刀具路径着色进行快速检验。
- ![]: 刀具路径模拟参数设置，单击此按钮，可以打开刀具路径模拟参数设置对话框。

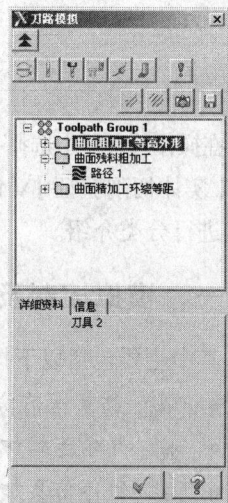

另外，按钮区域下方是刀具路径名的显示区域，系统显示当前进行模拟的刀具路径名，此路径名取决于操作管理器中所选择的刀具路径。对话框下方的【详细资料】选项卡中会动态显示模拟加工中刀具的运动方式及坐标位置，【信息】选项卡中会显示 Mastercam X2 估算的加工时间，包括切削时间和快速位移时间等信息。

二、模拟显示控制区

在【刀具模拟】对话框设置好各个选项后，即可在图形显示区观察刀具路径模拟加工的过程，图形显示区上方有一控制条对模拟过程进行控制，如图 5-27 所示。

- ![]: 跟踪模式。

- ✎：运行模式。
- ◑：设置停止条件。单击此按钮打开如图 5-28 所示的【暂停设置】对话框。在此对话框中可以设置在某步加工、某步操作、某刀具路径变化处或某具体坐标位置模拟停止，以便于观察模拟加工过程。

图 5-27　【模拟显示】控制条

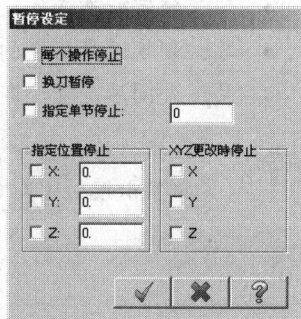

图 5-28　【暂停设置】对话框

5.3.3　加 工 模 拟

在操作管理器中选择一个或几个操作，单击 ⊘ 按钮进入【实体切削验证】对话框，如图 5-29 所示。【实体切削验证】对话框中的控制选项以及按钮比较多，下面就进行分类介绍。

一、模拟控制及刀具显示区

其中主要包括以下按钮。

- ◂◂◂：结束当前仿真加工，返回初始状态。
- ▸：开始连续仿真加工。
- ◼：暂停仿真加工。
- ▸▮：步进仿真加工，单击一下走一步或几步。
- ▸▸：快速仿真，不显示加工过程，直接显示加工结果。
- ◎：在仿真加工中不显示刀具和夹头。
- ▮：在仿真加工中显示刀具。
- ▼：在仿真加工中显示刀具和夹头。

二、显示控制区

图 5-29　【实体切削验证】对话框

【实体切削验证】对话框中的【显示控制】分组框主要用于控制模拟切削时的速度与质量。主要包括以下几个选项。

- 每次手动时的位移：设定在模拟切削时刀具的移动步长。
- 每次重绘时的位移：设定在模拟切削时重新调整刀具路径的移动步长。
- 每个刀具路径后更新：该选项用于指定在每个刀具路径执行后是否立即更新。
- Speed ⎯▮⎯ Quality：速度质量滑动条，提高模拟速度（降低模拟质量）或提高模拟质量（降低模拟速度）。

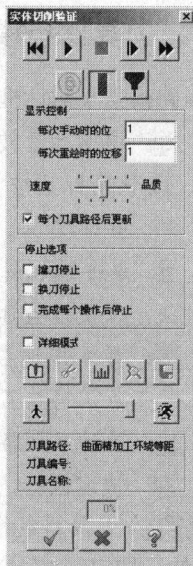

三、停止选项区

【实体切削验证】对话框中的【停止选项】分组框主要用于指定停止模拟的条件，包括以下3 种情况。

- 撞刀停止：在碰撞冲突的位置停止。
- 换刀停止：在换刀时停止。
- 完成每个操作后停止：在每步操作结束后停止。

四、其他功能区

该区域主要有以下几个选项。

- 详细模式：选中该复选框，表示在图形区上方显示出模拟过程的基本信息。
- 🔳：参数设置，可以对仿真加工中的参数进行设置。
- 📐：显示工件截面，可以显示工件上需要剖切位置的剖面图。
- 📊：尺寸测量。
- 💾：将工件模型保存为一个 STL 文件。
- 🏃 ▭▬▭ 🏃：模拟速度控制。用户可以直接拖动滑块控制模拟速度，也可以选择模拟的最低速度（单击滑块左边的 🏃 按钮）或最高速度（单击滑块右边的 🏃 按钮）。

五、信息显示区

该区域显示出了当前刀具路径的基本信息，主要包括刀具路径类型、模拟路径所采用的刀具编号等。

5.3.4 后 处 理

产生刀具路径后，经过仿真加工并确定无差错，即可进行后处理。后处理就是将 NCI 刀具路径文件翻译成数控 NC 程序（即加工程序），NC 程序将控制数控机床进行加工。

在图 5-25 所示的【操作管理】对话框中单击 G1 按钮，系统弹出如图 5-30 所示【后处理程序】对话框。该对话框用来设置后处理过程中的有关参数。

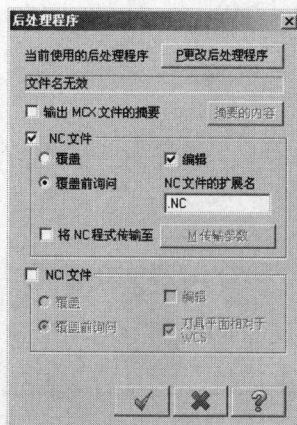

图 5-30 【后处理程序】对话框

一、选择后处理器

不同的数控系统所用的 NC 程序格式是不同的，用户应根据所使用的数控系统类型来选择相应的后处理器，系统默认的后处理器为 MPFAN.PST（日本 FANUC 数控系统控制器）。用户可以单击 P更改后处理程序 按钮，选择合适的后处理器。

二、【NC 文件】分组框

【NC 文件】选项组可以对后处理过程中生成的 NC 代码进行设置。主要包括以下选项。

- 【覆盖】单选项：覆盖方式。系统自动对原 NC 文件进行覆盖。
- 【覆盖前询问】单选项：询问方式。用户可以指定文件名，生成新文件或对已有文件进行覆盖。
- 【编辑】复选项：编辑方式。系统在生成 NC 文件后自动打开文件编辑器，用户可以查看和编辑 NC 文件。
- 【将 NC 程序传输至】复选项：发送代码到机床。在存储 NC 文件的同时，将代码通过串口或网络传输至机床的数控系统或其他设备。
- 　M 传输参数　：通信设置。可对传输 NC 文件的通信参数进行设置。

三、【NCI 文件】分组框

【NCI 文件】分组框可以对后处理过程中生成的 NCI 文件（刀具路径文件）进行设置，其主要选项与【NCI 文件】分组框类似。

5.4 习题

1. 尝试将加工环境设置为铣削系统、车削系统以及线切割系统，并比较其【刀具路径】菜单栏中选项的变化。

2. 尝试在刀具管理器中添加不同型号的铣刀。

3. 打开一个已经设置好的三维铣削结果文件，尝试模拟加工和后处理操作。

Mastercam X2 二维刀具路径模组用来生成二维刀具加工路径，包括外形铣削、面铣削、挖槽、钻孔和雕刻等。各种加工模组生成的刀具路径一般由加工刀具、加工零件的几何模型以及各模组的特有参数来定义。不同的加工模组其各个参数的设置也不相同，学习中应注意总结其共同处，便于系统掌握二维铣削加工方法。

6.1 相关基础知识

本节将通过对面铣、挖槽、外形铣削、钻孔等刀具的定义以及加工参数设定的学习来掌握 Mastercam X2 二维刀具路径编制的一般过程，从而对 Mastercam X2 二维刀具路径的各种功能有初步认识。

6.1.1 二维刀具路径基础知识

二维刀具路径是刀具在二维平面内运动，刀具轨迹为二维曲线。在加工过程中，刀具在切深方向上没有运动，当完成一定厚度的材料切削之后，刀具切深，继续加工。

一、二维刀具路径基本类型

二维刀具路径主要包括以下 4 种类型。

- 面铣削：主要用于加工平面。
- 挖槽：挖去实体内部材料，创建槽结构。此外，雕刻文字实际上也是一种特殊的挖槽加工。不过，由于文字雕刻应用比较广泛，已经逐渐成为一种独立的加工形式了。
- 外形铣削：沿工件轮廓铣削工件外形的加工方法。
- 钻孔：在零件上加工孔。

二、二维刀具路径设计的基本步骤

二维刀具路径设计的主要步骤如下。

- 创建基本图形：使用绘图工具绘制零件外轮廓。
- 毛坯设置：包括毛坯尺寸和材料的设置。
- 刀具设置：包括刀具类型和刀具的主要参数设置。
- 加工参数设置：包括切削深度、刀具补偿、分层加工参数以及进退刀设置等。
- 刀具路径校核：检验刀具路径是否正确，如果不正确，需重新进行编辑和修改。
- 模拟加工：使用动画模拟加工来检验加工路径的正确性。
- 创建数控程序文件：Mastercam X2 将先后创建 NCI 和 NC 两个程序文件，后者为最终有效文件。

6.1.2 Mastercam X2 数控加工的一般过程

由于 Mastercam X2 集设计与制造于一体，通过对所设计的零件进行加工工艺分析，并绘制几何图形及建模，以合理的加工步骤得到刀具路径，通过程序的后处理生成数控加工指令代码，输入到数控机床即可完成加工过程。本小节将介绍使用 Mastercam X2 进行数控加工的一般过程，帮助读者建立对该软件应用的基本认识。

下面依次介绍 Mastercam X2 数控加工的主要步骤。

一、零件加工工艺分析

在使用 Mastercam X2 对零件进行数控加工自动编程前，首先要对零件进行加工工艺分析，其主要目的如下。

（1）确定合理的加工顺序，即确定先加工哪些表面，后加工哪些表面。

（2）在保证零件的表面粗糙度和加工精度的同时，要尽量减少换刀次数，提高加工效率。

在工艺分析时，要充分考虑零件的形状、尺寸和加工精度以及零件刚度和变形等因素，做到以下 3 点。

（1）先粗加工后精加工。

（2）先加工主要表面后加工次要表面。

（3）先加工基准面后加工其他表面。

在必要时，可以采用循环指令进行编程来提高加工效率。

二、零件的几何建模

建立零件的几何模型是实现数控加工的基础，Mastercam X2 四大模块中的任何一个模块都具有二维或三维设计功能，可用于创建二维平面图形和三维空间模型。

在创建零件的几何模型时，注意以下要点。

（1）设计时，并不一定需要画出完整的零件模型，通常只需要画出其加工部分的轮廓线即可。

（2）加工尺寸、形位公差及配合公差可以不标出，这样既节省建模时间，又能满足数控加工的需要。

（3）建模时，应根据零件的实际尺寸来绘制，以保证计算生成的刀具路径坐标的正确性。

可将不同的加工工序分别绘制于不同的图层内，利用 Mastercam X2 中图层的功能，在确定刀具路径时，加以调用或隐藏，从而选择加工需要的轮廓线。

三、确定零件加工刀具路径

完成零件的建模工作后，即可开始创建零件的加工刀具路径，主要工作如下。

（1）根据加工工艺的安排，选用相应工序所使用的刀具。

（2）根据零件的要求选择加工毛坯。

（3）正确选择工件坐标原点，建立工件坐标系统。

（4）确定工件坐标系与机床坐标系的相对尺寸，并进行各种工艺参数设定，从而得到零件加工的刀具路径。

Mastercam X2 系统可生成相应的刀具路径工艺数据文件 NCI，它包含所有设置好的刀具运动轨迹和加工信息。

四、零件的模拟数控加工

设置好刀具加工路径后，利用 Mastercam X2 系统提供的零件加工模拟功能观察切削加工的过程，检测工艺参数的设置是否合理，判断零件在实际加工中是否存在干涉现象，设备的运行动作是否正确，实际零件是否符合设计要求。

同时在数控模拟加工中，系统会给出有关加工过程的报告。这样可以在实际生产中省去试切的过程，从而降低材料消耗，提高生产效率。

五、生成数控指令代码及程序传输

通过计算机模拟数控加工，确认符合实际加工要求时，就可以利用 Mastercam X2 的后置处理程序来生成 NCI 文件或 NC 数控代码，Mastercam X2 系统本身提供了百余种后置处理程序。

对于不同的数控设备，其数控系统可能不尽相同，选用的后置处理程序也就有所不同。对于具体的数控设备，应选用对应的后置处理程序，后置处理生成的 NC 数控代码经适当修改后如能符合所用数控设备的要求，就可以输入到数控设备进行数控加工。

6.1.3 串连图形注意事项

串连操作是 Mastercam X2 中经常使用的一个操作，它是系统用来定义轮廓外形以及刀具进给方向的。串连在编制刀具路径时使用得特别多，串连操作要注意以下几个问题。

一、分歧点

分歧点为 3 个或 3 个以上的图形元素共有的一个相同的端点。

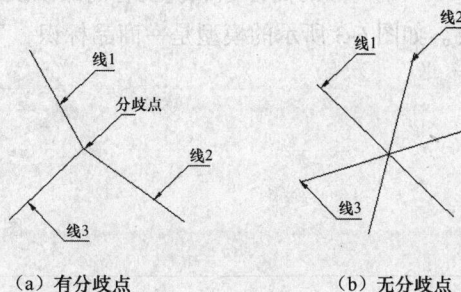

(a) 有分歧点 　　　　(b) 无分歧点

图 6-1　分歧点示例

- 如图 6-1（a）所示，3 条线有相同的端点，因此有分歧点。
- 如图 6-1（b）所示，3 条线有一个共同的交点，但它不是端点，因此没有分歧点。

如果存在分歧点，串连到分歧点时，一般系统不知道应该继续向哪个方向串连，屏幕上将会出现提示"已到达分歧点，请选择下一分支"。这时用户只要用鼠标单击应该串连的图形元素即可。

二、重复图素

对于一个 Mastercam X2 的初学者来说，最容易犯的错误就是一个图形元素重复绘制两次以上。在串连时可能出现串连到某一个位置上停止，甚至出现与串连方向相反的箭头，而使串连无法进行的情况。这时应该考虑可能是出现了重复图素。

重复图素分为完全重复和部分重复。如果部分重复，看不出重复位置，最好删除重画。当出现完全重复时，应该单击工具栏中的 按钮删除重复图素。单击工具栏中的 按钮，出现图 6-2 所示的【删除重复图素】对话框。

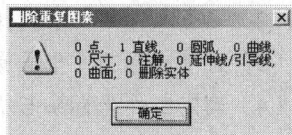

图 6-2　【删除重复图素】对话框

三、选择的第一个图形元素

要特别注意选择的第一个图形元素，因为该图形元素决定了加工刀具第一次与零件的接触点的位置及加工方向。

四、串连不成功的问题

在对外形进行串连选择时，需要注意以下几点。

（1）被串连的图形原则上都需要封闭。

（2）串连起始点（绿色箭头）尽量在外轮廓交点处。

（3）注意分歧点提示——在平面图形有相交时，系统在相交处提示用户进一步选择串连的前进方向。

（4）当在同一个位置上有多个图形元素时，称之为重复图素。对于存在重复图素的图形进行串连时，可能会导致系统无法识别封闭的图形。

6.2 典型实例一——加工商标标识

一个商品的商标标识代表着商品以及企业的形象，设计并加工符合企业形象的标识至关重要。如图 6-3 所示的模型是一商品标识，下面以此商标为例说明市场上商标生产的一般过程。

图 6-3　商标标识

6.2.1　刀具路径分析

一、涉及的应用工具

（1）分析模型，选取刀具添加到刀具库，然后设置毛坯。

（2）由于是加工凸缘形的工件，因而对刀具没有限制，可以使用大直径刀具，故采用 20mm 的平底铣刀铣削外形边，深度为-20。

（3）采用 10mm 的平底铣刀，对内部形状进行挖槽加工，挖槽深度为-10。

（4）通过模拟实体切削，验证创建刀具路径的正确性。

二、操作步骤概况

操作步骤概况，如图 6-4 所示。

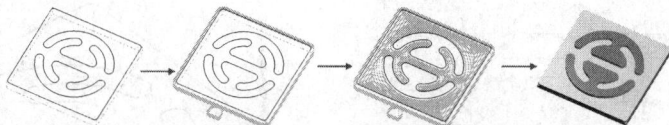

图 6-4　操作步骤

6.2.2　加工商标标识

1. 选择加工机床。

（1）打开素材文件"第 6 章\素材\商标标识.mcx"。

（2）执行【机床类型】/【铣床系统】/【默认】命令，设置机床类型为铣床。

2. 设置刀具库。

执行【刀具路径】/【刀具管理器】命令，在图 6-5 所示的【刀具管理】对话框中选取以下刀具，然后单击 ✓ 按钮确定。

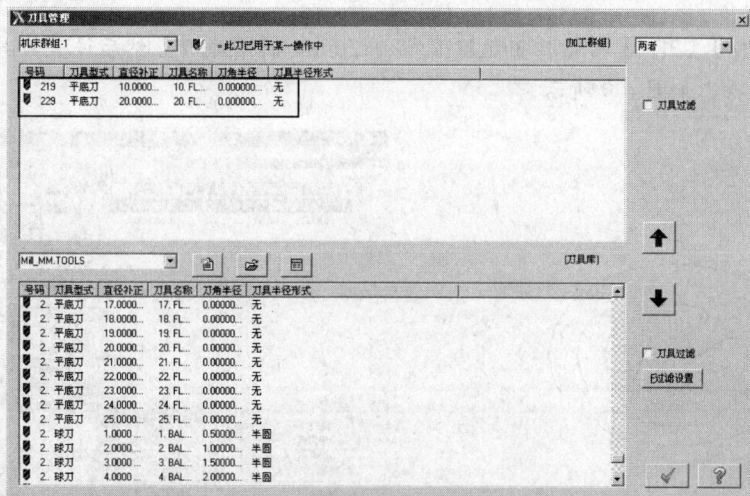

图 6-5　【刀具管理】对话框

● 直径为 10mm 的平底铣刀。

● 直径为 20mm 的平底铣刀。

3. 设置毛坯。

（1）在操作管理器中的【属性】选项组中选择【材料设置】选项，在如图 6-6 所示的【机器群组属性】对话框中设置毛坯。

（2）单击 ✓ 按钮确定，结果如图 6-7 所示。

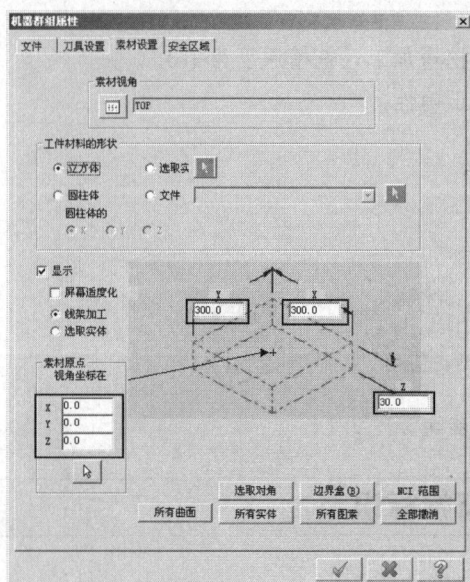

图 6-6 【机器群组属性】对话框

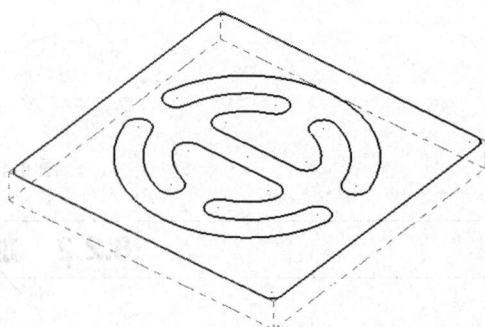

图 6-7 设置毛坯

4. 创建外形铣削刀具路径。

（1）执行【刀具路径】/【外形铣削】命令，系统弹出【输入新 NC 名称】对话框，单击 ✓ 按钮确定，采用默认名称。

（2）在绘图区选取如图 6-8 所示的外面的矩形为铣削边界，然后在【转换参数】对话框单击 ✓ 按钮确定。

（3）在【外形（2D）】对话框中选取直径为 20mm 的平底刀，然后设置刀具参数，并勾选【快速提刀】选项，如图 6-9 所示。

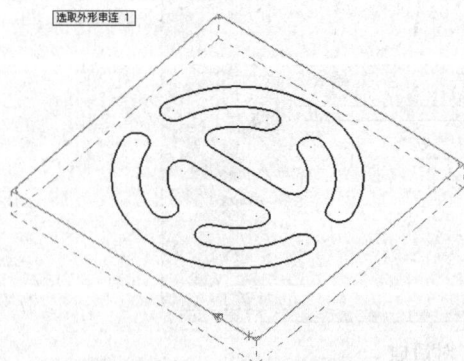

图 6-8 选取外形铣削边界

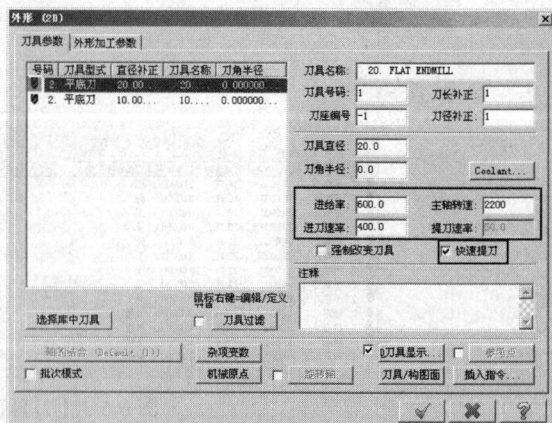

图 6-9 【外形（2D）】对话框

（4）单击【外形加工参数】选项卡，设置参数高度、深度等加工参数，并设置补正方向为右补正，如图 6-10 所示。

（5）选择【Z 轴分层铣削】复选项，然后单击 Z轴分层铣削 按钮，在如图 6-11 所示的【深度分层切削设置】对话框中设置分层铣削参数，单击 ✓ 按钮确定。

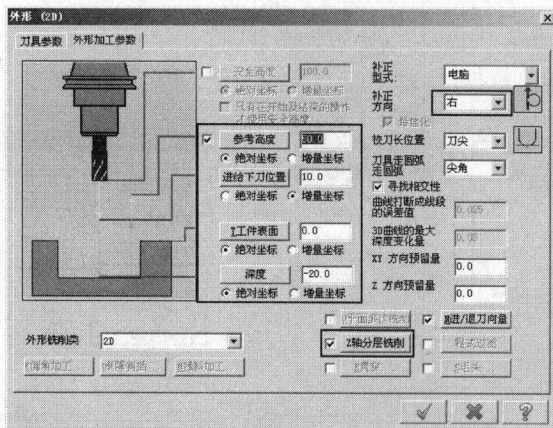

图 6-10 【外形加工参数】选项卡

（6）在【外形（2D）】对话框单击 ✓ 按钮确定，系统按参数自动生成如图 6-12 所示的外形铣削刀具路径。

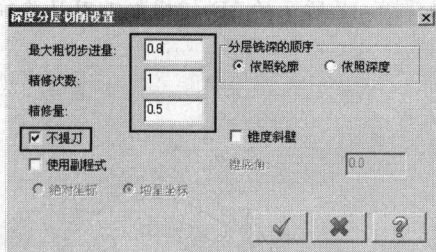

图 6-11 【深度分层切削设置】对话框

图 6-12 外形铣削刀具路径

5. 创建挖槽加工刀具路径。

（1）执行【刀具路径】/【挖槽】命令，在绘图区依次选取如图 6-13 所示的封闭图形为挖槽边界，然后在【转换参数】对话框单击 ✓ 按钮确定。

（2）在【挖槽（打开）】对话框中选取直径为 10mm 的平底刀，然后设置刀具参数，并选择【快速提刀】复选项，如图 6-14 所示。

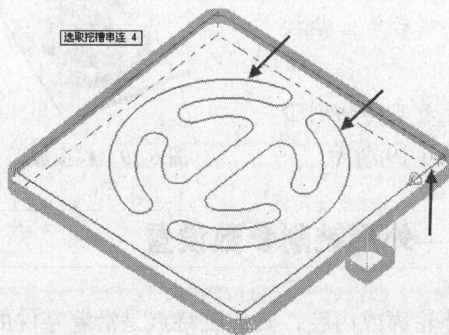

图 6-13 选取挖槽边界

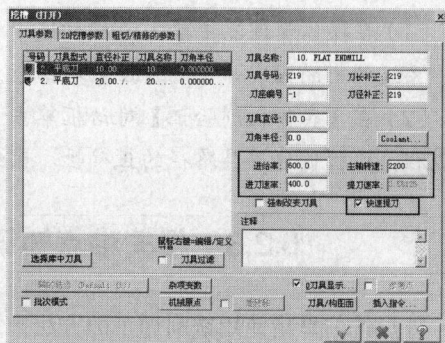

图 6-14 【挖槽（打开）】对话框

（3）单击【2D 挖槽参数】选项卡，设置参数高度、深度等加工参数，如图 6-15 所示。

（4）选择【E 分层铣深】复选项，然后单击 E分层铣深 按钮，在如图 6-16 所示的【深度分层切削设置】对话框中设置最大粗切深度等参数。

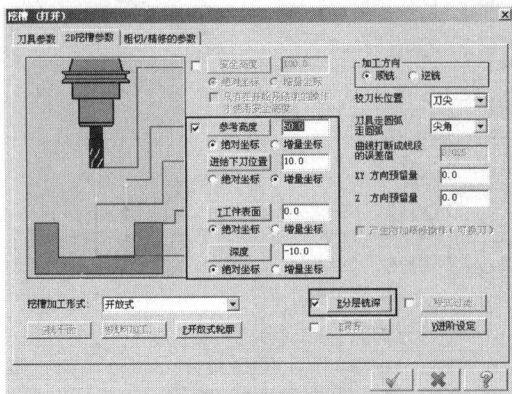

图 6-15　【2D 挖槽参数】选项卡

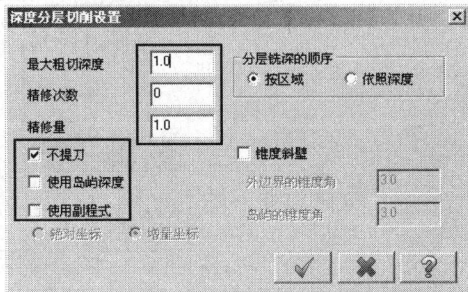

图 6-16　【深度分层切削设置】对话框

(5)单击【粗切/精修的参数】选项卡,选取粗切方式为等距环切,并设置其他挖槽参数,如图 6-17 所示。

(6)单击 ✓ 按钮确定,系统按参数自动生成如图 6-18 所示的 2D 挖槽加工刀具路径。

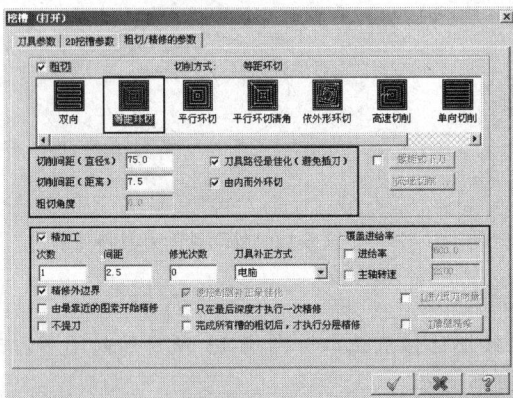

图 6-17　【粗切/精修的参数】选项卡

图 6-18　挖槽加工刀具路径

6. 模拟加工。

(1)在操作管理器中单击 ✓ 按钮选中全部操作,然后单击 📄 按钮,系统弹出的【实体切削验证】对话框。

(2)在【实体切削验证】对话框单击 ▶ 按钮,观看实体切削验证过程,检验创建刀具路径的正确性,最终结果如图 6-19 所示。

图 6-19　模拟加工

6.2.3　相关难点知识讲解——外形铣削参数设置

外形铣削是指使用铣削加工的方法来加工工件外轮廓或内腔,其加工特点是沿着零件的外轮廓线生成切削加工的刀具轨迹。如果铣削时刀具的切削深度不变,则是二维铣削;如果切削深度改变,则为三维铣削加工。

外形铣削既可以用于切削余量较大的粗加工,也可用于切削余量较小的精加工。一般用于加工形状简单、由二维图形决定模型特征的零件,如凸轮、齿轮的轮廓铣削等。

一、外形铣削形式

Mastercam X2 提供了 4 种 2D 外形铣削形式，如图 6-20 所示。

- 【2D】：2D 铣削用于加工二维轮廓外形，为默认选项。
- 【2D 倒角】：2D 倒角可以采用铣削方式在 2D 或 3D 轮廓上铣削倒角结构，主要应用于零件周边倒角。
- 【斜插下刀】：斜插下刀加工主要有 3 种下刀方式，即角度（按照设定的角度下刀）、深度（按照设定的斜插深度下刀）和直线下刀（不作斜插，按照设定的深度垂直下刀）。
- 【残料加工】：残料加工主要针对先前使用较大直径刀具加工遗留下来的残料再加工。

二、补正设置

在实际加工过程中，刀具所走过的加工路径并不是刀具的外形轮廓，还包括一个补正量。补正量包括刀具半径、程序中刀具半径与实际刀具半径之间的差值、刀具的磨损量、工件之间的配合间隙。使用补正的目的是防止在加工时产生过切现象。

（1）补正方式

Mastercam X2 提供了 5 种刀具补正方式，如图 6-21 所示。

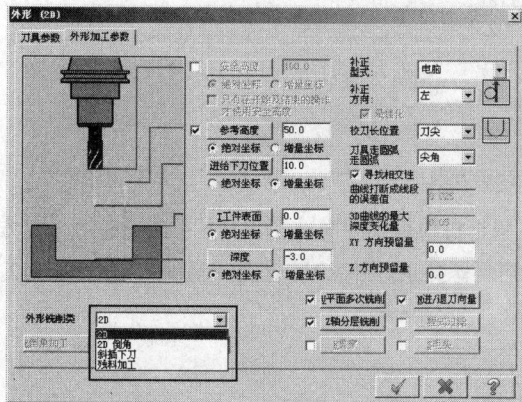

图 6-20　外形铣削的形式　　　　图 6-21　刀具补正方式

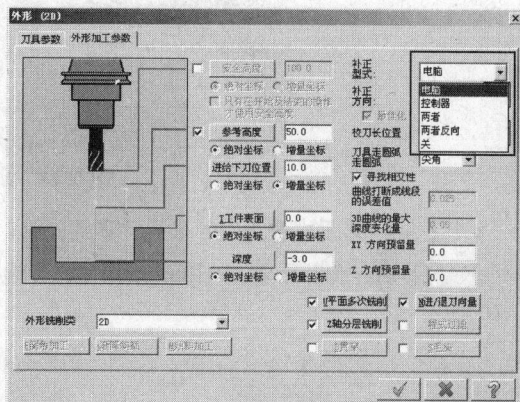

- 【电脑】：由计算机计算刀具补正后的刀具路径，刀具中心向指定方向移动一个补正量（一般为刀具的半径），如图 6-22 所示。
- 【控制器】：使用 CNC 控制器做刀具补正。由控制器将刀具中心向指定方向移动一个存储在寄存器中的补正量（一般为刀具半径），然后通过 G42 或 G41 指令实现补正，此时产生的刀具路径与选取的加工轨迹重合，如图 6-23 所示。
- 【两者】：同时采用两种补正方式，且补正方向相同。
- 【两者反向】：同时采用两种补正方式，但是计算机采用的补正方式与控制器采用的补正方式相反。一个采用左补正时，另一个采用右补正。
- 【关】：关闭补正方式。

（2）补正方向

系统提供两种补正方向，如图 6-24 所示。

- 【左】：采用左补正。若采用计算机补正，则朝选择的串连方向看去，刀具中心向轮廓左侧方向移动一个补正量，如图 6-25 所示；若选择控制器补正，则在 NC 程序中输出补正代码 G41。

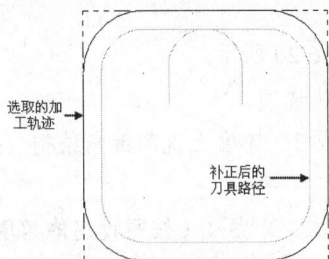

图 6-22　电脑补正

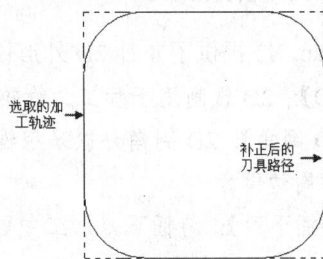

图 6-23　控制器补正

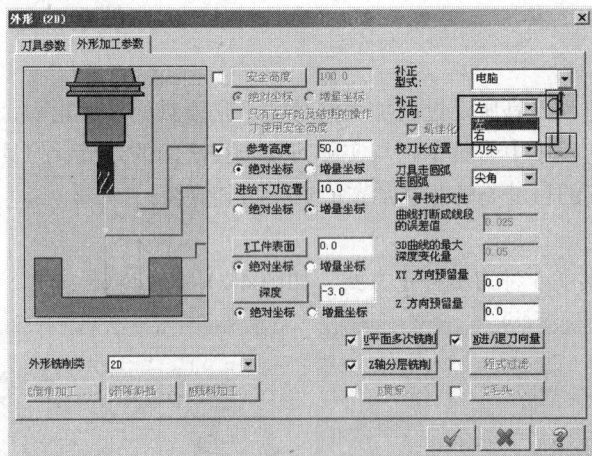

图 6-24　设置补正方向

- 【右】：采用右补正。若采用计算机补正，则朝选择的串连方向看去，刀具中心向轮廓右侧方向移动一个补正量，如图 6-26 所示；若选择控制器补正，则在 NC 程序中输出补正代码 G42。

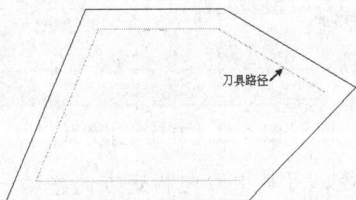

图 6-25　左刀补

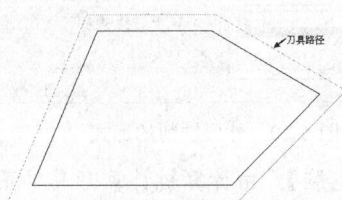

图 6-26　右刀补

（3）补正位置

系统提供了两种补正位置，如图 6-27 所示。

- 【球心】：补正到刀具点球头中心位置。
- 【刀尖】：补正到刀具刀尖位置。

> 要点提示　对于平底刀，刀尖位置与球心位置重合；而对于球头刀或圆角刀，二者并不重合，球心位于刀具内部。为避免发生过切，建议使用刀尖补正。

三、转角设置

在加工转角时，系统提供了 3 种转角设置方式，如图 6-28 所示。

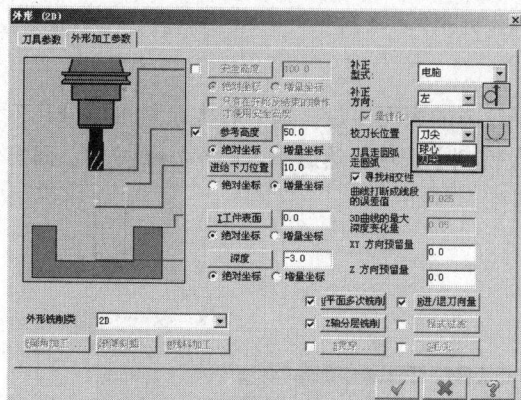

图 6-27　补正位置

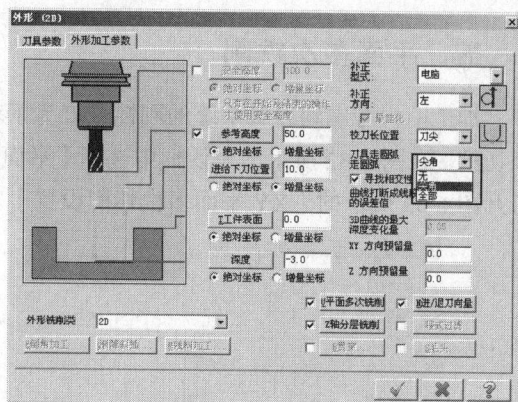

图 6-28　转角设置

- 【无】：所有尖角直接过渡，产生的刀具轨迹为尖角形状，如图 6-29 所示。
- 【尖角】：对小于一定数值（默认为 135°）的尖角部位采用圆角过渡，对大于该角度的尖角部位采用尖角过渡，如图 6-30 所示。
- 【全部】：所有尖角部位都采用圆角过渡，如图 6-31 所示。

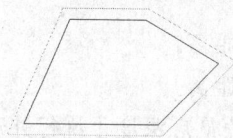

图 6-29　设置为"无"

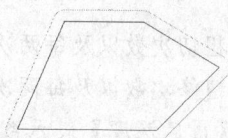

图 6-30　设置为"尖角"

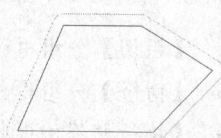

图 6-31　设置为"全部"

四、加工预留量

加工预留量是指预留一定的加工余量供后续精修加工，预留量的方向决定于计算机补正参数的设置状况：如果计算机补正设定为左补正，则预留量在左，反之则在右。

可以在如图 6-32 所示位置设置加工预留量。

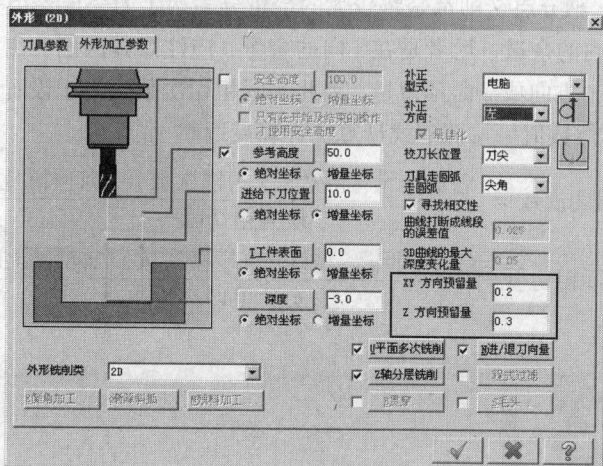

图 6-32　设置预留量

- 【xy 方向预留量】：设置在 x、y 方向上的切削平面内预留的精修量。
- 【z 方向预留量】：设置 z 轴向进刀方向预留的精修量。

五、平面多次铣削

加工中，考虑到加工系统的刚性或者为了获得较高的表面质量，对于较大余量可以分几刀来切削。在图 6-32 所示的对话框中选择【平面多次铣削】选项，然后单击 平面多次铣削 按钮，即可打开图 6-33 所示的【XY 平面多次切削设置】对话框。

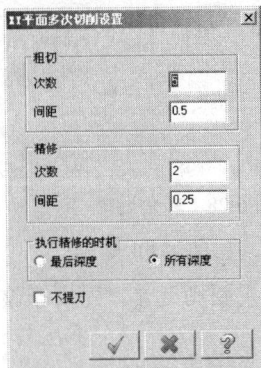

图 6-33　设置 XY 平面多次切削参数

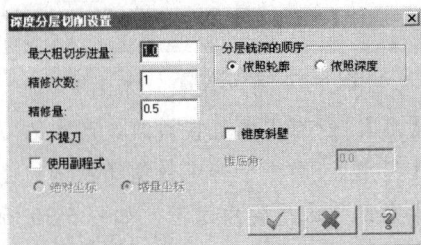

图 6-34　设置深度分层切削参数

- 【粗切】分组框：设置沿外形粗切次数以及每两次进刀之间的距离。
- 【精修】分组框：设置沿外形精修次数以及每两次进刀之间的距离。
- 【执行精修的时机】分组框：【最后深度】表示系统只在铣削的最后深度才执行外形精修路径；【所有深度】表示系统在每一次粗铣后都执行外形精修路径。

六、z 轴分层铣削

z 轴分层铣削指刀具在 z 轴方向分层粗铣和精铣，用于材料较厚无法一次加工至最后深度的情况。在图 6-32 中选中 z轴分层铣削 按钮前的复选框，然后单击该按钮，打开如图 6-34 所示的【深度分层切削设置】对话框。

平面多次铣削与 z 轴分层铣削都是将较大的余量分多次走刀完成，但是二者的加工方向不同，前者是在 xy 平面内的余量，后者是在 z 向的余量，应注意其区别。在实际加工中，总切削量等于切削深度减去 xy 方向或 z 向预留量，因此实际粗切次数要小于设置的最大粗切次数。以 z 轴分层铣削为例，具体数值可按照下式计算（计算后取整）。

$$粗切次数 = \frac{(总切削量 - 精修量 \times 精修次数) - z向预留量}{最大粗切量}$$

$$实际粗切量 = \frac{(总切削量 - 精修量 \times 精修次数) - z向预留量}{实际粗切次数}$$

6.3

典型实例二——加工法兰盘零件

图 6-35 所示的法兰盘是机械行业中常见的零部件，也是机加工中的重要组成部分。法兰盘可以

通过三维铣削加工获得,同时也可以通过二维铣削加工而成,下面以此零件介绍挖槽加工的基本技巧。

图 6-35　法兰盘

6.3.1　刀具路径分析

一、涉及的应用工具

（1）设置毛坯。

（2）选择挖槽加工并设置平底刀刀具的主要参数。

（3）通过挖槽加工的工作参数得到刀具路径。

（4）通过模拟加工获得 NC 程序。

二、操作步骤概况

操作步骤概况，如图 6-36 所示。

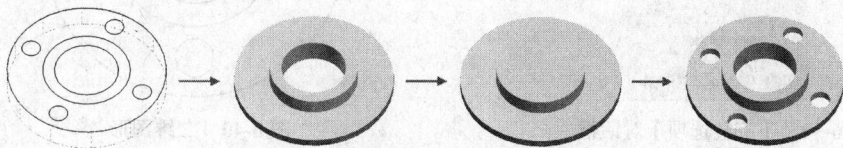

图 6-36　操作步骤

6.3.2　加工法兰盘零件

1．绘图环境设置。

（1）在工具栏中单击 按钮，设置前视图构图。

（2）设置线宽为第二条实线。

2．绘制工件的二维图形。

（1）单击 按钮，输入圆心坐标（0,0,0），绘制半径分别为 40、55、100 的圆，如图 6-37 所示。

（2）输入起点坐标（0,78,0），绘制直径为 25 的圆，单击 按钮确定，得到如图 6-38 所示效果。

（3）选中直径为 25 的圆，单击工具栏上的 按钮，在图 6-39 所示的【旋转选项】对话框中设置旋转参数，并将大圆圆心设置为旋转中心，单击 按钮，结果如图 6-40 所示。

3．设置毛坯。

（1）执行【机床类型】/【铣床系统】/【默认】命令，设置机床类型为铣床。

（2）在操作管理器中单击【属性-Generic Mill】选项组，然后单击【材料设置】选项，系统弹出【机器群组属性】对话框。

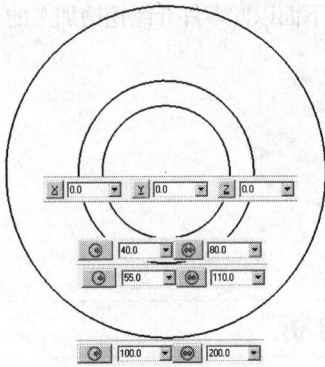

图 6-37 绘制 3 个同心圆

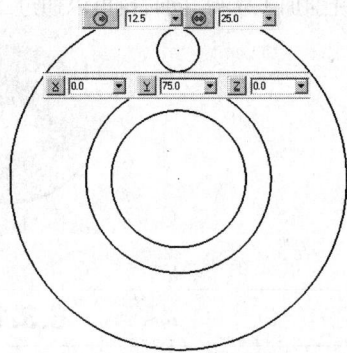

图 6-38 绘制圆

图 6-39 【旋转选项】对话框

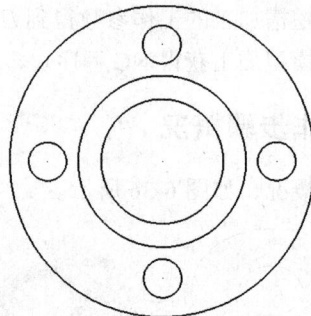

图 6-40 二维图形

（3）按照图 6-41 所示设置材料参数，单击 ✓ 按钮确定，结果如图 6-42 所示。

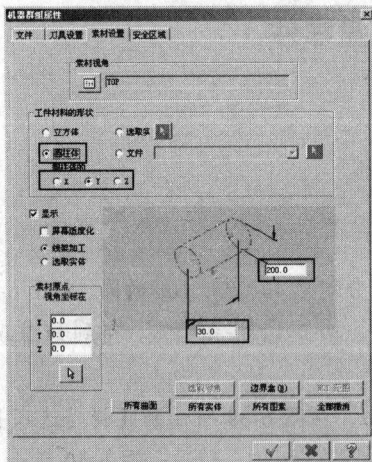

图 6-41 【机器群组属性】对话框

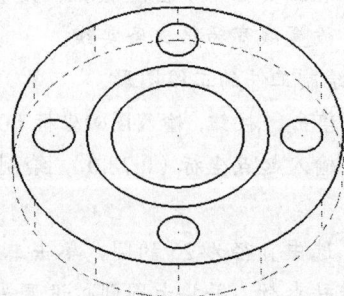

图 6-42 毛坯设置

4. 设置刀具。

（1）执行【刀具路径】/【刀具管理器】命令，系统弹出【刀具管理】对话框。

（2）在【刀具管理】对话框中依次选取以下刀具，结果如图 6-43 所示，然后单击 ✓ 按钮确定。

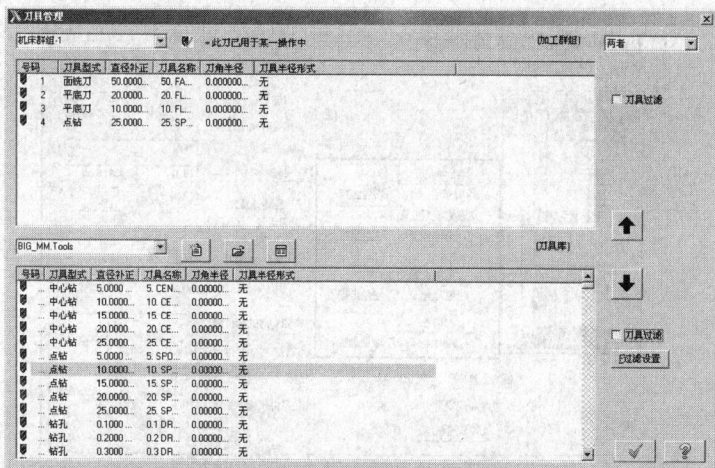

图 6-43 【刀具管理】对话框

- 1 号刀具: 直径为 50mm 的面铣刀。
- 2 号刀具: 直径为 20mm 的平底刀。
- 3 号刀具: 直径为 10mm 的平底刀。
- 4 号刀具: 直径为 25mm 的钻孔刀。

5. 创建面铣削加工刀具路径。

(1) 执行【刀具路径】/【挖槽】命令, 系统弹出【输入新 NC 名称】对话框, 采用默认名称, 单击 ✓ 按钮确定。

(2) 根据系统提示选择如图 6-44 所示的串连外形, 然后在【转换参数】对话框中单击 ✓ 按钮确定。

(3) 在【面铣刀】对话框中选取 1 号刀具 (直径为 50mm 的面铣刀), 然后设置刀具参数, 如图 6-45 所示。

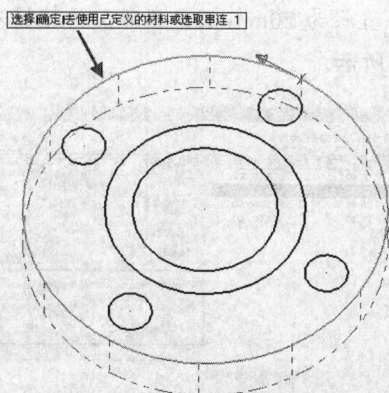

图 6-44 面铣削边界

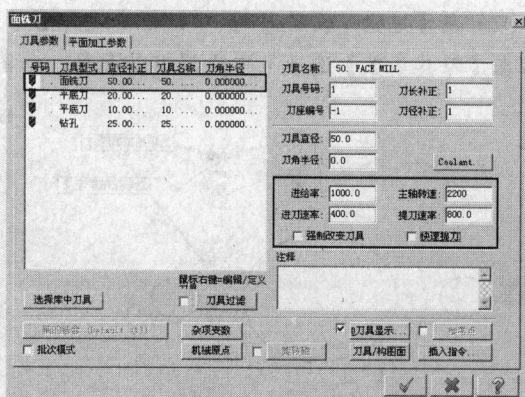

图 6-45 【面铣刀】对话框

(4) 单击【平面加工参数】选项卡, 设置参考高度、加工深度等参数, 如图 6-46 所示。

(5) 选择【z 轴分层铣深】复选项, 然后单击 Z轴分层铣深 按钮, 在弹出的【深度分层切削设置】对话框中设置分层铣削参数, 如图 6-47 所示。

(6) 单击 ✓ 按钮确定, 系统自动生成如图 6-48 所示的面铣削刀具路径。

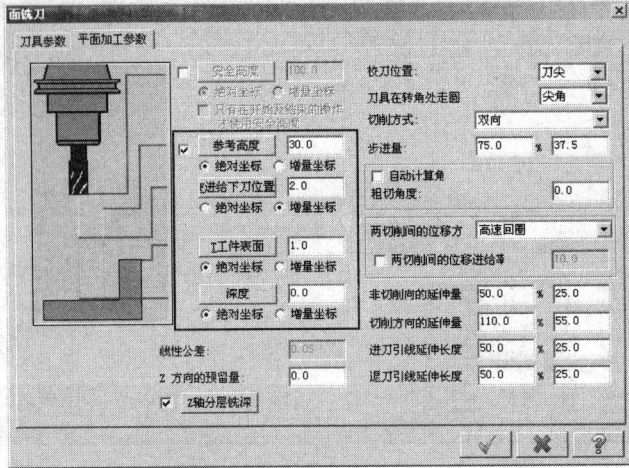

图 6-46 【平面加工参数】选项卡

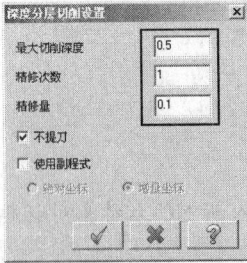

图 6-47 【深度分层切削设置】对话框

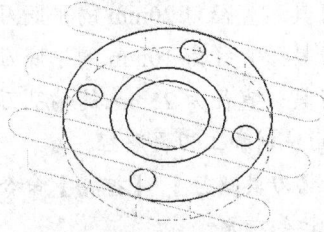

图 6-48 面铣削刀具路径

6. 创建挖槽加工刀具路径。

（1）执行【刀具路径】/【挖槽】命令，根据系统提示选择如图 6-49 所示的串连外形，然后在【转换参数】对话框中单击 ✔ 按钮确定。

（2）在【挖槽（面铣刀）】对话框中选择 2 号刀具（直径为 20mm 的平底刀）为挖槽刀具，然后在【刀具参数】选项卡中设置刀具参数，如图 6-50 所示。

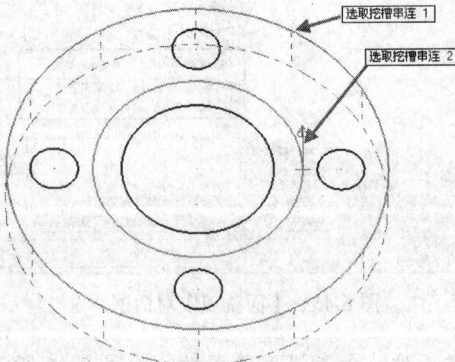

图 6-49 挖槽边界

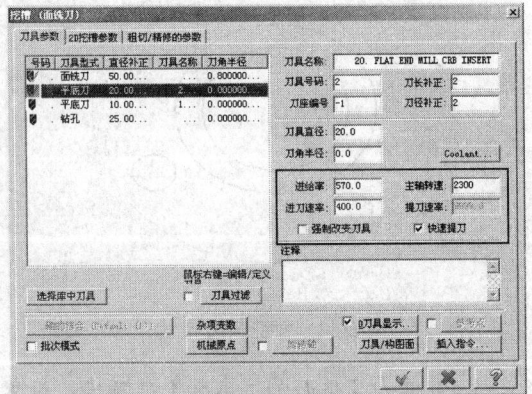

图 6-50 【挖槽（面铣刀）】对话框

（3）单击【2D 挖槽参数】选项卡，设置挖槽加工形式为"平面加工"，并选择【E 分层铣深】复选项，其他参数设置如图 6-51 所示。

（4）单击 **E分层铣深** 按钮，在弹出的【深度分层切削设置】对话框中设置分层铣削参数，如图 6-52 所示。

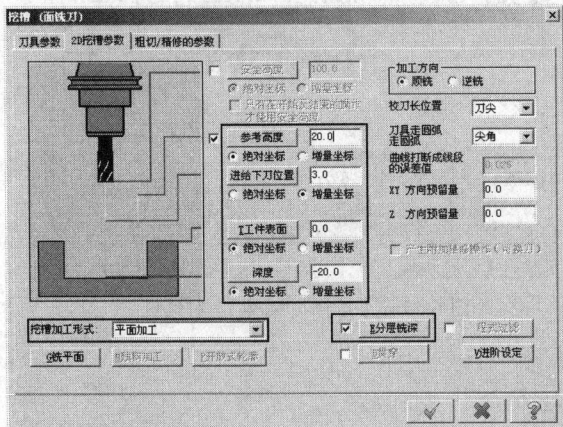

图 6-51 【2D 挖槽参数】选项卡

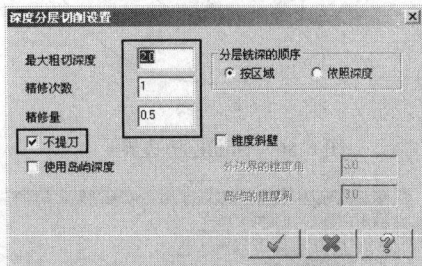

图 6-52 【深度分层切削设置】对话框

（5）单击 **G铣平面** 按钮，在弹出的【平面加工】对话框中设置分层平面铣削参数，如图 6-53 所示。

（6）单击【粗切/精修的参数】选项卡，按照图 6-54 所示设置粗/精加工参数，然后单击 ✓ 按钮确定，系统自动生成如图 6-55 所示的挖槽加工刀具路径。

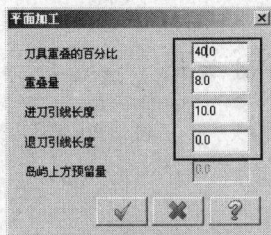

图 6-53 【平面加工】对话框

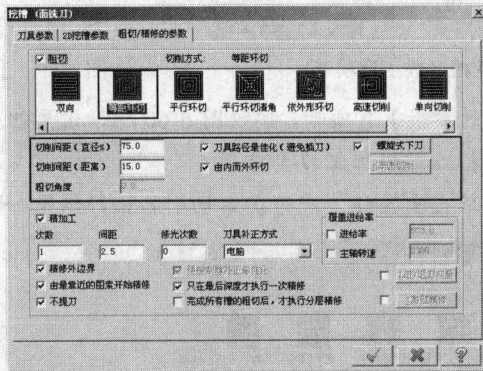

图 6-54 【粗切/精修的参数】选项卡

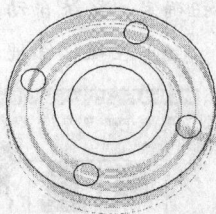

图 6-55 挖槽加工刀具路径

7. 创建挖槽加工刀具路径。

（1）执行【刀具路径】/【挖槽】命令，根据系统提示选择如图 6-56 所示的串连外形，然后在【转换参数】对话框中单击 ✓ 按钮确定。

（2）在【挖槽（标准）】对话框中选取 3 号（直径为 10mm 的平底刀），然后设置刀具参数，如图 6-57 所示。

（3）单击【2D 挖槽参数】选项卡，设置挖槽加工形式为"平面加工"，并选择【E 分层铣深】复选项，其他参数设置如图 6-58 所示。

（4）单击 **E分层铣深** 按钮，在弹出的【深度分层切削设置】对话框中设置分层铣削参数，如图 6-59 所示。

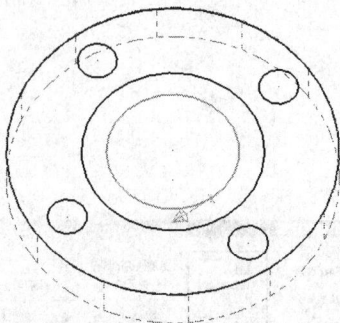

图 6-56　标准挖槽边界

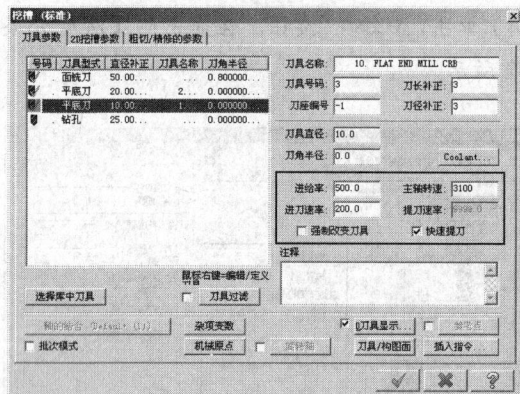

图 6-57　【挖槽（标准）】对话框

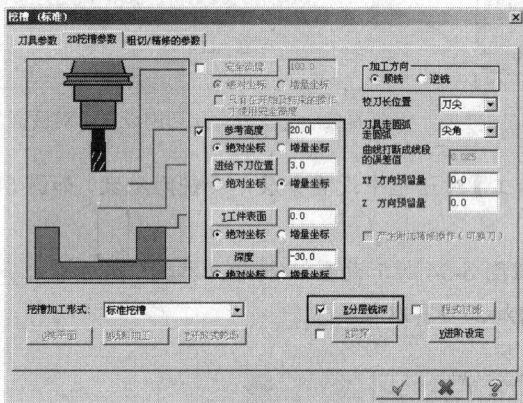

图 6-58　【2D 挖槽参数】选项卡

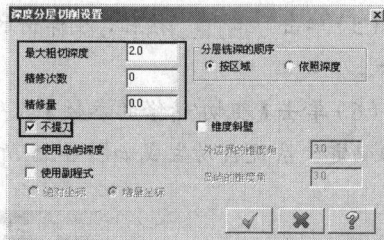

图 6-59　【深度分层切削设置】对话框

（5）单击【粗切/精修的参数】选项卡，按照图 6-60 所示设置粗/精加工参数，然后单击 ✓ 按钮确定，系统自动生成标准挖槽加工刀具路径。

（6）在操作管理器中单击 ▧ 按钮，进行实体切削验证，结果如图 6-61 所示。

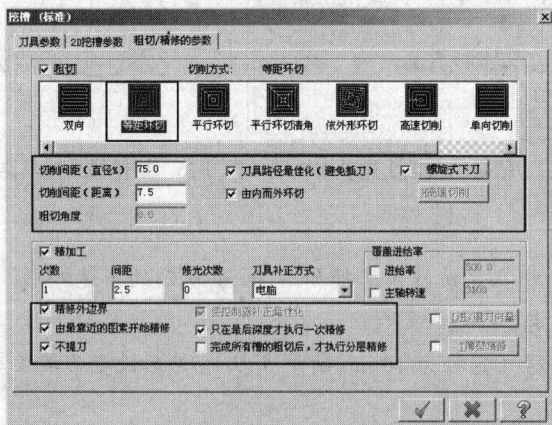

图 6-60　【粗切/精修的参数】选项卡

图 6-61　挖槽加工

8. 创建钻孔加工刀具路径。

（1）执行【刀具路径】/【钻孔】命令，系统弹出【选取钻孔的点】对话框，如图 6-62 所示。

（2）根据系统提示选取如图 6-63 所示的 4 个圆的圆心为钻孔点，然后单击 ✓ 按钮确定。

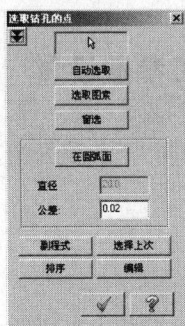

图 6-62 【选取钻孔的店】对话框　　　　　图 6-63　钻孔位置

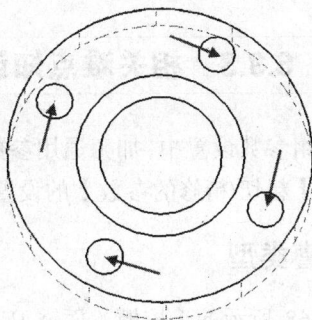

（3）在【Drill/Counterbore】对话框中选取 4 号（直径为 25mm 的钻孔刀）刀具，然后设置刀具参数，如图 6-64 所示。

（4）单击【深孔钻 无啄钻】选项卡，按照图 6-65 所示设置钻孔参数，然后单击 ✓ 按钮确定，系统自动生成钻孔刀具路径。

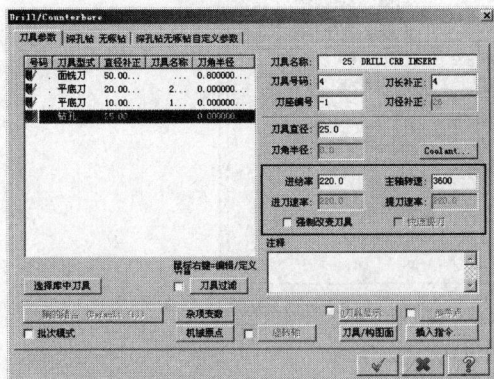

图 6-64　【Drill/ Counterbore】对话框　　　图 6-65　【深孔钻 无啄钻】选项卡

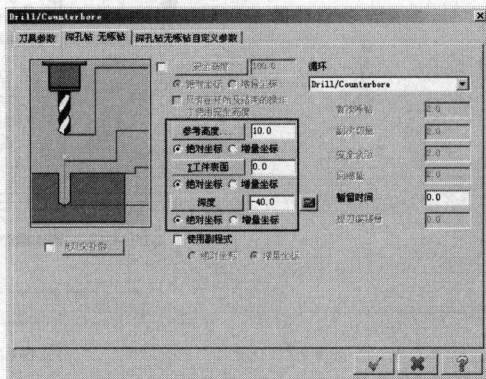

9．模拟加工。

（1）单击操作管理器中的 ✓ 按钮，系统自动选取所有的加工操作步骤。

（2）单击 🖉 按钮，系统弹出如图 6-66 所示的【实体切削验证】对话框。

（3）单击对话框中的 ▶ 按钮，进行实体切削验证，结果如图 6-67 所示，单击 ✓ 按钮确定。

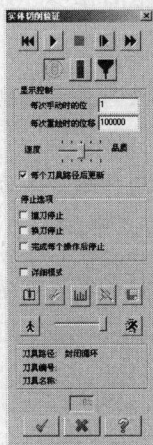

图 6-66　【实体切削验证】对话框　　　图 6-67　实体切削验证

6.3.3　相关难点知识讲解——挖槽加工参数设置

在挖槽模组参数设置中，加工通用参数与外形加工设置方法相同，下面仅介绍其特有的【2D 挖槽参数】和【粗切/精修的参数】的设置。

一、挖槽类型

在如图 6-68 所示的【挖槽（面铣刀）】对话框中的【挖槽加工形式】下拉列表中提供了 5 种挖槽方式。

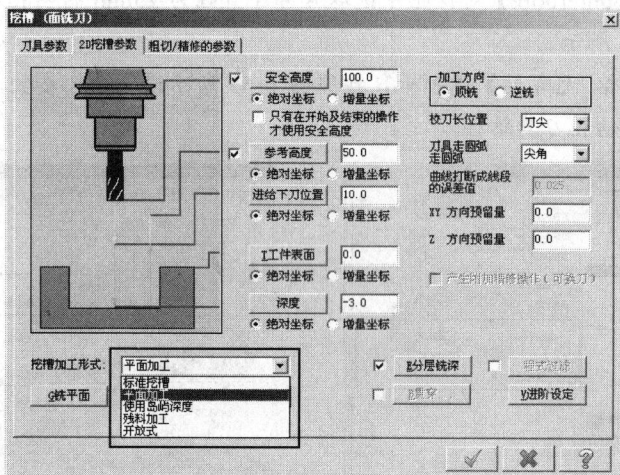

图 6-68　挖槽方式

- 【标准挖槽】：该选项为采用标准的挖槽方式，即仅铣削定义凹槽内的材料，而不会对边界外或岛屿进行铣削。
- 【平面加工】：该选项的功能类似于面铣削模组的功能，在加工过程中只保证加工出选择的表面，而不考虑是否会对边界外或岛屿的材料进行铣削。一般挖槽加工后可能在边界处留下毛刺，这时可采用该功能对边界进行加工。
- 【使用岛屿深度】：当岛屿深度与边界不同，需要使用该加工方式。该选项不会对边界外的材料进行铣削，但可以将岛屿铣削至所设置的深度。
- 【残料加工】：该选项用于进行残料挖槽加工，其设置方法与外形铣削中残料加工的参数设置相同。
- 【开放式】：当选取的串连中包含有未封闭串连时，只能用开放加工方式，此时系统先将未封闭的串连进行封闭处理，然后对封闭后的区域进行挖槽加工。

> **要点提示**　当采用岛屿深度加工时，除了需要指定加工深度外，还需要在图 6-68 所示的选项卡中指定岛屿深度。

二、粗加工参数

在挖槽加工中加工余量一般比较大，因此需要设置粗、精加工来保证加工质量，如图 6-69 所示。

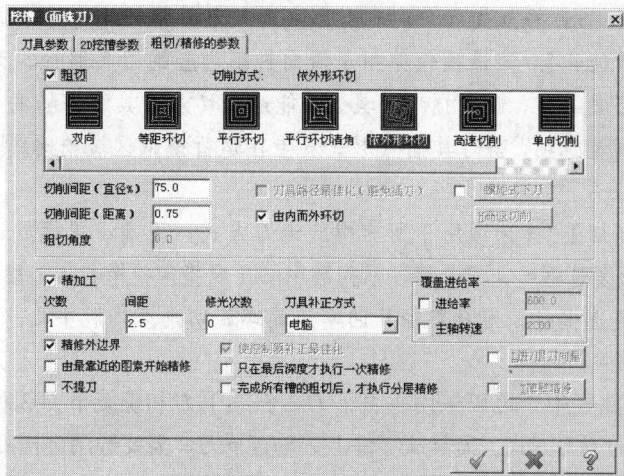

图 6-69 【粗切/精修的参数】选项卡

选中【粗切/精修的参数】选项卡中的【粗切】复选项，则在挖槽加工中，先进行粗加工。下面就粗加工中的一些参数设置进行说明。

（1）走刀方式

Mastercam X2 提供了粗加工的走刀方式，包括双向、等距环切、平行环切、平行环切清角、依外形环切、高速切削、单向切削和螺旋切削等 8 种走刀方式。

这 8 种走刀方式又可分为直线及螺旋走刀两大类，直线走刀主要有以下两种类型。

- 【双向】：双向切削产生一组有间隔的往复直线刀具路径来切削凹槽。
- 【单向切削】：单向切削刀具路径朝同一个方向进行切削，回刀时不进行切削。

螺旋走刀方式是从挖槽中心或特定挖槽起点开始进刀并沿着刀具方向（z 轴）螺旋下刀进行切削。螺旋走刀方式主要有以下 6 种类型。

- 【等距环切】：以等距方式切除毛坯。
- 【平行环切】：刀具以进刀量大小向工件边界进行偏移切削，但是不能保证清角。
- 【平行环切清角】：加工方式与平行方式相同，但是这种加工方式能进行清角加工。
- 【依外形环切】：该方式只能加工一个岛屿，在外部边界和岛屿之间逐步进行切削。
- 【高速切削】：以平滑的、优化的圆弧路径和较快的速度进行切削。
- 【螺旋切削】：用螺旋线进行粗加工，刀具路径连续相切。空行程少，能较好地清除毛坯余量。

> **要点提示** 在走刀方式中尽可能采用螺旋走刀方式，以提高槽的表面质量，并可保护刀具。

（2）粗加工参数

在粗加工中，除了设置走刀方式外，还需要对进给参数进行设置，主要包括以下几项。

- 【切削间距（直径%）】：设置在 x 轴和 y 轴上粗加工之间的切削间距，用刀具直径的百分比计算，调整【切削间距（距离）】参数时自动改变该值。
- 【切削间距（距离）】：该选项是在 x 轴和 y 轴上计算的一个距离，等于切削间距百分比乘以刀具直径，调整【切削间距（直径%）】参数自动改变该值。

- 【粗切角度】：当选择双向和单向走刀方式时，刀具路径的起始方向与 x 轴的夹角。
- 【刀具路径最佳化】：该选项仅使用于双向铣削内腔的刀具路径，为环绕切削内腔、岛屿提供优化刀具路径，避免损坏刀具，并能避免切入刀具绕岛屿的毛坯太深。选择刀具插入最小切削量选项，当刀具插入形式发生在运行横越区域前时，将清除每个岛屿区域的毛坯材料。
- 【由内而外环切】：该选项用于所有螺旋走刀方式，用来设置螺旋进刀方式时的挖槽起点。当选中该复选框时，刀具路径从内腔中心（或指定挖槽起点）螺旋切削至凹槽边界；当未选中该复选框时，刀具路径从凹槽边界螺旋切削至内腔中心。

（3）下刀方式

在挖槽粗铣加工路径中，可以采用垂直下刀、斜线下刀和螺旋下刀 3 种下刀方式。

垂直下刀为默认的下刀方式，刀具从零件上方垂直下刀，需要选用键槽刀，下刀时速度要慢。

粗加工后，为了保证尺寸和表面光洁度，还需进行精加工。

6.4 典型实例三——加工棘轮零件

如图所示的棘轮零件是将圆周运动转化为间歇运动的关键部件，可以通过挖槽加工、面铣削加工以及钻孔加工联合制造而成。而其中的挖槽刀具路径一般是针对封闭图形的，主要用于切削沟槽形状或切除封闭外形所包围的材料。

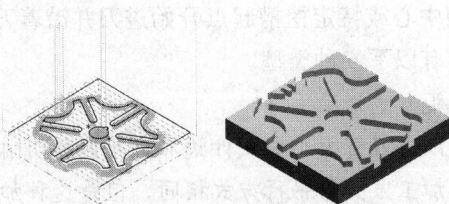

图 6-70　棘轮

6.4.1　刀具路径分析

一、涉及的应用工具

（1）设置毛坯。

（2）选择挖槽加工并设置平底刀刀具的主要参数。

（3）通过挖槽加工的工作参数得到刀具路径。

（4）通过模拟加工获得 NC 程序。

二、操作步骤概况

操作步骤概况，如图 6-71 所示。

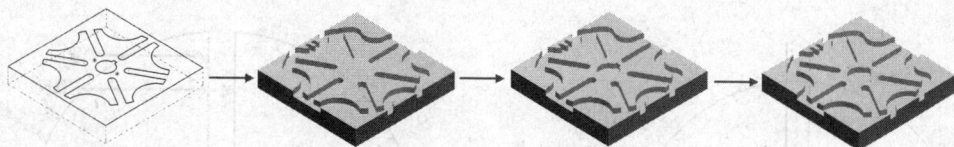

图 6-71　操作步骤

6.4.2　加工棘轮零件

1. 设置绘图环境。

（1）单击工具栏中的🔘按钮，设置俯视图为当前视图，并单击🔘按钮，设置视角模式为俯视角。

（2）在辅助工具栏中设置系统颜色为黑色，单击▭▾选项，设置线宽为第 2 条实线。

2. 绘制圆。

（1）单击工具栏中的🔘按钮，启动绘制圆工具。

（2）绘制圆心均为原点，半径值分别为 5、11、30 的圆，单击✔️按钮确定，结果如图 6-72 所示。

（3）以相同的方法绘制圆心坐标为（0,11,0）、半径值为 2 的圆，结果如图 6-73 所示。

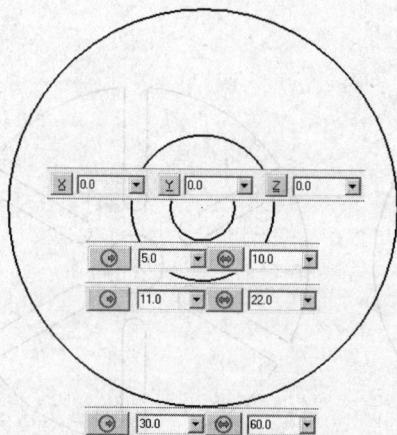

图 6-72　绘制圆

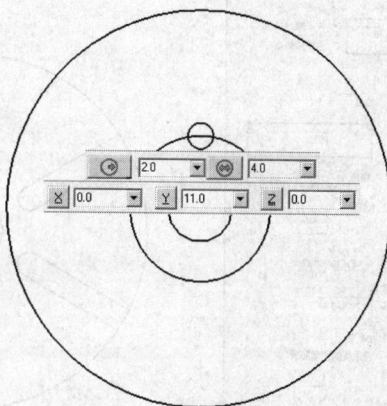

图 6-73　绘制圆

3. 绘制任意线。

（1）单击工具栏中的◥按钮，然后单击▱按钮，启动绘制任意切线工具，绘制如图 6-74 所示的线段。

（2）单击▱按钮，然后单击状态栏中的▦按钮，启动修剪图形工具，修剪如图 6-74 所示的图形，并删除多余图形，结果如图 6-75 所示。

要点提示 绘制如图 6-74 所示的线段时，只要满足一端点与小圆相切，另一端点在大圆之外即可，其具体的长度不作要求，为以后的图形编辑作准备。

4. 创建图形旋转特征。

（1）执行【转换】/【旋转】命令，然后选取图 6-75 所示的线段 1、线段 2 和圆弧 1，按 Enter 键确定。

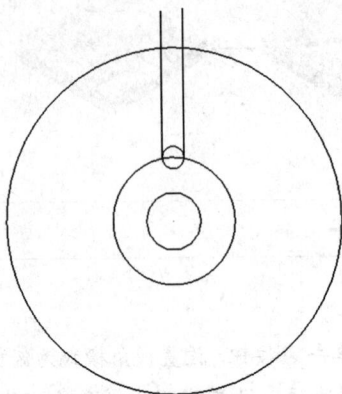

图 6-74　绘制任意线

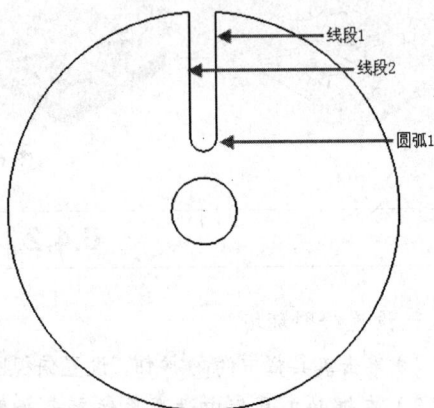

图 6-75　修剪图形

（2）按照图 6-76 所示设置旋转特征参数，单击 ✓ 按钮确定，然后单击工具栏中的 ⊞ 按钮，消除图形颜色，结果如图 6-77 所示。

（3）单击 ✂ 按钮，修剪如图 6-77 所示的图形，结果如图 6-78 所示。

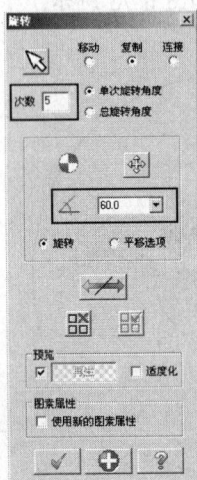

图 6-76　【旋转】对话框

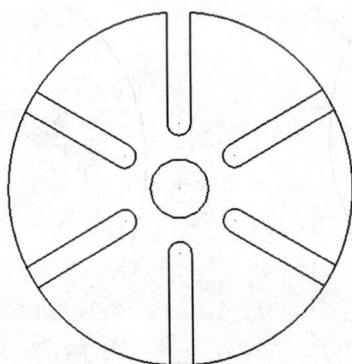

图 6-77　图形旋转特征

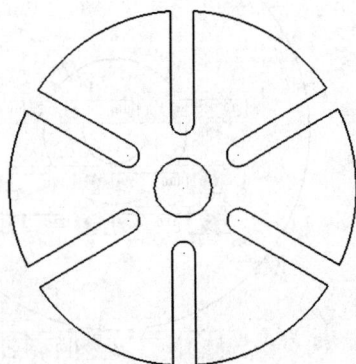

图 6-78　修剪后的图形

5．绘制圆弧。

（1）单击 ＼ 按钮，绘制起始点坐标为原点，指定长度为 33.5，角度为 60° 的线段，结果如图 6-79 所示。

（2）单击 ⊙ 按钮，绘制以图 6-79 所示线段的终点为圆心，半径值为 11 的圆，结果如图 6-80 所示。

（3）单击 ✂ 按钮，修剪图 6-80 所示的图形，结果如图 6-81 所示。

6．创建图形旋转特征。

（1）执行【转换】/【旋转】命令，然后选取如图 6-81 所示的圆弧，按 Enter 键确定。

（2）按照图 6-82 所示设置旋转特征参数，单击 ✓ 按钮确定，然后单击工具栏中的 ⊞ 按钮，消除图形颜色，结果如图 6-83 所示。

（3）单击 ✂ 按钮，修剪如图 6-83 所示的图形，结果如图 6-84 所示。

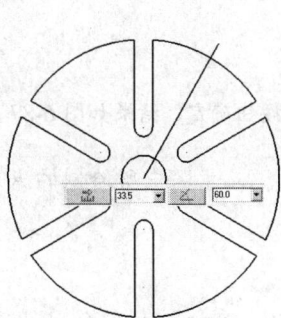

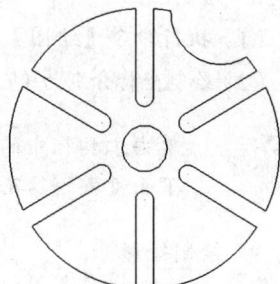

图 6-79　绘制任意线　　　　　图 6-80　绘制圆　　　　　图 6-81　修剪后的图形

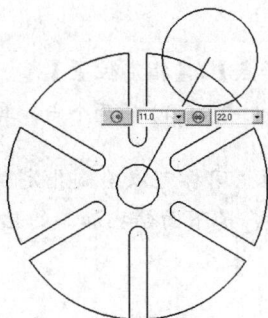

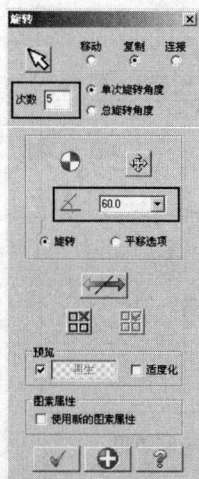

图 6-82　【旋转】对话框　　　图 6-83　图形旋转特征　　　图 6-84　修剪后的图形

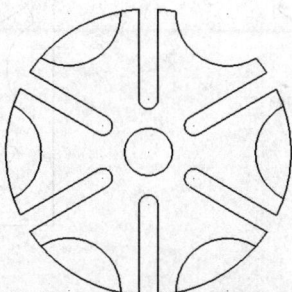

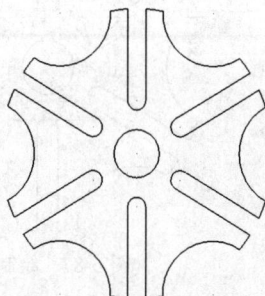

要点提示　单击 按钮修剪图形时，只需选取两图形夹持的部分，便可以将图形中间的部分删除，方便而又快捷。

7.　绘制矩形。

（1）单击 按钮，然后单击工具栏中的 按钮，启动以中心点为基准绘制矩形。

（2）输入中心点坐标为（0,5,0），宽度和高度分别为 2 和 2.5，单击 按钮确定，结果如图 6-85 所示。

（3）单击 按钮，修剪如图 6-85 所示的图形，结果如图 6-86 所示。

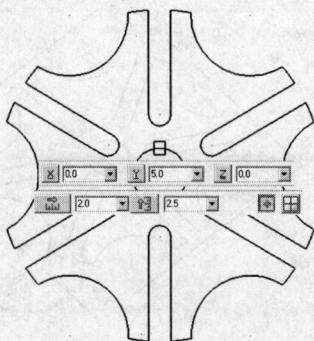

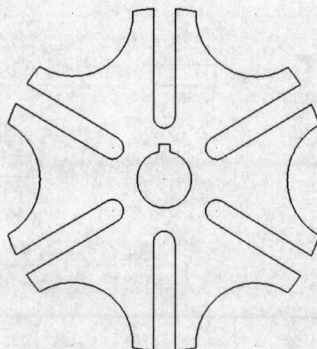

图 6-85　绘制矩形　　　　　　　　　　　　　图 6-86　修剪后的图形

8. 绘制点。

（1）执行命令【绘图】/【选择点】/【指定位置】。

（2）绘制坐标分别为（7.5,0,0）、（-7.5,0,0）的两个点，单击 ✓ 按钮确定，结果如图 6-87 所示。

> 要点提示 单击工具栏中的 ⊞ 按钮，同样可以绘制指定位置的点。此步骤中所绘制的点是为下面步骤的钻孔作准备，是下面钻孔加工的钻孔位置。

9. 绘制矩形。

（1）单击 ⊞ 按钮，然后单击工具栏中的 ⊞ 按钮，启动以中心点为基准绘制矩形。

（2）输入中心点坐标为（0,0,0），宽度和高度分别 65 和 65，单击 ✓ 按钮确定，结果如图 6-88 所示。

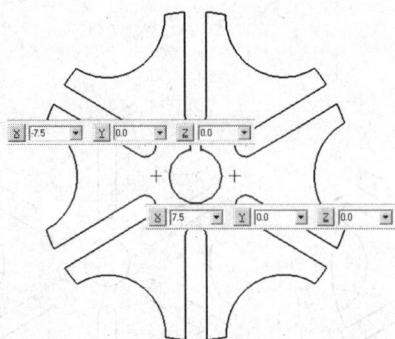

图 6-87　绘制点

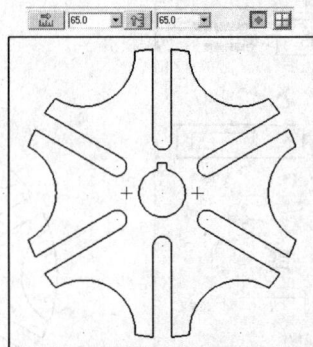

图 6-88　绘制矩形

10. 设置毛坯。

（1）执行【机床类型】/【铣削系统】/【默认】命令，在操作管理器中单击【属性-Generic Mill】选项组，然后单击【材料设置】选项，系统弹出【机器群组属性】对话框。

（2）按照图 6-89 所示设置材料参数，单击 ✓ 按钮确定，结果如图 6-90 所示。

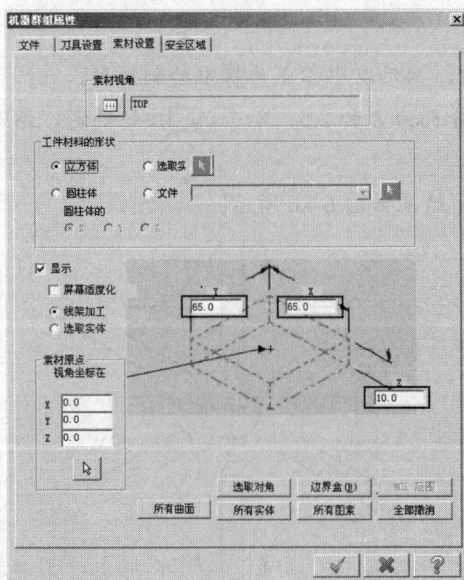

图 6-89　【机器群组属性】对话框

图 6-90　设置毛坯

11. 设置刀具。

（1）执行【刀具路径】/【刀具管理器】命令，系统弹出【刀具管理】对话框。

（2）在【刀具管理】对话框中依次选取以下刀具，结果如图 6-91 所示，然后单击 ✓ 按钮确定。

- 1 号刀具：直径为 4mm 的面铣刀。
- 2 号刀具：直径为 1mm 的平底刀。
- 3 号刀具：直径为 2mm 的平底刀。
- 4 号刀具：直径为 0.75mm 的点钻。

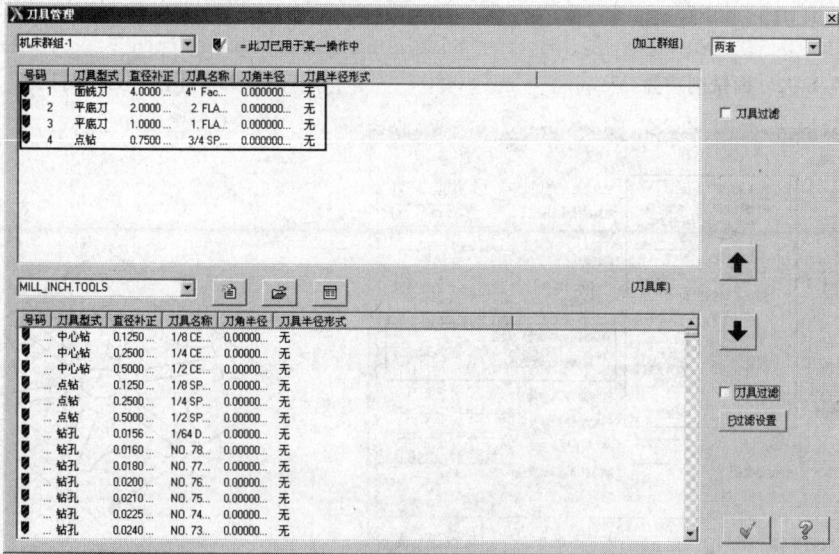

图 6-91 【刀具管理】对话框

> **要点提示**
>
> 在【刀具管理】对话框中选取刀具时，双击刀具库中被选中的刀具即可将其移动到自己的刀具库中，然后在自己的刀具库中单击鼠标右键，在弹出的快捷菜单中选择【编辑刀具】命令，在弹出的【定义刀具】对话框中编辑刀具。

12. 创建面铣削加工特征。

（1）执行【刀具路径】/【面铣】命令，系统弹出【输入新 NC 名称】对话框，单击 ✓ 按钮确定。

（2）选取图 6-92 所示的矩形边界作为面铣削的边界，单击 ✓ 按钮确定，系统弹出【面铣刀】对话框。

（3）选择 1 号（面铣刀）刀具作为面铣削刀具，然后按照图 6-93 所示设置刀具参数。

（4）单击【平面加工参数】选项卡，按照图 6-94 所示设置参考高度、深度等平面加工参数。

（5）单击 ✓ 按钮确定，系统产生如图 6-95 所示的面铣削加工刀具路径。

> **要点提示**
>
> 面铣削加工的切削方式分为顺铣、逆铣、双向和一刀式 4 种。铣刀和工件接触部分的旋转方向与工件的进给方向相同为顺铣，反之为逆铣。相对逆铣而言，顺铣能产生较为光滑的加工表面。

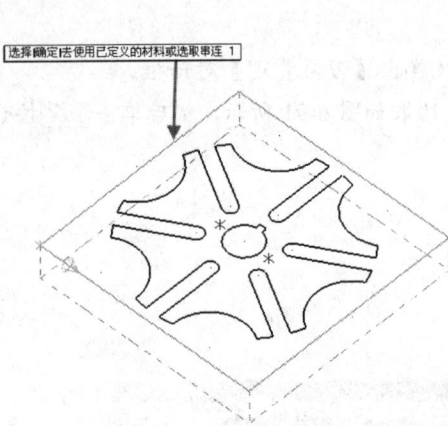

图 6-92　面铣削边界

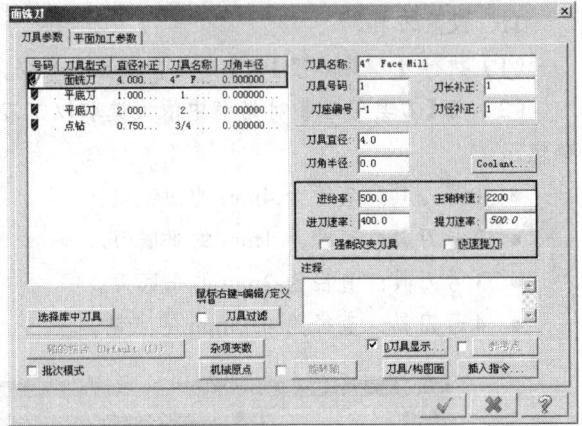

图 6-93　【面铣刀】对话框

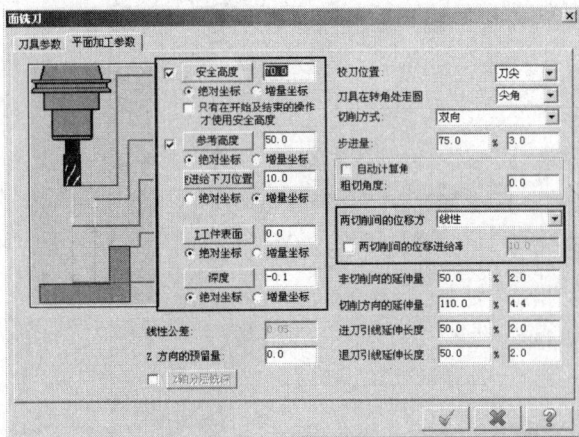

图 6-94　【平面加工参数】选项卡

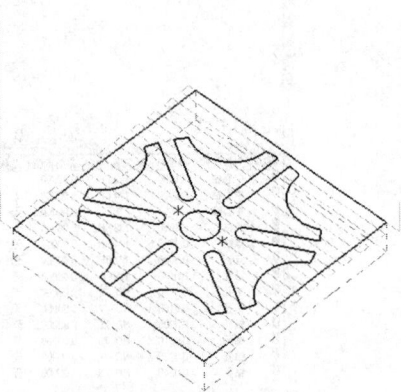

图 6-95　面铣削刀具路径

13. 创建外形铣削加工特征。

（1）执行【刀具路径】/【外形铣削】命令，系统弹出【转换参数】对话框。

（2）选取图 6-96 所示的边界作为外形铣削边界，单击 ✓ 按钮确定，系统弹出【外形（2D）】对话框。

（3）选择 2 号（2mm 平底刀）刀具作为外形铣削刀具，按照图 6-97 所示设置刀具参数。

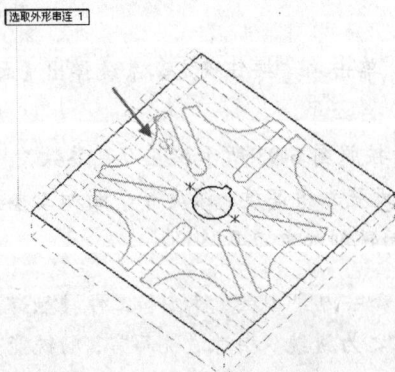

图 6-96　外形铣削边界

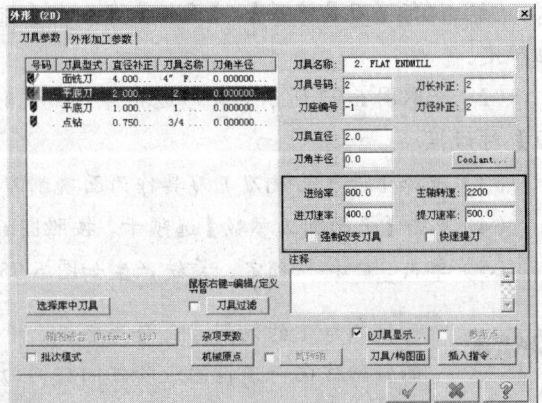

图 6-97　【外形（2D）】对话框

（4）单击【外形加工参数】选项卡，按照图 6-98 所示设置外形加工参数。

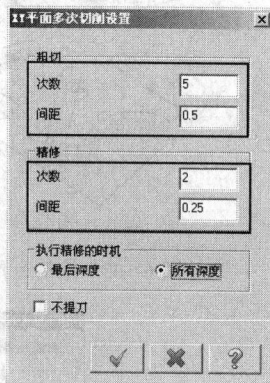

（5）单击 平面多次铣削 按钮，在图 6-99 所示的【XY 平面多次切削设置】对话框中设置平面多次铣削参数，单击 ✓ 按钮确定。

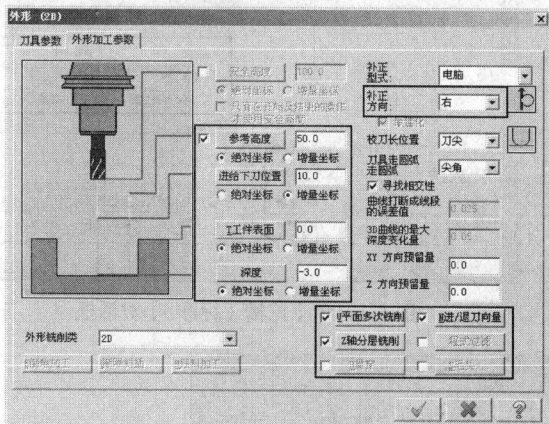

图 6-98　【外形加工参数】选项卡　　　　图 6-99　【XY 平面多次切削设置】对话框

（6）单击 Z轴分层铣削 按钮，在如图 6-100 所示的【深度分层切削设置】对话框中设置分层铣削参数，单击 ✓ 按钮确定。

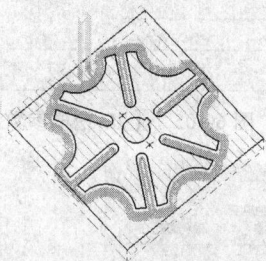

（7）在【外形（2D）】对话框中单击 ✓ 按钮，系统产生如图 6-101 所示的外形铣削加工刀具路径。

（8）单击操作管理器中的 ✎ 按钮进行实体切削验证，结果如图 6-102 所示。

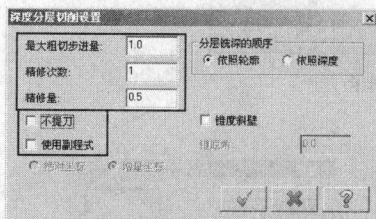

图 6-100　【深度分层切削设置】对话框　　图 6-101　外形铣削刀具路径　　　图 6-102　模拟加工

14．创建挖槽加工特征。

（1）执行【刀具路径】/【挖槽】命令，系统弹出【转换参数】对话框。

（2）选取如图 6-103 所示的边界作为挖槽外形，单击 ✓ 按钮确定，系统弹出【挖槽（标准）】对话框。

（3）选择 3 号（1mm 平底刀）刀具作为挖槽加工的刀具，按照图 6-104 所示设置刀具参数。

（4）单击【2D 挖槽参数】选项卡，按照图 6-105 所示设置 2D 挖槽参数，然后单击 Z分层铣深 按钮，按照图 6-106 所示设置分层铣深参数，单击 ✓ 按钮确定。

（5）单击 G铣平面 按钮，按照如图 6-107 所示设置铣削平面参数，单击 ✓ 按钮确定。

> **要点提示**　在【2D 挖槽参数】选项卡中设置挖槽参数，注意应将挖槽加工方式修改为"平面加工"，否则刀具路径将出现漏加工等现象。

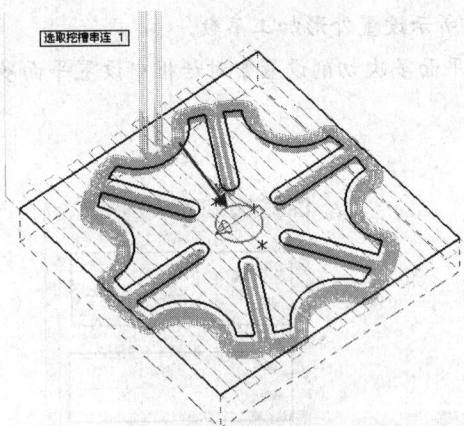

图 6-103　挖槽边界

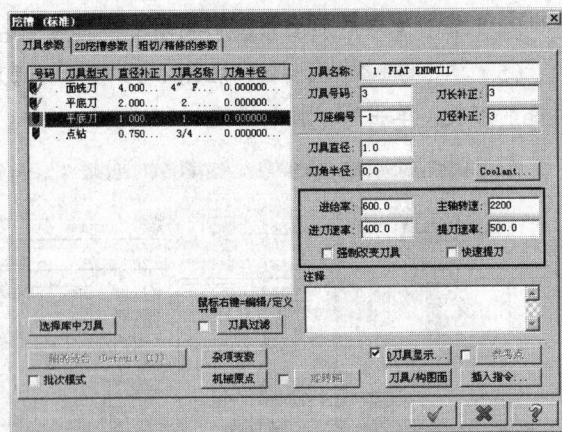

图 6-104　【挖槽（标准）】对话框

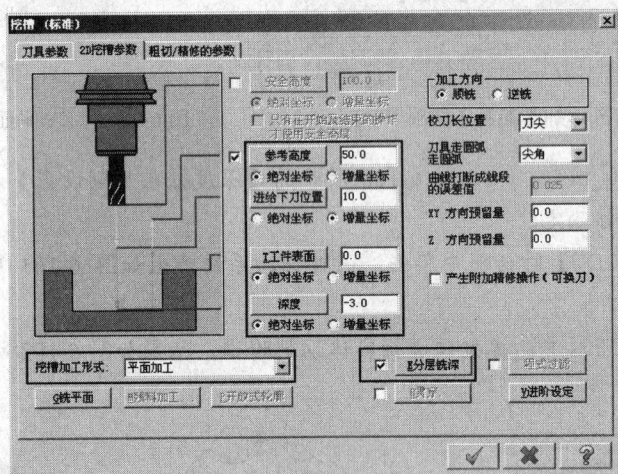

图 6-105　【2D 挖槽参数】选项卡

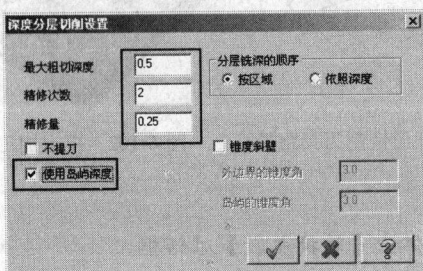

图 6-106　【深度分层切削设置】对话框

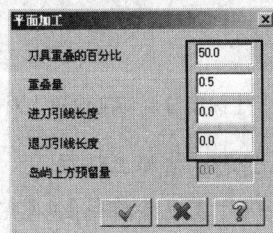

图 6-107　【平面加工】对话框

（6）单击【粗切/精修的参数】选项卡，按照图 6-108 所示设置粗切/精修参数。

（7）单击 ✓ 按钮确定，系统产生挖槽加工刀具路径，进行实体切削验证后，结果如图 6-109 所示。

15．创建钻孔加工特征。

（1）执行【刀具路径】/【钻孔】命令，系统弹出如图 6-110 所示的【选取钻孔的点】对话框。

（2）选取图 6-111 所示的两点作为钻孔的位置，单击 ✓ 按钮确定，系统弹出【Drill/Counterbore】对话框。

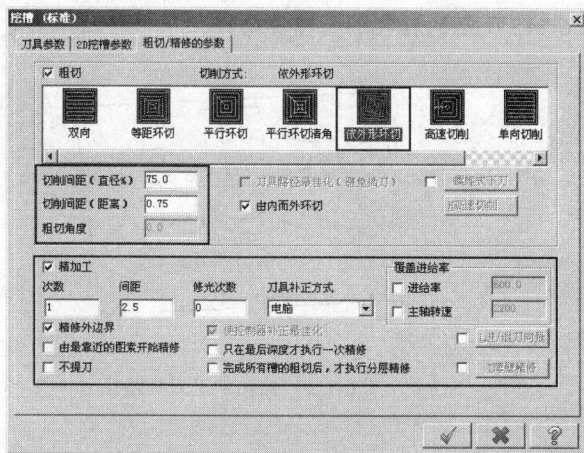

图 6-108 【粗切/精修的参数】选项卡

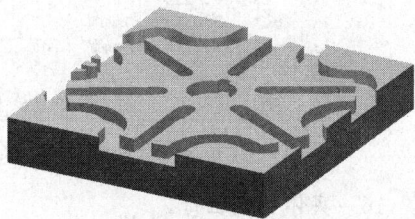

图 6-109 挖槽加工结果

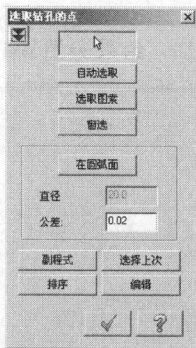

图 6-110 【选取钻孔的点】对话框

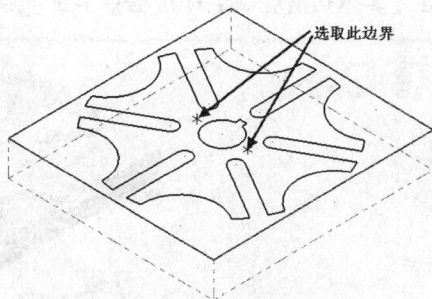

图 6-111 钻孔点

（3）选择 4 号（0.75mm 点钻）刀具作为钻孔加工的刀具，按照图 6-112 所示设置刀具参数。

（4）进入【深孔钻 无啄钻】选项卡，按照图 6-113 所示设置相关参数，然后单击 刀尖补偿...
按钮，按照图 6-114 所示设置钻头尖部补偿参数。

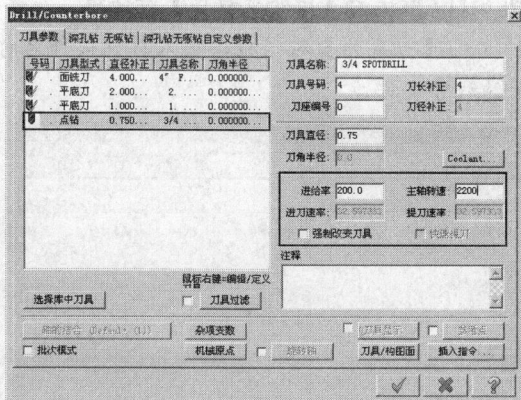

图 6-112 【刀具参数】选项卡

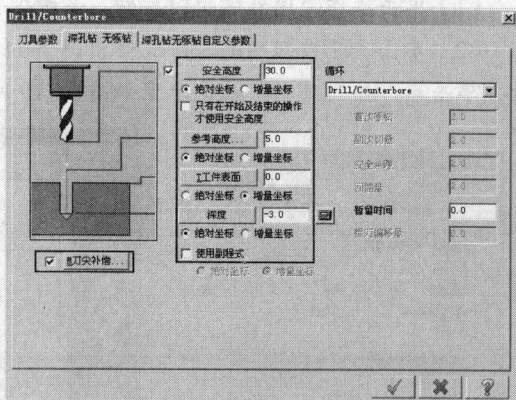

图 6-113 【深孔钻 无啄钻】选项卡

要点提示 一般钻通孔时需要设置 刀尖补偿... ，但是钻盲孔则不需要设置此选项。

（5）单击 ✓ 按钮确定，系统产生如图 6-115 所示的钻孔加工刀具路径。

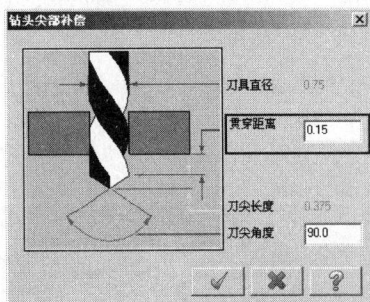

图 6-114 【钻头尖部补偿】对话框

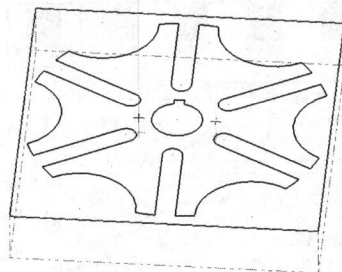

图 6-115 钻孔加工刀具路径

16. 实体切削验证。

（1）单击操作管理器中的 ✓ 按钮，系统自动选取所有的加工操作步骤。

（2）单击 ● 按钮，系统弹出【实体切削验证】对话框。

（3）在【实体切削验证】对话框中单击 ▶ 按钮，进行实体切削验证，结果如图 6-116 所示。

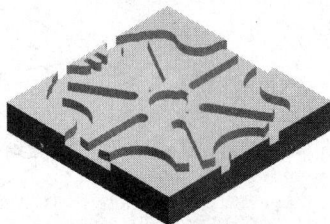

图 6-116 加工模拟

要点提示 实体切削验证步骤对于数控加工编程非常重要，它可以在机床加工前进行检查，提前发现错误，及时纠正。

17. 后处理。

（1）单击操作管理器中的 G1 按钮，系统弹出图 6-117 所示的【后处理程序】对话框。

（2）单击 ✓ 按钮确定，系统弹出图 6-118 所示的【另存为】对话框，输入存储文件名称后，单击 ✓ 按钮确定，系统产生如图 6-119 所示的程序文件。

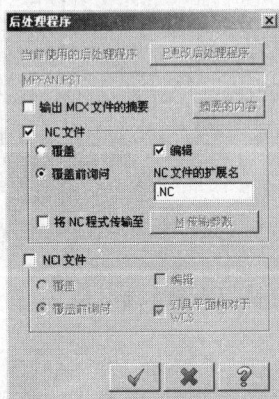

图 6-117 【后处理程序】对话框

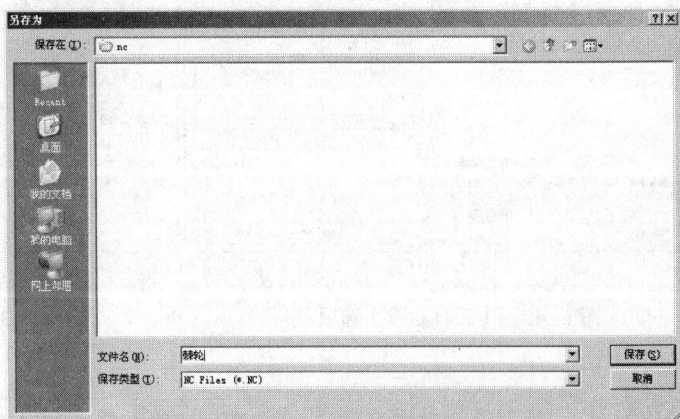

图 6-118 【另存为】对话框

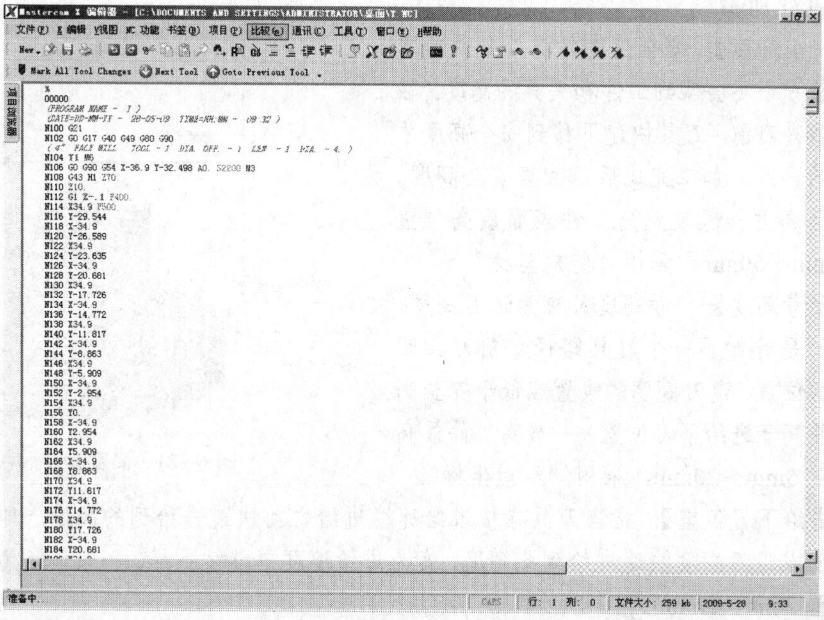

图 6-119　程序文件

6.4.3　相关难点知识讲解——面铣加工参数设置

要得到好的面铣效果，设置好加工参数是关键。平面铣削的参数主要包括安全高度、参考高度、进给下刀位置、工件表面、切削深度、切削方式、刀具移动方式和分层铣削等，如图 6-120所示。

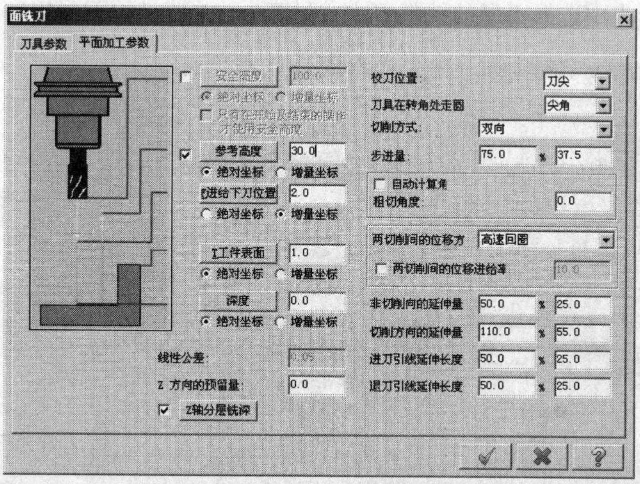

图 6-120　面铣削参数设置

主要参数说明如下。

一、高度参数

平面铣削的高度参数主要包括安全高度、参考高度、进给下刀位置和工件表面等参数，其关系如图 6-121 所示。

- 【安全高度】：安全高度是指刀具快速下移至一个不会碰到工件和夹具的高度。在开始进刀前，刀具快速下移到安全高度才开始进刀，加工完成后退回至安全高度。安全高度一般设置离工件表面最高位置 20mm～50mm，采用"绝对坐标"。

- 【参考高度】：参考高度又称为退刀高度，指的是开始下一个刀具路径之前刀具回退的位置，退刀高度的设置应低于安全高度并高于进给下刀位置，一般离工件最高位置 5mm～20mm，采用"绝对坐标"。

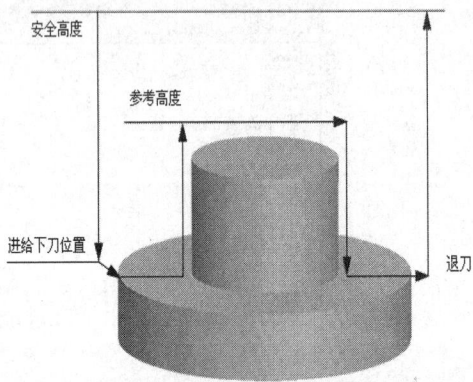

图 6-121　高度参数示意图

- 【进给下刀位置】：指当刀具在按进给速度进给之前快速进给到的高度。即刀具从安全高度或退刀高度快速进给到此高度，变为进给速度再继续下降。一般设定为离工件最高位置 2mm～5mm。

- 【工件表面】：工件表面指的是工件上表面的高度值。

- 【深度】：指最后的加工深度。在实际加工中，总切削量并不一定等于切削深度，因为粗加工、半精加工都需要为后续的精加工留下一定的加工余量，即总切削量等于切削深度减去 Z 向预留量。

二、切削方式

在进行面铣削加工时，可以根据需要选取不同的铣削方式。在【平面加工参数】选项卡的【切削方式】下拉列表中选择不同的铣削方式，如图 6-122 所示。

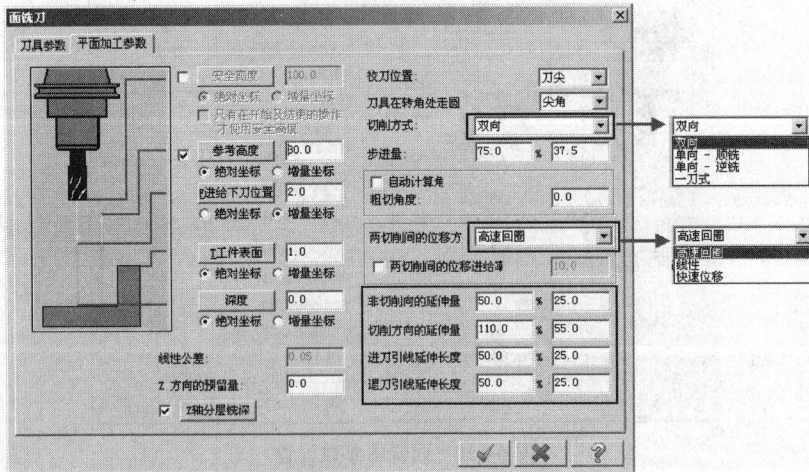

图 6-122　切削方式

- 【双向】：刀具在加工中可以往复走刀，来回均匀切削，如图 6-123（a）所示。
- 【单向-顺铣】：刀具仅沿一个方向走刀，进时切削，回时空走，如图 6-123（b）所示。顺铣是指铣刀和工件接触部分的旋转方向与工件进给方向相反。

- **【单项-逆铣】**：刀具仅沿一个方向走刀，进时切削，回时空走，如图6-123（c）所示。逆铣是指铣刀和工件接触部分的旋转方向与工件进给方向相同。
- **【一刀式】**：仅进行一次铣削，刀具路径的位置为工件的中心位置。采用这种铣削方式时刀具的直径必须大于工件表面的宽度，如图6-123（d）所示。

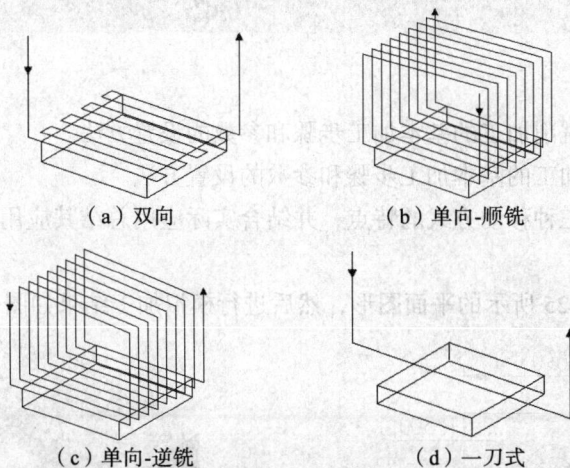

（a）双向 　　　　　　　　　（b）单向-顺铣

（c）单向-逆铣 　　　　　　　（d）一刀式

图6-123　铣削方式

> **要点提示**
>
> 在选择多次走刀铣削，即图6-21（a）、（b）、（c）时，还需要设置两条刀具路径间的距离，即切削间距。

三、刀具移动方式

当选择双向铣削方式时，需要设置刀具在两次铣削间的过渡方式。在【两切削间的位移方式】下拉列表中，系统提供了3种刀具移动的方式。

- **【高速回圈】**：选择该选项时，刀具按圆弧的方式移动到下一次铣削的起点，如图6-124（a）所示。
- **【线性】**：选择该选项时，刀具以直线的方式移动到下一次铣削的起点，如图6-124（b）所示。
- **【快速位移】**：选择该选项时，刀具以直线的方式快速移动到下一次铣削的起点，如图6-124（c）所示。

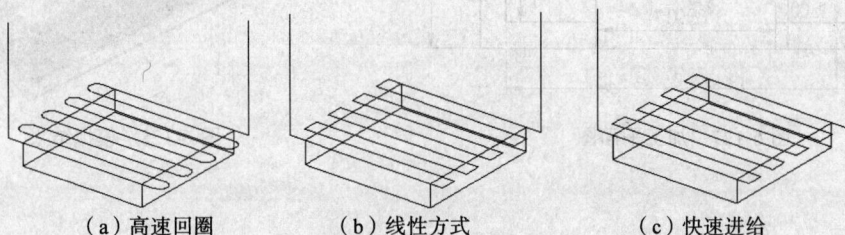

（a）高速回圈 　　　　　（b）线性方式 　　　　　（c）快速进给

图6-124　刀具移动路径

> **要点提示**
>
> 当选择【高速回圈】或【线性】方式过渡时，用户可以指定刀具过渡的速度。当选择【快速进给】方式过渡时，采用系统默认速度。

6.5 习题

一、思考题

1. 简要总结外形铣削加工的基本加工步骤和参数的设置方法。

2. 简要总结挖槽加工的基本加工步骤和参数的设置方法。

3. 简要叙述刀具三种移动方式的特点，并结合实际应用总结其应用范围。

二、操作题

1. 绘制如如图 6-125 所示的平面图形，然后进行模拟加工结果如图 6-126 所示的零件。

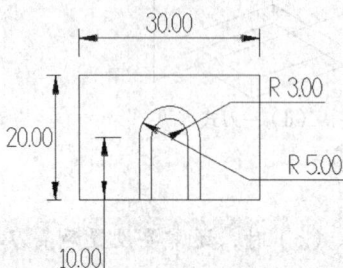

图 6-125　加工平面图

图 6-126　模拟结果

2. 绘制如如图 6-127 所示的平面图形，然后进行模拟加工结果如图 6-128 所示的零件（零件的挖槽、钻孔参数自拟，满足基本要求即可）。

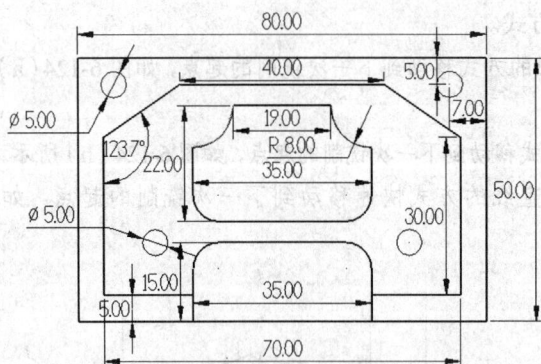

图 6-127　加工平面图

图 6-128　模拟结果

第7章

三维铣削加工

Mastercam X2 的加工部分主要由铣削、车削、线切割和雕刻四大模块组成，并且各个模块本身都包含有完整的设计系统。其中，铣削模块可以用来生成铣削加工刀具路径，并可进行外形铣削、型腔加工、钻孔加工、平面加工、曲面加工以及多轴加工等的模拟。用于加工空间曲面和三维实体表面，是一种效率更高、也更为复杂的加工方法。本章将通过典型实例来介绍三维铣削加工的基本方法和过程。

7.1

相关基础知识

根据机械加工的一般知识可知，零件加工一般遵循粗/精分开的原则，说明如下。

- 粗加工：使用较大的刀具进给量尽可能快地去除零件表面多余的材料，以效率为重。
- 精加工：使用较小的刀具进给量加工出合乎尺寸精度和表面质量要求的零件，以精度和质量为重。
- 对于大型的复杂零件，在二者之间还可以安排半精加工工序。

Mastercam X2 的三维铣削加工包括多重曲面的粗加工、精加工、多轴加工和线架加工。铣削加工系统可用来生成加工曲面、实体及实体表面的刀具路径。而大多数曲面加工都需要通过粗加工与精加工来完成。曲面铣削加工的类型较多，系统提供了 8 种粗加工类型和 11 种精加工类型。

7.1.1 三维铣削粗加工

粗加工的目的是最大限度地切除工件上多余的材料，充分发挥刀具的能力并提高生产率是粗加工的主要目的。粗加工时，通常采用平底铣刀。

设置机床类型为铣削系统后，执行【刀具路径】/【曲面粗加工】命令，即可打开如图 7-1 所示的曲面粗加工的基本方法子菜单。

在三维刀具路径中，8 种曲面粗加工的特点及用途如表 7-1 所示。

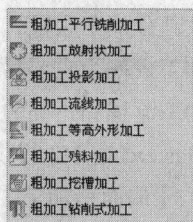

图 7-1　曲面粗加工的基本方法

表 7-1   曲面粗加工的特点及用途

加 工 方 法	刀具路径特点	用 途	示 意 图
平行铣削加工	沿着特定方向产生一系列平行的刀具路径	加工形状比较单一的凸体或凹体	
放射状加工	放射状的加工路径	加工中心对称的回转体工件	
投影加工	将已有刀具路径或几何图形投影到曲面上	在曲面上复制特定的刀具或图案	
流线加工	沿着指定的流线方向生成刀具路径	加工具有流线形状的零件，可选择加工方向	
等高外形加工	沿曲面的外轮廓在高度方向上逐级下降生成刀具路径	加工外形对称的零件	
残料加工	去除由于刀具选择过大或加工方式不合理所产生的残料生成刀具路径	去除工件上前续未加工未切除的残料	
挖槽加工	以挖槽方式生成刀具路径	切除封闭区域内的材料	
钻削式加工	切除位置曲面或凹槽边界处材料生成刀具路径	迅速去除粗加工余量	

对于前 5 种加工方法，需要指定加工的曲面对象。在稍后的实例中，将全面介绍这些粗加工方法以及二维刀具路径在加工中的综合应用。

7.1.2 三维铣削精加工

根据机械加工的一般原理，毛坯材料首先通过粗加工方法切除大部分加工余量，然后选用适当的方法进行精加工。粗加工以加工效率为主要目标，而精加工则重点追求加工质量，合理的加工流程和正确的加工方法是加工质量的重要保障。

Mastercam X2 提供了 11 种曲面精加工方法，执行【刀具路径】/【曲面精加工】命令，即可打开图 7-2 所示的曲面精加工的基本方法子菜单。

精加工的部分加工方法与粗加工方法名称相同，用法相似，

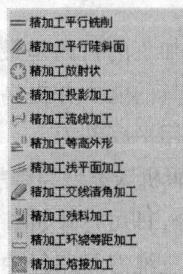

图 7-2 曲面精加工的基本方法

只是具体的参数数量和参数值设置不同，具体情况如下。

- 精加工平行铣削：刀具轨迹与 x 轴方向相同或倾斜一定角度、切痕平行。与粗加工不同的是由于精加工余量小，不存在分层切削问题。
- 精加工平行陡斜面：用于清除粗加工时残留在较陡斜坡上的余量。
- 精加工放射状加工：刀具路径围绕一个旋转中心向外呈放射状发散。
- 精加工投影加工：将刀具路径或几何图形投影到指定表面上生成刀具路径。
- 精加工流线加工：一种沿着曲面的流线方向生成刀具路径的精加工方法。与平行铣削加工相似，但是加工质量更高。
- 精加工等高外形：刀具逐层去除材料，与粗加工中的等高外形加工内容基本一致。
- 精加工浅平面加工：一种加工平坦平面的方法，与陡斜面相对应。
- 精加工交线清角加工：用于清除曲面各交线交角部分加工余量的加工方法。
- 精加工残料加工：清除加工表面因为刀具或加工方法的原因而残留余量的加工方法。
- 精加工环绕等距加工：用于生成环绕曲面且等距的刀具路径。
- 精加工熔接加工：将曲面投影精加工中的两区曲线熔接独立成"熔接加工"。

7.1.3　三维加工的一般过程以及注意事项

一、一般过程

在三维加工中，尽管零件表面形状各异，但是加工步骤具有相似之处。

（1）创建三维曲面或三维实体模型。

（2）选用适当的方法粗加工表面。

（3）选用适当的方法精加工表面。

（4）模拟加工过程，保存相应的文件。

二、注意事项

对于三维加工来说，虽然三维表面比二维表面复杂，但是使用 Mastercam X2 进行三维加工的过程并不比二维加工复杂多少。只要多学多练，善于分析和总结，并把握加工要领，掌握三维加工方法并非难事，要注意以下几点。

（1）在粗加工和精加工过程中，要根据零件或表面的特点依次选择多种加工方法，逐步切除多余的余量。

（2）加工余量较大时，应该使用分层加工的方法。

（3）根据加工表面的特点确定加工过程中的主要参数设置。

7.2

典型实例一——加工扇叶零件

风扇的扇叶是散热设备或者装置中重要的零部件，其外形直接影响风扇产生的空气流动的方向以及效果。特别是小型的散热设备，如电脑设备中的 CPU 风扇、电源风扇以及显卡散热器均是塑料制品，大多是采用模具生产，图 7-3 所示的扇叶就是产生扇叶模具型腔的其中一个步骤。

图 7-3　扇叶

7.2.1　刀具路径规划

一、涉及的应用工具

（1）分析零件结构，确定加工方式，即铣削加工、车削加工或者雕刻加工等，扇叶模型采用铣削系统加工较为合适。

（2）设置毛坯尺寸、加工原点以及材料属性。

（3）在【刀具管理器】中选择或者创建加工过程中所需的刀具，即直径为 20mm 和 10mm 的球刀。

（4）选用直径为 20mm 的球刀创建等高外形粗加工刀具路径，并验证刀具路径的正确性，对毛坯进行首次粗加工。

（5）选用直径为 10mm 的球刀，创建残料粗加工刀具路径，经实体切削验证无误后，完成对毛坯的粗加工操作。

（6）选用直径为 10mm 的球刀，创建环绕等距精加工刀具路径，对模型进行环绕等距精加工，提高模型表面质量。

二、操作步骤概况

操作步骤概况，如图 7-4 所示。

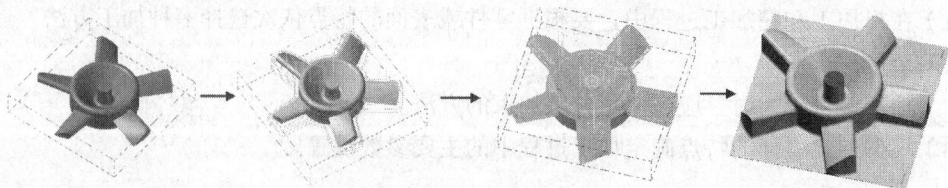

图 7-4　操作步骤

7.2.2　加工扇叶零件

1．进入加工环境。

（1）打开素材文件"第 7 章\素材\风扇.mcx"，得到如图 7-5 所示的图形。

（2）执行【机床类型】/【铣削系统】/【默认】命令，启动通用铣削模块。

2．设置毛坯。

（1）在操作管理器窗口中展开【机床群组 1】下的【属性-Generic Mill】项目，单击【材料设置】选项，打开【机器群组属性】对话框，进入【素材设置】选项卡。

（2）单击 边界盒(B) 按钮，在图 7-6 所示的【边界盒选项】对话框中选择【工件坯】复选项，然后单击 ✓ 按钮确定。

图 7-5　风扇

（3）单击【机器群组属性】对话框中的 ✓ 按钮确定，结果如图 7-7 所示。

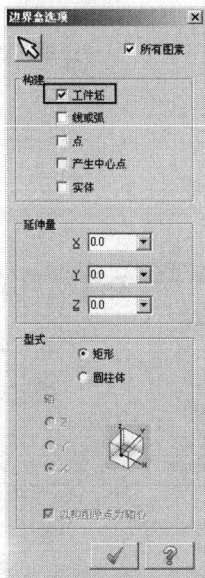

图 7-6　【边界盒选项】对话框

图 7-7　毛坯设置结果

3．创建刀具。

执行【刀具路径】/【刀具管理器】命令，打开【刀具管理】对话框，添加直径分别为 20mm 和 10mm 的球头铣刀作为粗加工以及精加工刀具，结果如图 7-8 所示。

> **要点提示**　在【刀具管理】对话框下部的列表框中选中刀具后，双击将其添加在顶部列表框中。在选取的刀具上单击鼠标右键，在弹出的快捷菜单中选择【编辑刀具】命令，可以修改刀具的直径等参数。

4．创建等高外形粗加工刀具路径。

（1）执行【刀具路径】/【曲面粗加工】/【粗加工等高外形加工】命令，接受如图 7-9 所示的默认的新 NC 名称。

（2）系统提示 选取加工曲面 ，框选风扇所有的叶片和轮毂作为加工曲面，然后按 Enter 键，在如图 7-10 所示的【刀具路径的曲面选取】对话框中单击 ✓ 按钮。

（3）在【曲面粗加工等高外形】对话框中【刀具参数】选项卡中按照图 7-11 所示设置刀具参数，注意此处选中直径为 20mm 的球头铣刀为加工刀具。

（4）单击【曲面加工参数】选项卡，按照如图 7-12 所示设置曲面加工参数。

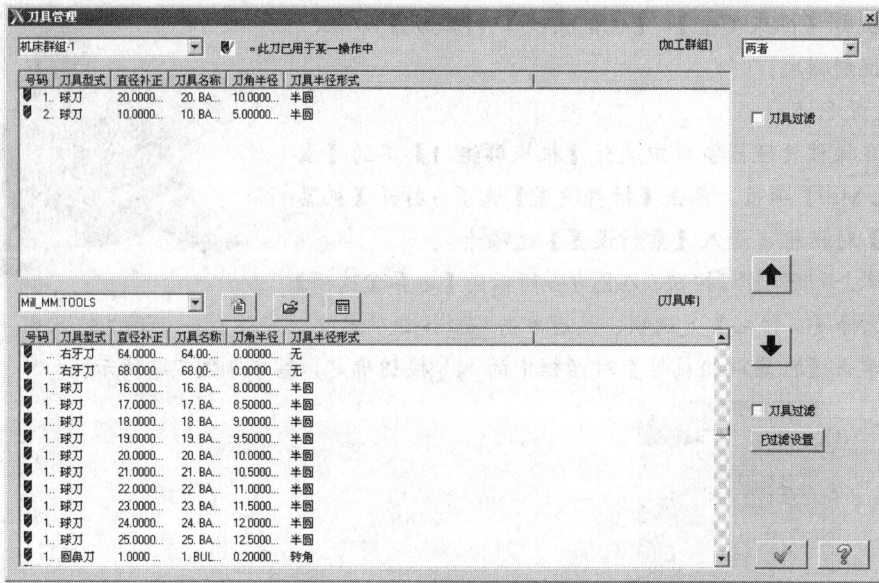

图 7-8　创建刀具

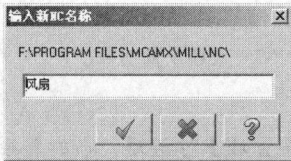

图 7-9　【输入新 NC 名词】对话框

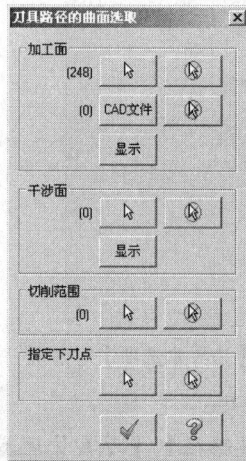

图 7-10　【刀具路径的曲面选取】对话框

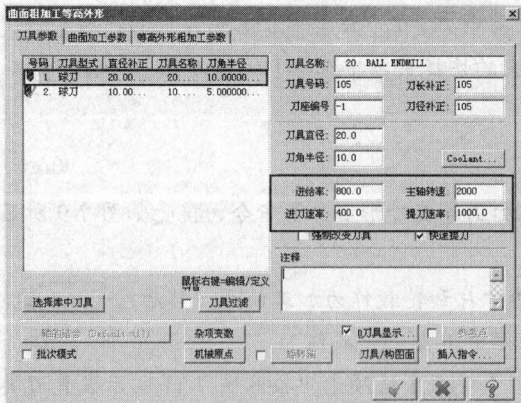

图 7-11　【刀具参数】选项卡

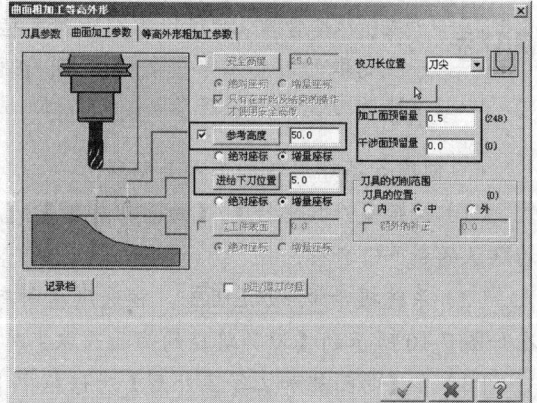

图 7-12　【曲面加工参数】选项卡

（5）在【等高外形粗加工参数】选项卡中，将【z 轴最大进给量】值设置为 10，其余参数采用默认值，如图 7-13 所示。

（6）单击 ✓ 按钮确定，系统自动计算刀具路径，最后创建的粗加工刀具路径如图 7-14 所示。

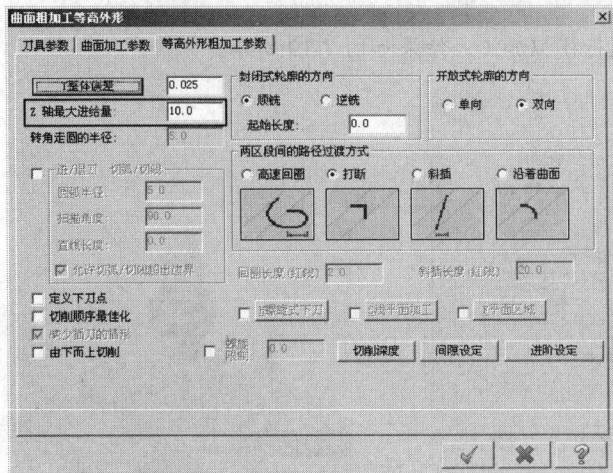

图 7-13 【等高外形粗加工参数】选项卡

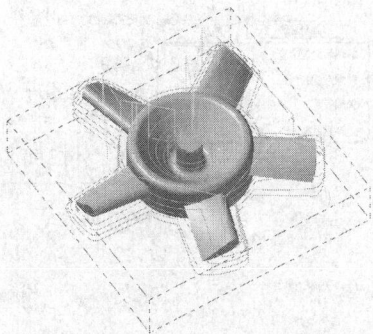

图 7-14 等高外形粗加工刀具路径

5. 模拟加工。

在操作管理器中单击 按钮，在弹出的【实体切削验证】对话框中单击 ▶ 按钮开始模拟加工，结果如图 7-15 所示。

6. 创建残料粗加工刀具路径。

（1）执行【刀具路径】/【曲面粗加工】/【粗加工残料加工】命令，系统提示 选取加工曲面 ，框选全部曲面后按 Enter 键，然后在【刀具路径的曲面选取】对话框中单击 ✓ 按钮。

（2）系统打开【曲面残料粗加工】对话框，在【刀具参数】选项卡中选择直径为 10mm 的球头铣刀，然后按照图 7-16 所示设置刀具参数。

图 7-15 等高外形粗加工

（3）单击【曲面加工参数】选项卡，按照图 7-17 所示设置曲面参数。

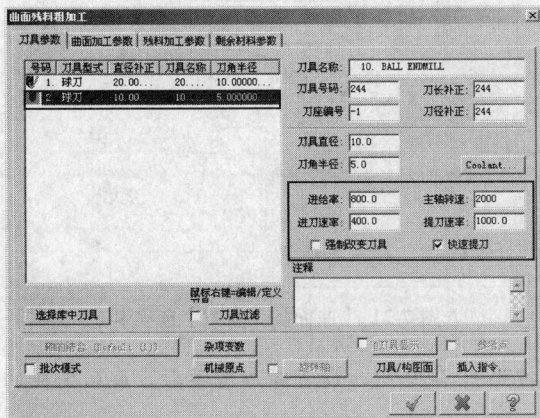

图 7-16 【刀具参数】选项卡

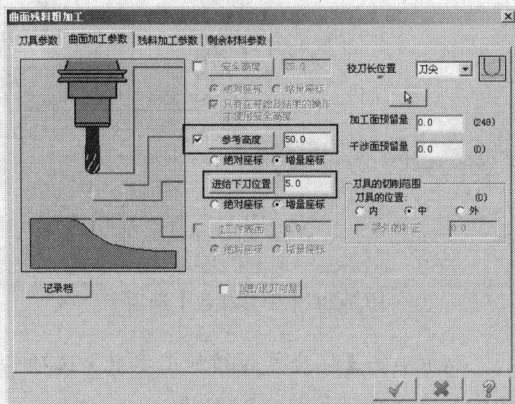

图 7-17 【曲面加工参数】选项卡

（4）单击【残料加工参数】选项卡，将【z 轴最大进给量】选项设置为 5.0，将【切削间距】

选项设置为 5.0，如图 7-18 所示。

（5）在【剩余材料参数】选项卡中使用全部默认数值，单击 ✓ 按钮确定，最后生成的残料加工刀具路径。

（6）在操作管理器中单击 ⊘ 按钮进行模拟加工，结果如图 7-19 所示。

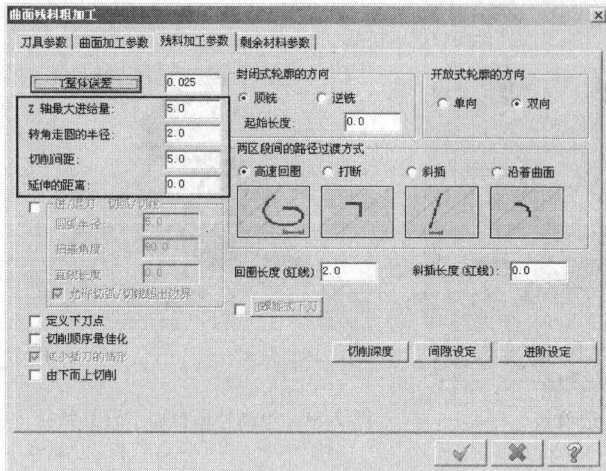

图 7-18 【残料加工参数】选项卡

图 7-19 残料粗加工

7. 创建环绕等距精加工刀具路径

（1）执行【刀具路径】/【曲面精加工】/【环绕等距】命令，系统提示 选取加工曲面 ，框选全部曲面后按 Enter 键，然后在【刀具路径的曲面选取】对话框中单击 ✓ 按钮。

（2）在【刀具参数】选项卡中选择直径为 10mm 的球头铣刀，然后按照图 7-20 所示设置刀具参数。

（3）单击【曲面加工参数】选项卡，按照图 7-21 所示设置曲面加工参数。

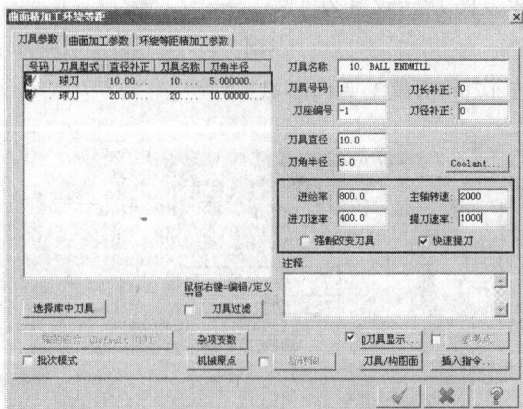

图 7-20 【刀具参数】选项卡

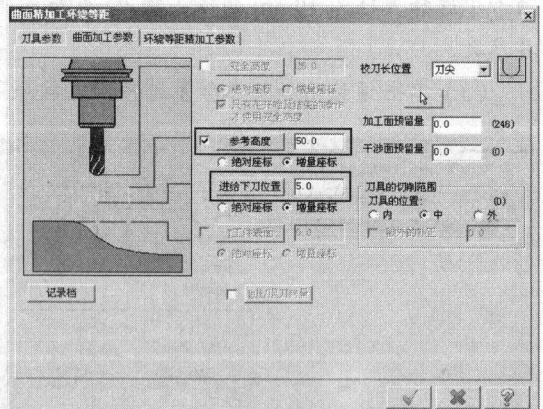

图 7-21 【曲面加工参数】选项卡

（4）单击【环绕等距精加工参数】选项卡，按照图 7-22 所示设置精加工参数，最后生成的精加工刀具路径如图 7-23 所示。

（5）在操作管理器顶部单击 ✓ 按钮，选中全部刀具路径，再单击 ⊘ 按钮，打开【实体切削验证】对话框，调低模拟速度进行加工模拟，最终结果如图 7-24 所示。

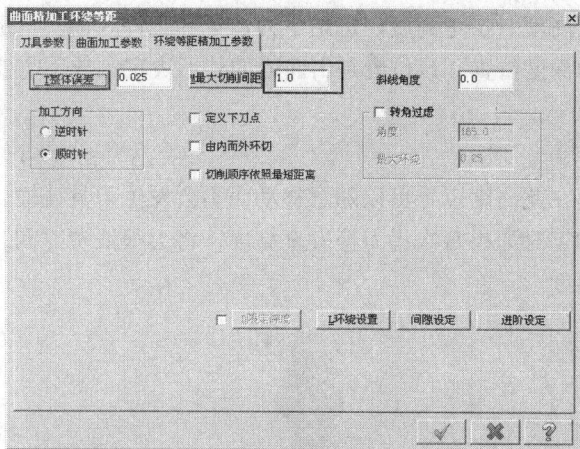

图 7-22 【环绕等距精加工参数】选项卡

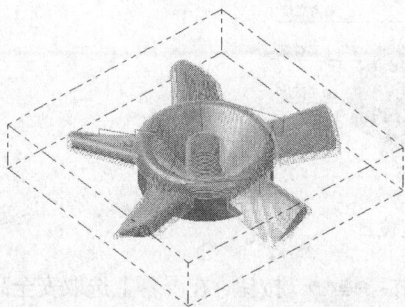

图 7-23 环绕等距精加工刀具路径

图 7-24 环绕等距精加工

7.2.3 相关难点解析——曲面加工参数

Mastercam X2 能对曲面、实体以及 STL 文件产生刀具路径，一般加工采用曲面编程。曲面加工可分为曲面粗加工和曲面精加工。不管是粗加工还是精加工，它们都有一些共同的参数需要设置，即曲面加工参数，且每种加工方法里均含有如图 7-25 所示的【曲面加工参数】选项卡。

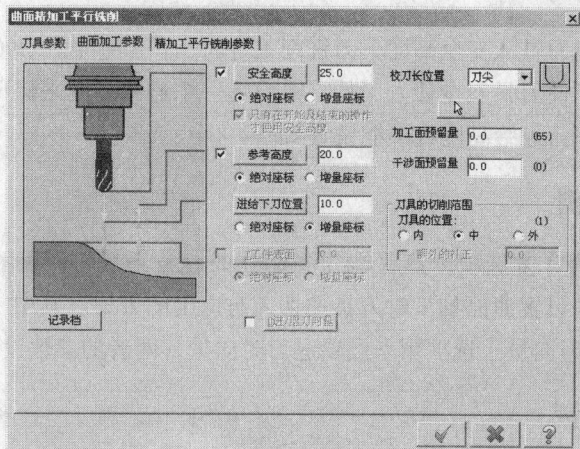

图 7-25 【曲面加工参数】选项卡

主要设置包括安全高度、参考高度、进给下刀位置和工件表面。一般没有深度选项，因为曲面的底部就是加工的深度位置，该位置是由曲面的外形决定，故不需要用户设置。

一、安全高度

安全高度是指刀具在此高度以上可以随意移动而不会发生刀具碰撞，如图 7-26 所示。这个高度一般设置较高，加工时如果每次提刀至安全高度，将会很浪费时间，为此可以仅在开始和结束程序中设置安全高度。

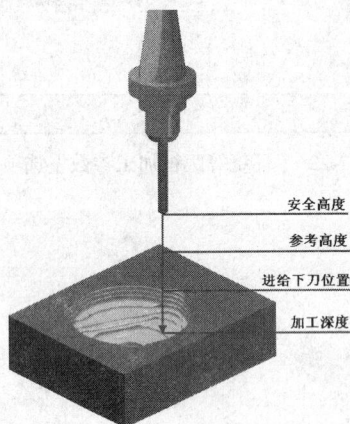

图 7-26 高度位置

可以通过直接输入数值设置安全高度，也可以单击 安全高度 按钮，在屏幕上选取安全高度位置。

二、参考高度

参考高度即退刀高度，是指开始下一个刀具路径之前刀具回退的位置，如图 7-26 所示。退刀高度设置一般照顾两点，一是保证提刀安全，不会发生碰撞，二是为了缩短加工时间，在保证安全的前提下提刀高度不宜设置太高，因此退刀高度的设置应低于安全高度并高于进给下刀位置。

可以通过直接输入数值设置参考高度，也可以单击 参考高度 按钮，在屏幕上选取参考高度位置。

三、进给下刀位置

进给下刀位置是指刀具从安全高度下刀铣削工件时，下刀速度由 G00 速度变为进给速度的平面高度。加工时为了使刀具安全切入工件，需设置一个进给高度来保证刀具安全切入工件，但是为了提高加工效率，进给高度也不能设置太高。

四、进退刀向量

选择【进/退刀向量】复选项，然后单击 进/退刀向量 按钮，系统将弹出图 7-27 所示的【方向】对话框。该对话框用来设置曲面加工时刀具的切入与退出的方式。其中【进刀向量】选项用来设置进刀时向量，【退刀向量】选项用来设置退刀时向量，两者的参数设置完全相同。

五、校刀长位置

在【曲面加工参数】选项卡中单击【校刀长位置】选项，系统将弹出如图 7-28 所示的【校刀长位置】下拉列表。该列表中包括【球心】和【刀尖】两个选项。

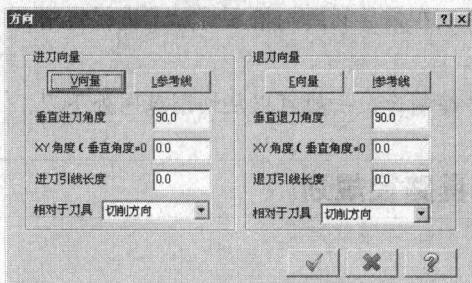

图 7-27 【方向】对话框

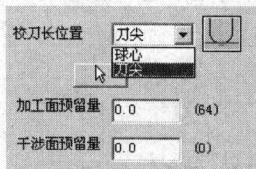

图 7-28 【校刀长位置】下拉列表

- 当选择【刀尖】选项时，产生的刀具路径为刀尖所走的轨迹。
- 当选择【球心】选项时，产生的刀具路径为刀具中心所走的轨迹。

> 要点提示 由于平刀不存在球心，因此这两个选项在使用平刀时是一样的，但在使用球刀时不一样。

六、刀具切削补偿范围

在【曲面加工参数】选项卡的【刀具的切削范围】分组框中选择刀具位置选项前的单选项，如图 7-29 所示。刀具的位置包括 3 种：内、球心、外，其参数含义如下。

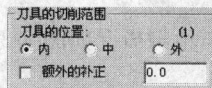

图 7-29 【刀具的切削范围】分组框

- 内：选择该项时刀具在加工区域内侧切削，即切削范围就是选择的加工区域。
- 球心：选择该项时刀具中心走加工区域的边界，切削范围比选择的加工区域多一个刀具半径。
- 外：选择该项时刀具在加工区域外侧切削，切削范围比选择的加工区域多一个刀具直径。

7.3 典型实例二——加工凸模零件

图 7-30 所示的凸模在模具中是非常重要的部件，在机械设计中典型的凸模是与凹模相对应的，一同决定产品的内壁。一般凸模加工在下刀和排屑方面都要优于凹模。凸模一般情况下是凸出来的，用在成型产品的内壁，与凹模在加工上相似但又有一些区别。其加工特点如下。

图 7-30 凸模零件

- 凸模也是模具的成型部分，因而凸模材料也需要较高硬度。
- 对于凸模加工中分型面如果是平面，可以在最后利用挖槽面铣加工进行铣削。
- 在进行选刀时也是先大刀，后小刀。
- 凸模通常是凸出来的，因而在进行程序编制时，一般可以从切削范围外下刀。

7.3.1 刀具路径规划

一、涉及的应用工具

采用挖槽粗加工作为首次开粗，再利用等高外形精加工进行光刀，最后利用浅平面精加工进行光刀。具体的加工顺序规划如下。

（1）用直径 20mm 的圆鼻刀采用挖槽粗加工进行开粗。

（2）用直径 6mm 的球刀采用挖槽粗加工进行二次开粗。

（3）用直径 6mm 的球刀采用等高外形精加工进行半精加工。

（4）用直径 6mm 的球刀采用浅平面精加工进行精修。

（5）用直径 6mm 的平刀采用精加工残料清角加工进行精修分型面。

二、操作步骤概况

操作步骤概况如图 7-31 所示。

图 7-31　操作步骤

7.3.2 加工凸模零件

1. 进入加工环境。

（1）打开素材文件"第 7 章\素材\凸模零件.mcx"，得到如图 7-32 所示的图形。

（2）执行【机床类型】/【铣削系统】/【默认】命令，启动通用铣削模块。

2. 设置毛坯。

（1）在操作管理器中单击【属性-Generic Mill】选项组，在展开的选项中单击【材料设置】选项，系统弹出如图 7-33 所示的【机器群组属性】对话框。

（2）单击【机器群组属性】对话框中的 边界盒 (B) 按钮，系统弹出【边界盒选项】对话框，设置以工件坯构建矩形边界盒，如图 7-34 所示。

（3）单击 ✓ 按钮确定，毛坯设置结果如图 7-35 所示。

3. 创建刀具。

执行【刀具路径】/【刀具管理器】命令，在图 7-36 所示的【刀具管理】对话框中添加以下刀具。

图 7-32 凸模零件

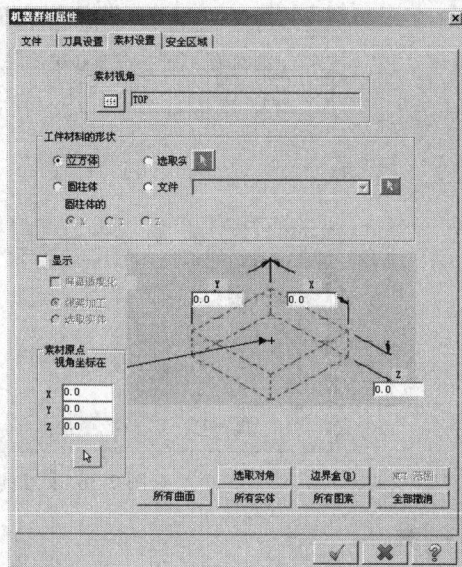

图 7-33 【机器群组属性】对话框

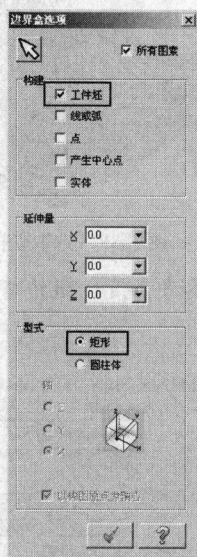

图 7-34 【边界盒选项】对话框

图 7-35 毛坯设置结果

（1）直径为 20mm 的圆鼻刀。

（2）直径为 6mm 的球刀。

（3）直径为 6mm 的平底铣刀。

4．创建粗加工挖槽加工刀具路径 1。

（1）执行【刀具路径】/【曲面粗加工】/【粗加工挖槽加工】命令，框选图 7-37 所示的曲面为挖槽加工面，按 Enter 键确定。

（2）在【刀具路径曲面选取】对话框中单击【切削范围】模块的 ⬚ 按钮，选取图 7-38 所示凸模的矩形边界为切削边界，单击 ✓ 按钮确定。

（3）在【曲面粗加工挖槽】对话框中的【刀具参数】选项卡中选取直径为 20mm 的圆鼻刀，然后设置进给率、主轴转速等刀具参数，如图 7-39 所示。

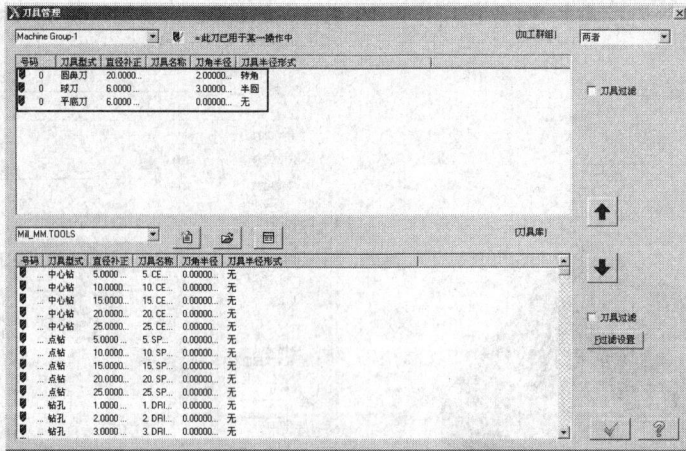

图 7-36 【刀具管理】对话框

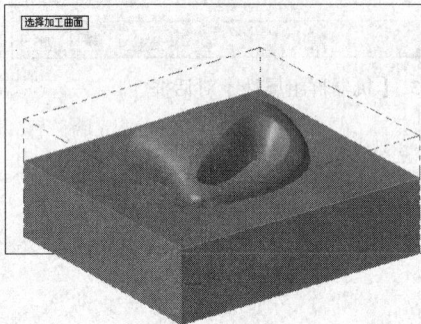

图 7-37 选取加工曲面

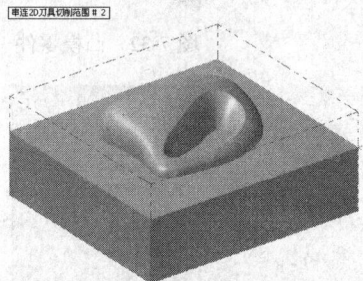

图 7-38 选取切削范围

（4）单击【曲面加工参数】选项卡，设置安全高度、参考高度、进给下刀位置以及加工面预留量等参数，如图 7-40 所示。

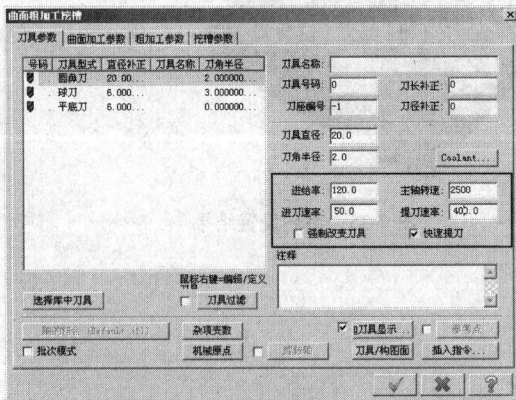

图 7-39 【刀具参数】选项卡

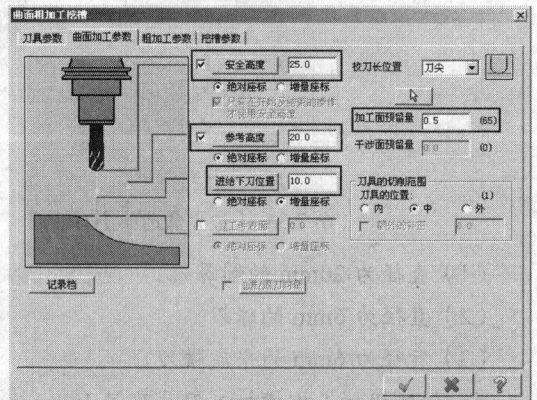

图 7-40 【曲面加工参数】选项卡

（5）单击【粗加工参数】选项卡，设置整体误差及 z 轴最大进给量等参数，如图 7-41 所示。

（6）单击【挖槽参数】选项卡，设置切削方式为平行环绕清角方式，并设置切削间距等参数，如图 7-42 所示。

（7）单击 ✓ 按钮确定，系统按设置的参数自动生成如图 7-43 所示的粗加工挖槽加工刀具路径。

（8）在操作管理器中单击 🖫 按钮进行模拟加工，结果如图 7-44 所示。

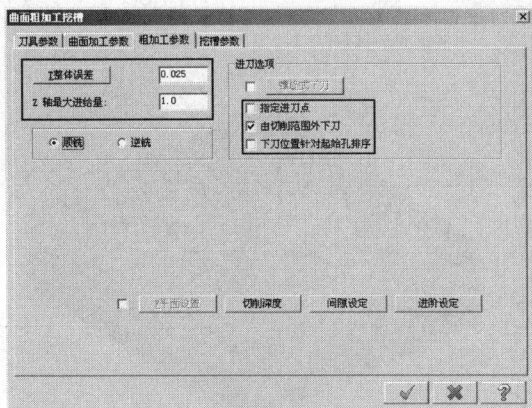

图 7-41 【粗加工参数】选项卡

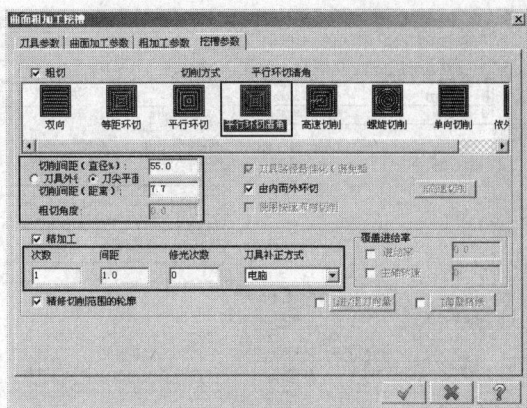

图 7-42 【挖槽参数】选项卡

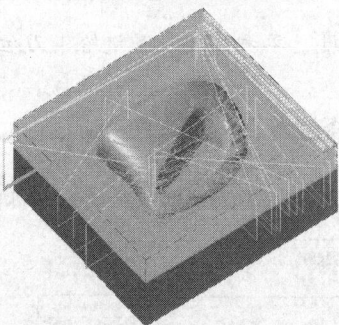

图 7-43 粗加工挖槽加工刀具路径

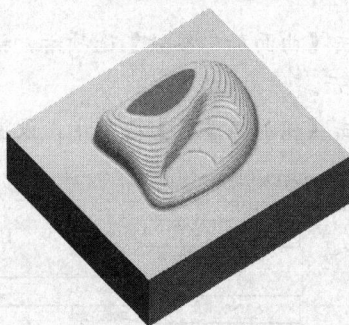

图 7-44 粗加工挖槽加工

5. 创建粗加工挖槽加工刀具路径 2。

（1）在操作管理器中选中粗加工挖槽加工，然后单击鼠标右键，在弹出的菜单中选取【复制】选项，如图 7-45 所示。

（2）在操作管理器的空白处单击鼠标右键，在弹出的菜单中选取【粘贴】选项，如图 7-46 所示。

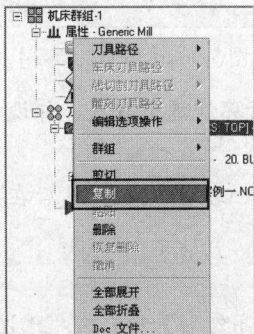

图 7-45 复制刀具路径

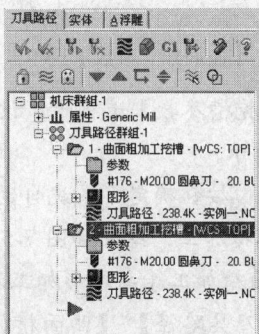

图 7-46 粘贴刀具路径

（3）在操作管理器中单击刚粘贴的曲面粗加工挖槽中的【参数】选项，在弹出的【刀具参数】选项卡中选取直径为 6mm 的球刀，然后设置刀具参数，如图 7-47 所示。

（4）单击【曲面加工参数】选项卡，然后单击 按钮，系统弹出【刀具路径曲面选取】对话框。

（5）在【切削范围】模块中单击 按钮清除以前选取的边界，然后单击 按钮，选取图 7-48 所示的边界为挖槽边界，然后单击 按钮确定。

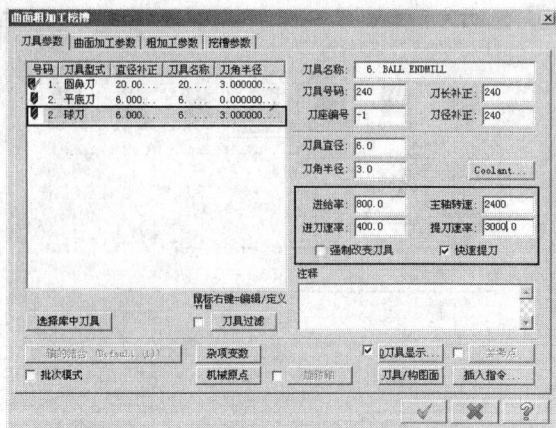

图 7-47 【刀具参数】选项卡

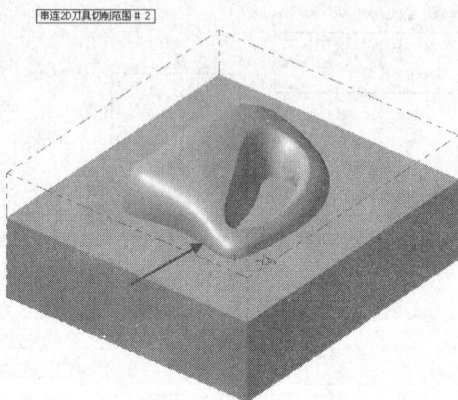

图 7-48 选取切削范围

（6）单击【曲面加工参数】选项卡，设置安全高度、参考高度以及进给下刀位置等参数，如图 7-49 所示。

（7）单击【粗加工参数】选项卡，设置整体误差等参数，如图 7-50 所示。

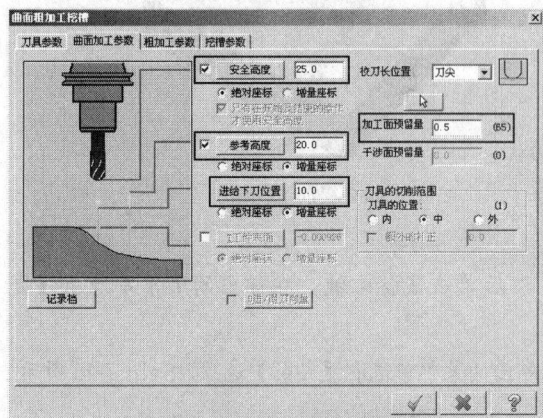

图 7-49 【曲面加工参数】选项卡

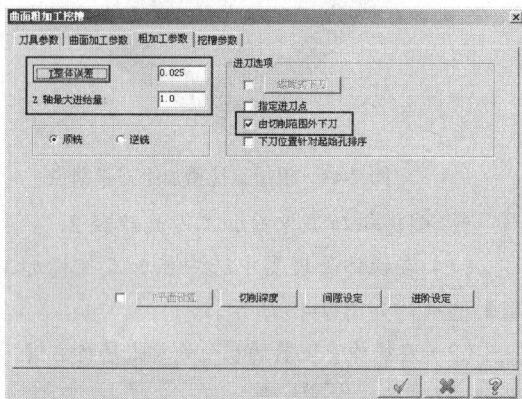

图 7-50 【粗加工参数】选项卡

（8）单击【挖槽参数】选项卡，设置切削方式为平行环绕清角方式，并设置切削间距等参数，如图 7-51 所示。

（9）单击 ✓ 按钮确定，系统自动生成粗加工挖槽加工刀具路径，然后在操作管理器中单击 ❧ 按钮进行模拟加工，结果如图 7-52 所示。

6. 创建曲面精加工等高外形加工刀具路径。

（1）执行【刀具路径】/【曲面精加工】/【精加工等高外形】命令，框选图 7-37 所示的曲面为等高外形加工面，按 Enter 键确定。

（2）在【刀具路径曲面选取】对话框中单击【切削范围】模块的 ⬚ 按钮，选取如图 7-38 所示凸模的矩形边界为切削边界，单击 ✓ 按钮确定。

（3）在【曲面精加工等高外形】对话框中的【刀具参数】选项卡中选取直径为 6mm 的圆鼻刀，然后设置进给率、主轴转速等刀具参数，如图 7-53 所示。

（4）单击【曲面加工参数】选项卡，设置参考高度、进给下刀位置等参数，如图 7-54 所示。

（5）单击【等高外形精加工参数】选项卡，设置整体误差、切削方式等参数，如图 7-55 所示。

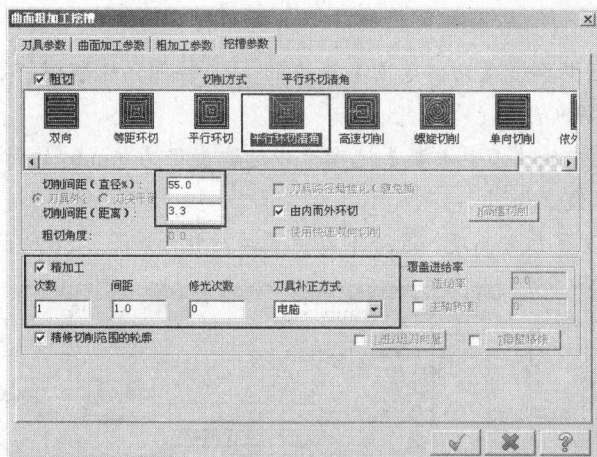

图 7-51 【挖槽参数】选项卡

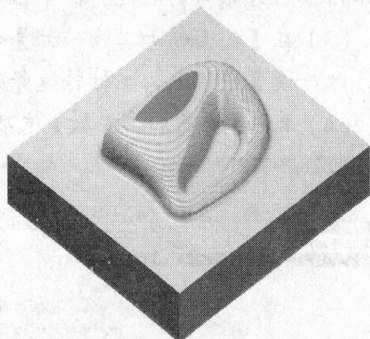

图 7-52 粗加工挖槽加工

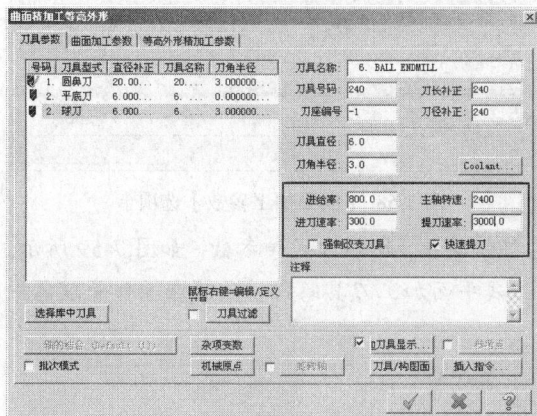

图 7-53 【刀具参数】选项卡

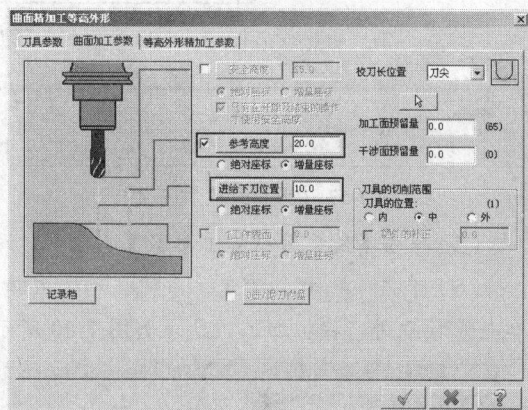

图 7-54 【曲面加工参数】选项卡

（6）单击 ✓ 按钮确定，系统自动生成精加工等高外形加工刀具路径，然后在操作管理器中单击 按钮进行模拟加工，结果如图 7-56 所示。

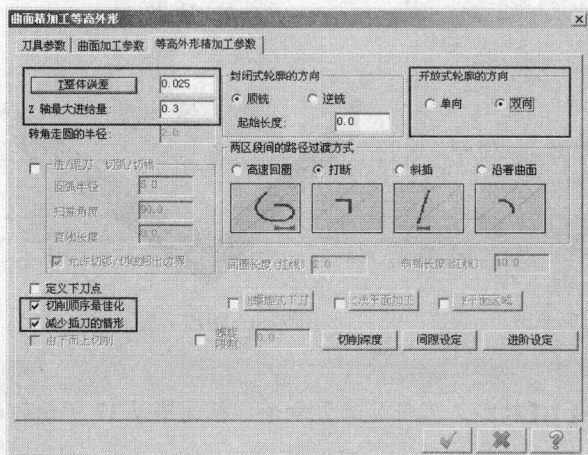

图 7-55 【等高外形精加工参数】选项卡

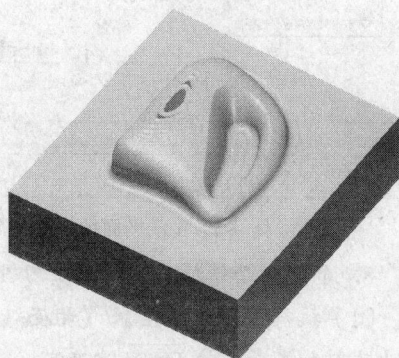

图 7-56 精加工等高外形加工

7. 创建曲面精加工浅平面加工刀具路径。

（1）执行【刀具路径】/【曲面精加工】/【精加工浅平面加工】命令，框选图 7-37 所示的曲面为浅平面加工面，按 Enter 键确定。

（2）在【刀具路径曲面选取】对话框中单击【切削范围】模块的 ⬚ 按钮，选取图 7-38 所示凸模的边界为切削边界，单击 ✓ 按钮确定。

（3）在【曲面精加工浅平面】对话框中的【刀具参数】选项卡中选取直径为 6mm 的圆鼻刀，然后设置进给率、主轴转速等刀具参数，如图 7-57 所示。

（4）单击【曲面加工参数】选项卡，设置参考高度、进给下刀位置等参数，如图 7-58 所示。

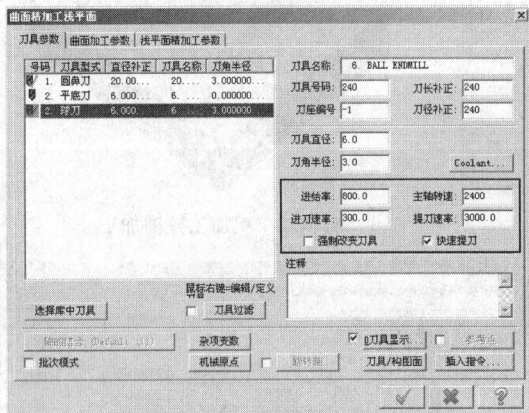

图 7-57 【刀具参数】选项卡

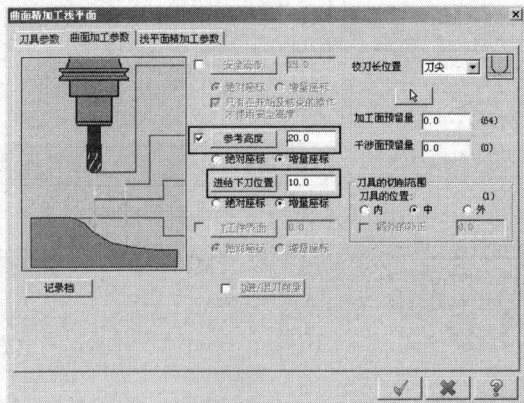

图 7-58 【曲面加工参数】选项卡

（5）单击【浅平面精加工参数】选项卡，设置整体误差、切削方式等参数，如图 7-59 所示。

（6）单击 ✓ 按钮确定，系统自动生成精加工浅平面加工刀具路径，然后在操作管理器中单击 ⬚ 按钮进行模拟加工，结果如图 7-60 所示。

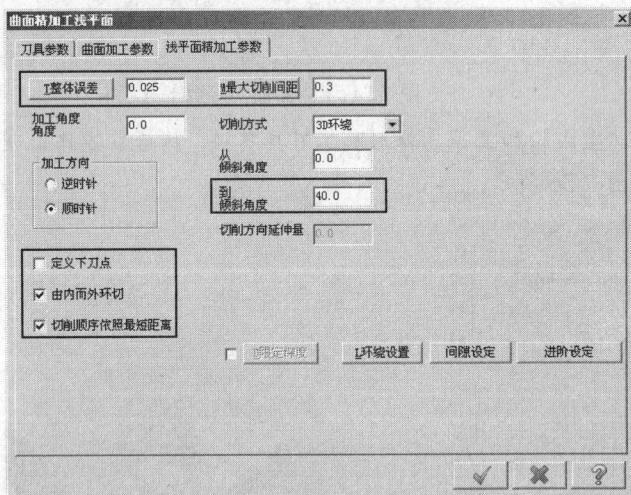

图 7-59 【浅平面精加工参数】选项卡

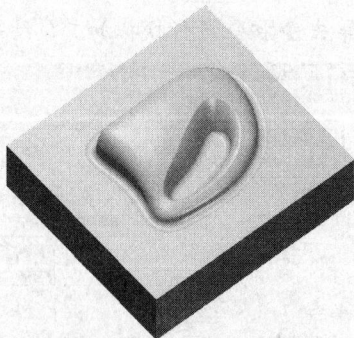

图 7-60 精加工浅平面加工

8. 创建曲面精加工残料加工刀具路径。

（1）执行【刀具路径】/【曲面精加工】/【精加工残料加工】命令，框选图 7-37 所示的曲面为残料加工面，按 Enter 键确定。

（2）在【刀具路径曲面选取】对话框中单击【切削范围】模块的 ⬚ 按钮，选取图 7-38 所示凸模的边界为切削边界，单击 ✓ 按钮确定。

（3）在【曲面精加工残料清角】对话框中的【刀具参数】选项卡中选取直径为 6mm 的平

底刀，然后设置进给率、主轴转速等刀具参数，如图 7-61 所示。

（4）单击【曲面加工参数】选项卡，设置参考高度、进给下刀位置等参数，如图 7-62 所示。

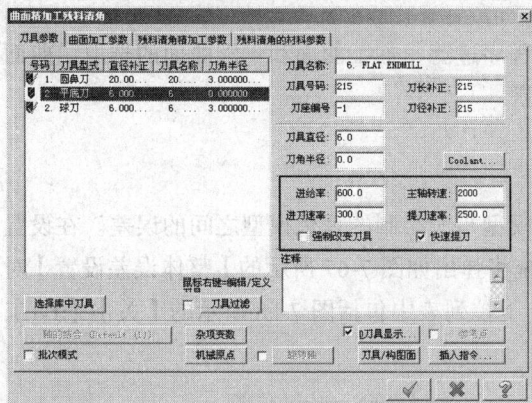

图 7-61 【刀具参数】选项卡

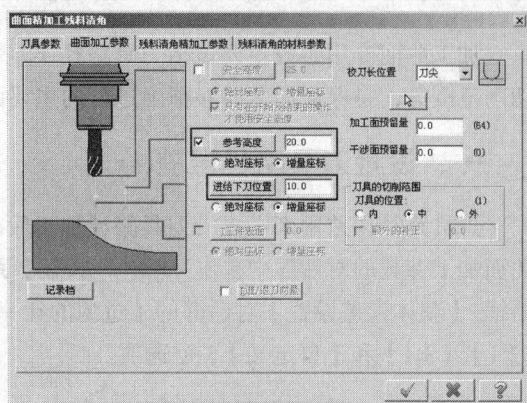

图 7-62 【曲面加工参数】选项卡

（5）单击【残料清角精加工参数】选项卡，设置整体误差、加工角度等参数，如图 7-63 所示。

（6）单击【残料清角的材料参数】选项卡，设置粗铣刀具的刀具直径、重叠距离等参数，如图 7-64 所示。

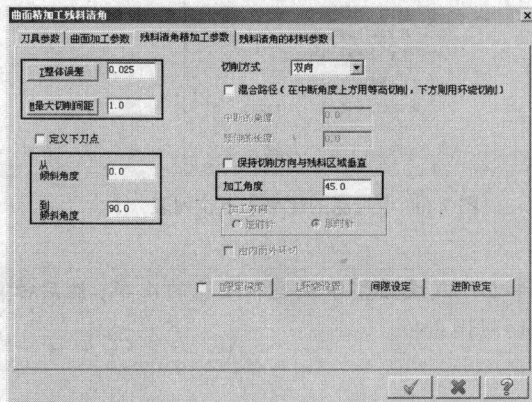

图 7-63 【残料清角精加工参数】选项卡

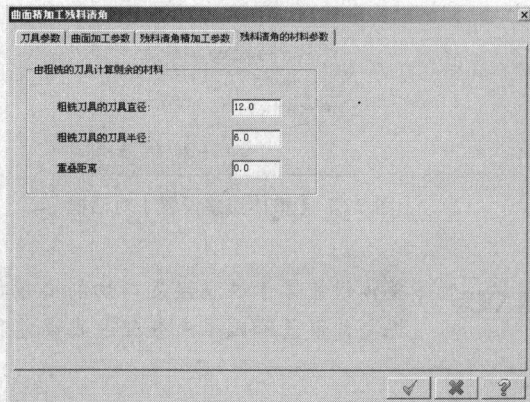

图 7-64 【残料清角的材料参数】选项卡

9. 模型实体切削验证。

（1）单击【曲面精加工残料清角】对话框中的 ✓ 按钮确定，系统自动生成精加工残料加工刀具路径，显示所有刀具路径，结果如图 7-65 所示。

（2）在操作管理器中单击 ✓ 按钮选取所有的加工步骤，然后单击 ⬛ 按钮进行模拟加工，最终结果如图 7-66 所示。

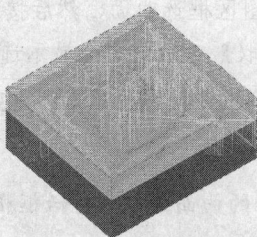

图 7-65 所有刀具路径

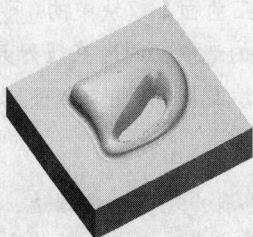

图 7-66 模拟加工

7.3.3　相关难点解析——加工曲面专用参数设置

加工曲面专用参数主要包括刀具路径误差和程序过滤、加工曲面和干涉曲面的选取、曲面切削范围等，是保证加工能够精确进行的主要因素。

一、设置刀具路径误差

刀具路径误差用来设置沿刀具路径加工后的模型与所绘制的理想模型之间的误差。在设置曲面加工参数的对话框中单击 **整体误差** 按钮，系统将弹出如图 7-67 所示的【整体误差设置】对话框。【整体误差设置】对话框的【过滤的比率】下拉列表中包括图 7-68 所示的【关】、【1:1】、【2:1】、【3:1】和【自定义】5 个选项。

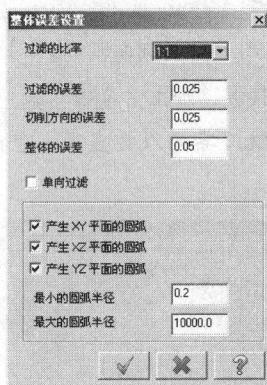

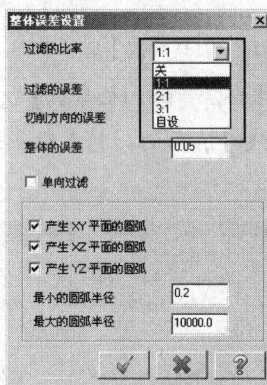

图 7-67　【整体误差设置】对话框　　　图 7-68　【过滤的比率】下拉列表

> **要点提示**　整体误差等于过滤误差与切削误差之和，可以设置整体误差和过滤的比率，然后根据整体误差和比率来分配过滤误差和切削误差值。

二、设置加工曲面和干涉面

加工曲面顾名思义就是需要加工的曲面，干涉面一般是指不需要加工的曲面或在加工过程中有可能过切的面，因此，设置好加工曲面和干涉面对加工来说是非常重要的。

要设置加工曲面和干涉面，只需选择曲面加工命令后，拾取需要加工的曲面，系统将自动弹出如图 7-69 所示的【刀具路径的曲面选取】对话框，单击对应模块的 按钮，即可选取加工曲面、干涉面以及切削范围。

- 单击【加工曲面】模块中的 按钮，可在绘图区框选曲面，然后按 Enter 键即可完成加工曲面的选取，同时在【刀具路径的曲面选取】对话框中会显示选取曲面的数量。
- 单击【干涉面】模块中的 按钮，可在绘图区拾取曲面，然后按 Enter 键即可完成干涉面的选取。

> **要点提示**　倘若选取出现多选或错选，可在【刀具路径的曲面选取】对话框相应模块单击 按钮清除所选内容，再单击 按钮重新选取。

三、设置切削范围

切削范围是指用户需要加工的范围，此范围并不是曲面的边界的范围，有可能超出曲面或者小于曲面。

在如图 7-69 所示的【刀具路径的曲面选取】对话框中的【切削范围】模块中单击 按钮，将弹出如图 7-70 所示的【转换参数】对话框，该对话框用来选择加工边界范围。

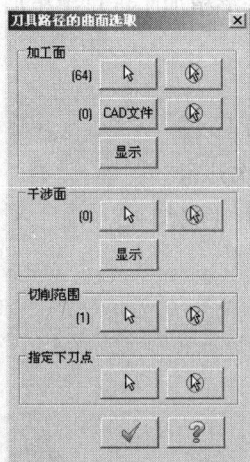

图 7-69 【刀具路径的曲面选取】对话框

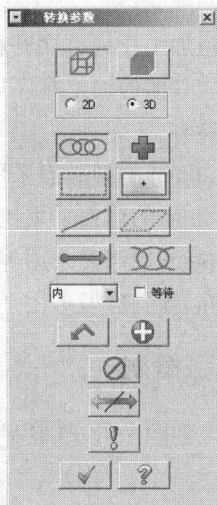

图 7-70 【转换参数】对话框

- 单击 按钮，选取相切串连的图素，即选取封闭图形的一段，即可选取全部。
- 单击 按钮，可以进行部分串连选取。
- 单击 按钮，可以依次选取串连的部分图素。

7.4 典型实例三——加工凹模零件

在模具结构中，图 7-71 所示的凹模是决定塑胶产品外形的关键部件。凹模对应的是产品的外表面形状，其型腔通常向内凹陷。凹模与成型产品外表面相接触，因而在模具加工中的要求相对比其他部件要高，材料也相对较硬，进给量设置不能太大。

图 7-71 凹模零件

7.4.1 刀具路径规划

一、涉及的应用工具

在进行模具凹模的加工时，加工刀具路径一般是先采用挖槽粗加工，然后还要经过多次半精加工或精加工。

此处采用挖槽粗加工作为首次开粗，再利用等高外形精加工进行半精加工，最后使用平行精加工进行精加工。具体的加工顺序规划如下。

（1）设置毛坯参数。

（2）用直径为 20mm 的圆鼻刀采用挖槽粗加工开粗。

（3）用直径为 6mm 的球刀采用挖槽粗加工进行二次开粗。

（4）用直径为 6mm 的球刀采用等高外形精加工进行半精加工。

（5）用直径为 6mm 的球刀采用平行精加工进行精修。

二、操作步骤概况

操作步骤概况，如图 7-72 所示。

图 7-72　操作步骤

7.4.2 加工凹模零件

1. 进入加工环境。

（1）打开素材文件"第 7 章\素材\凹模零件.mcx"，得到如图 7-73 所示的图形。

（2）执行【机床类型】/【铣削系统】/【默认】命令，启动通用铣削模块。

2. 设置毛坯。

（1）在操作管理器中单击【属性-Generic Mill】选项组，在展开的选项中单击【材料设置】选项。

（2）在如图 7-74 所示【机器群组属性】对话框中单击 边界盒⑧ 按钮，系统弹出【边界盒选项】对话框，设置以工件坯构建矩形边界盒，如图 7-75 所示。

（3）单击 ✔ 按钮确定，毛坯设置结果如图 7-76 所示。

3. 创建刀具

执行【刀具路径】/【刀具管理器】命令，在图 7-77 所示的【刀具管理】对话框中添加以下刀具。

（1）直径为 20mm、倒角半径为 2mm 的圆鼻刀。

（2）直径为 6mm 的球刀。

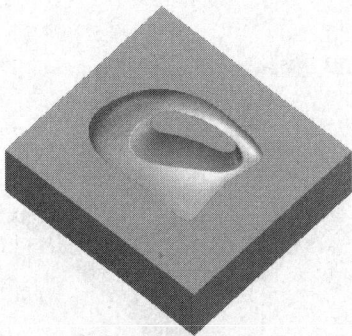

图 7-73　凹模零件

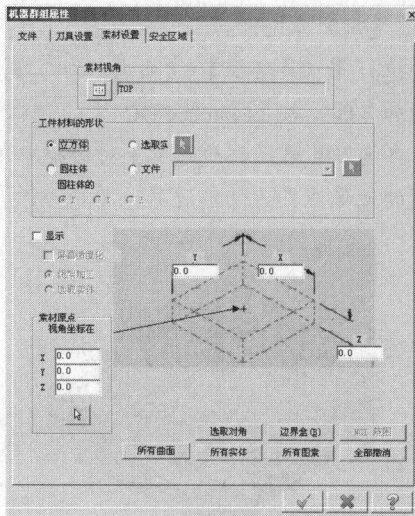

图 7-74　【机器群组属性】对话框

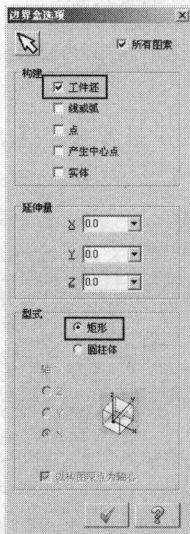

图 7-75　【边界盒选项】对话框

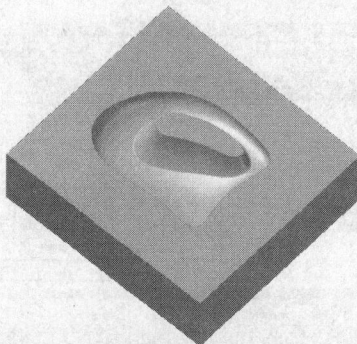

图 7-76　毛坯设置结果

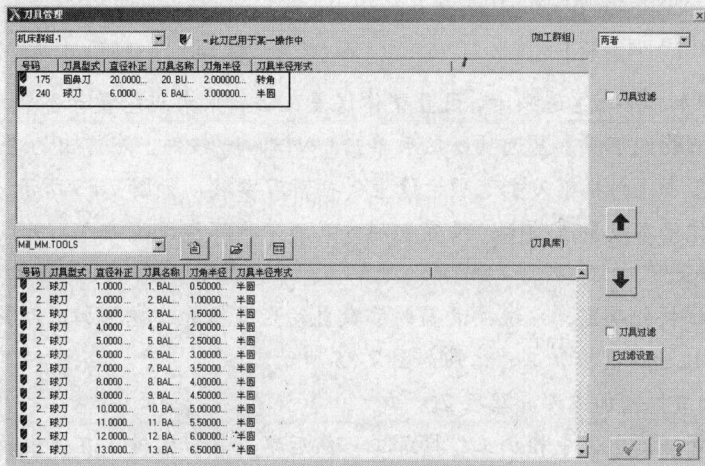

图 7-77　【刀具管理】对话框

4. 创建粗加工挖槽加工刀具路径。

（1）执行【刀具路径】/【曲面粗加工】/【粗加工挖槽加工】命令，框选图 7-78 所示的曲面为挖槽加工面，按 Enter 键确定。

（2）在【刀具路径曲面选取】对话框中单击【切削范围】模块的 ↳ 按钮，选取如图 7-79 所示凹模的矩形边界为切削边界，单击 ✓ 按钮确定。

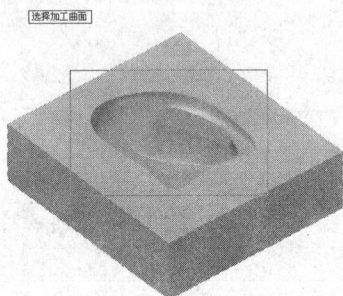

图 7-78 选取加工曲面   图 7-79 选取切削范围

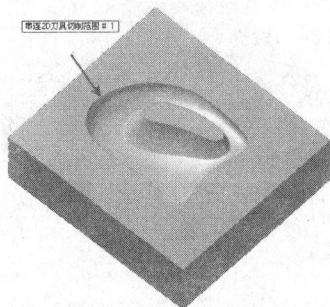

（3）在【曲面粗加工挖槽】对话框中的【刀具参数】选项卡中选取直径为 20mm 的圆鼻刀，然后设置进给率、主轴转速等刀具参数，如图 7-80 所示。

（4）单击【曲面加工参数】选项卡，设置安全高度、参考高度、进给下刀位置以及加工面预留量等参数，如图 7-81 所示。

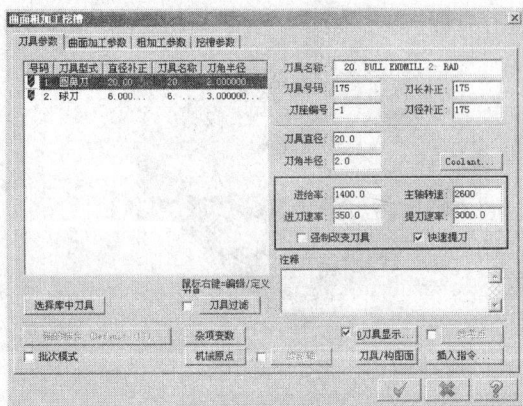

图 7-80 【刀具参数】选项卡   图 7-81 【曲面加工参数】选项卡

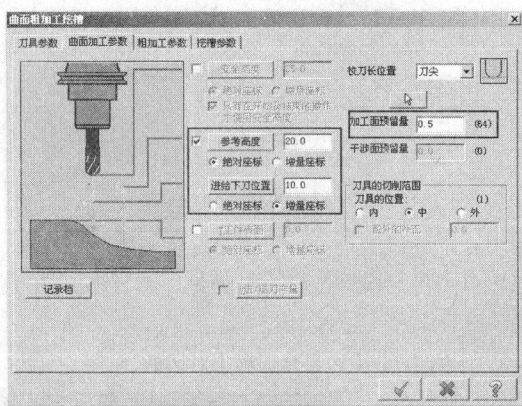

（5）单击【粗加工参数】选项卡，设置整体误差及 Z 轴最大进给量等参数，如图 7-82 所示。

（6）选择【螺旋式下刀】复选项，然后单击 螺旋式下刀 按钮，在弹出的【螺旋/斜插式下刀参数】对话框中单击【斜插下刀】选项卡设置斜插下刀参数，如图 7-83 所示。

（7）单击【挖槽参数】选项卡，设置切削方式为平行环绕清角方式，并设置切削间距等参数，如图 7-84 所示。

（8）单击 ✓ 按钮确定，系统按设置的参数自动生成粗加工挖槽加工刀具路径，在操作管理器中单击 按钮进行模拟加工，结果如图 7-85 所示。

5. 创建粗加工挖槽加工刀具路径 2。

（1）在操作管理器中选中粗加工挖槽加工，然后单击鼠标右键，在弹出的菜单中选取【复制】选项。

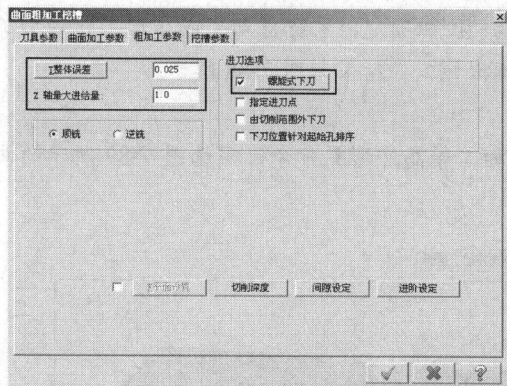

图 7-82 【粗加工参数】选项卡

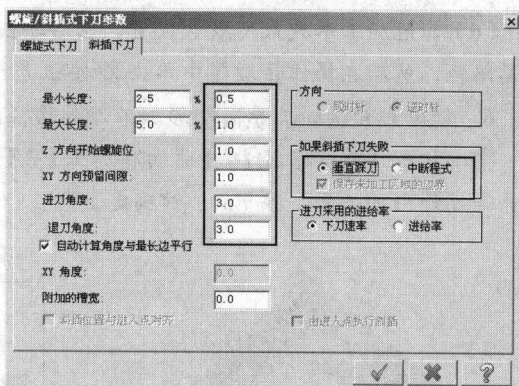

图 7-83 【螺旋/斜插式下刀参数】对话框

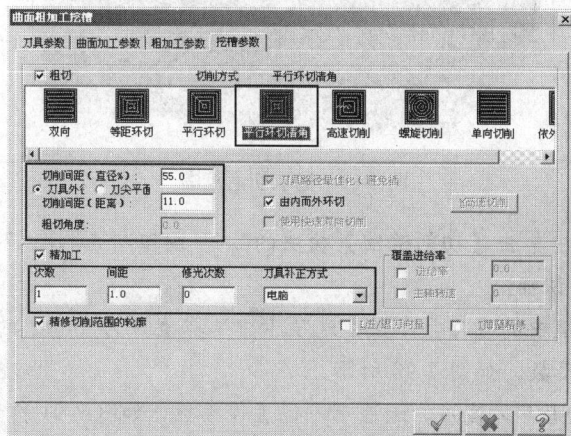

图 7-84 【挖槽参数】选项卡

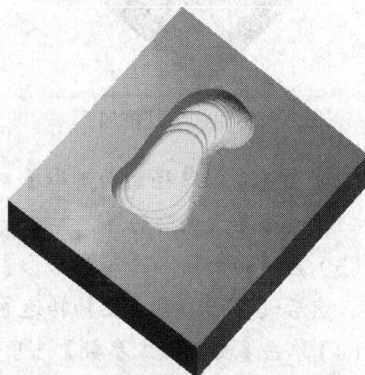

图 7-85 粗加工挖槽加工

（2）在操作管理器的空白处单击鼠标右键，在弹出的菜单中选取【粘贴】选项。

（3）在操作管理器中单击刚粘贴的曲面粗加工挖槽【参数】选项，在弹出的【刀具参数】选项卡中选取直径为 6mm 的球刀，然后设置刀具参数，如图 7-86 所示。

（4）单击【曲面加工参数】选项卡，然后单击 ⬚ 按钮，系统弹出【刀具路径曲面选取】对话框。

（5）在【切削范围】模块中单击 ⬚ 按钮清除以前选取的边界，然后单击 ⬚ 按钮，选取如图 7-87 所示的串连补正的图形边界为挖槽边界，然后单击 ⬚ 按钮确定。

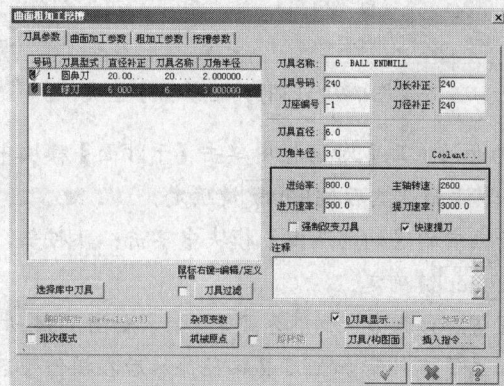

图 7-86 【刀具参数】选项卡

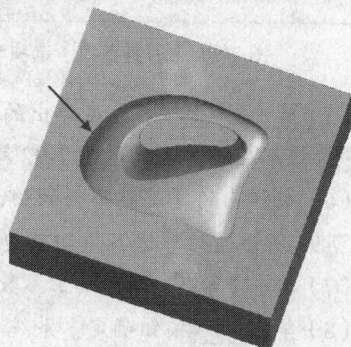

图 7-87 选取切削范围

（6）其他加工参数采用默认设置，然后单击 ✓ 按钮确定，系统自动生成粗加工挖槽加工刀具路径，然后在操作管理器中单击 🖉 按钮进行模拟加工，结果如图 7-88 所示。

6. 创建曲面精加工等高外形加工刀具路径。

（1）执行【刀具路径】/【曲面精加工】/【精加工等高外形】命令，框选图 7-89 所示的曲面为等高外形加工面，按 Enter 键确定。

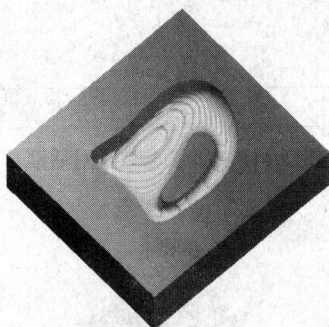

图 7-88　粗加工挖槽加工

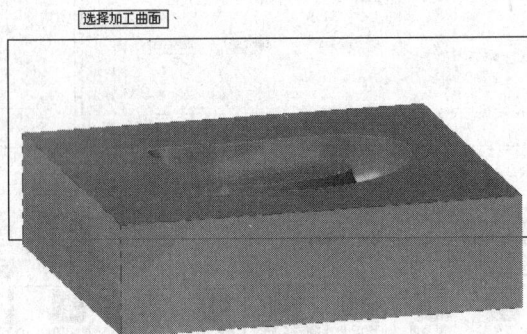

图 7-89　选取切削范围

（2）在【刀具路径曲面选取】对话框中单击【切削范围】模块的 按钮，选取图 7-87 所示凹模的边界为切削边界，单击 ✓ 按钮确定。

（3）在【曲面精加工等高外形】对话框中的【刀具参数】选项卡中选取直径为 6mm 的圆鼻刀，然后设置进给率、主轴转速等刀具参数，如图 7-90 所示。

（4）单击【曲面加工参数】选项卡，设置参考高度、进给下刀位置等参数，如图 7-91 所示。

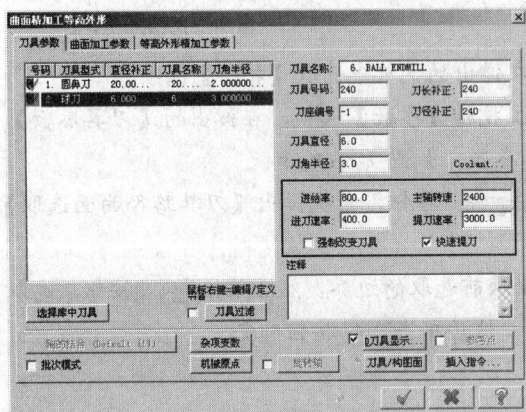

图 7-90　【刀具参数】选项卡

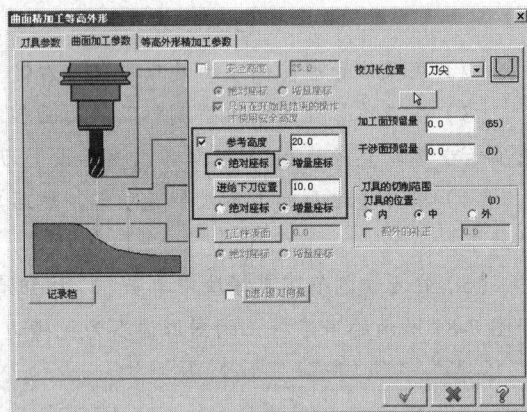

图 7-91　【曲面加工参数】选项卡

（5）单击 按钮，在弹出的【刀具路径的曲面选取】对话框中单击【干涉面】模块中的 按钮，在绘图区选取图 7-92 所示的曲面为干涉面，然后按 Enter 键确定。

（6）在弹出的【刀具路径的曲面选取】对话框中的【切削范围】模块中单击 按钮，选取图 7-93 所示的矩形边界为切削边界，然后按 Enter 键确定。

（7）单击【等高外形精加工参数】选项卡，设置整体误差、切削方式等参数，如图 7-94 所示。

（8）单击 ✓ 按钮确定，系统自动生成精加工等高外形加工刀具路径，然后在操作管理器中单击 🖉 按钮进行模拟加工，结果如图 7-95 所示。

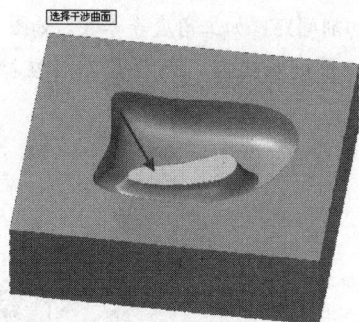

图 7-92　选取干涉面

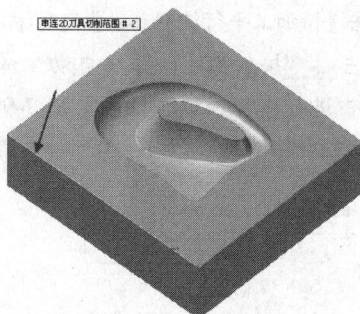

图 7-93　选取切削范围

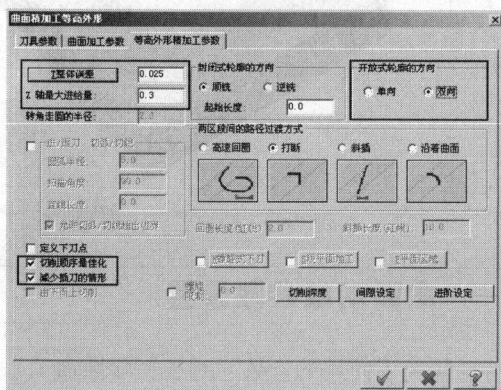

图 7-94　【等高外形精加工参数】选项卡

图 7-95　精加工等高外形加工

7．创建曲面精加工等高外形加工刀具路径。

（1）执行【刀具路径】/【曲面精加工】/【精加工平行铣削】命令，框选图 7-89 所示的曲面为平行铣削加工面，按 Enter 键确定。

（2）在【刀具路径曲面选取】对话框中单击【切削范围】模块的　按钮，选取图 7-87 所示凹模的边界为切削边界，单击　　按钮确定。

（3）在【曲面精加工等高外形】对话框中的【刀具参数】选项卡中选取直径为 6mm 的圆鼻刀，然后设置进给率、主轴转速等刀具参数，如图 7-96 所示。

（4）单击【曲面加工参数】选项卡，设置参考高度、进给下刀位置等参数，如图 7-97 所示。

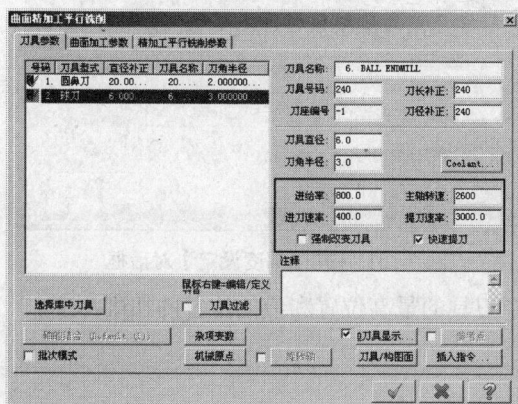

图 7-96　【刀具参数】选项卡

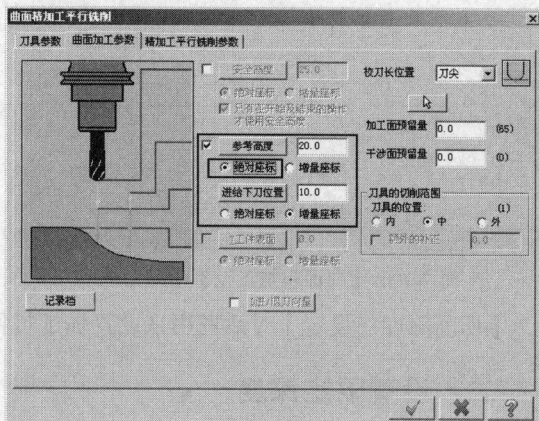

图 7-97　【曲面加工参数】选项卡

（5）单击【精加工平行铣削参数】选项卡，设置最大切削间距、加工角度等参数，如图 7-98 所示。

（6）单击 ✓ 按钮确定，系统自动生成精加工平行铣削加工刀具路径，然后在操作管理器中单击 🖫 按钮进行模拟加工，结果如图 7-99 所示。

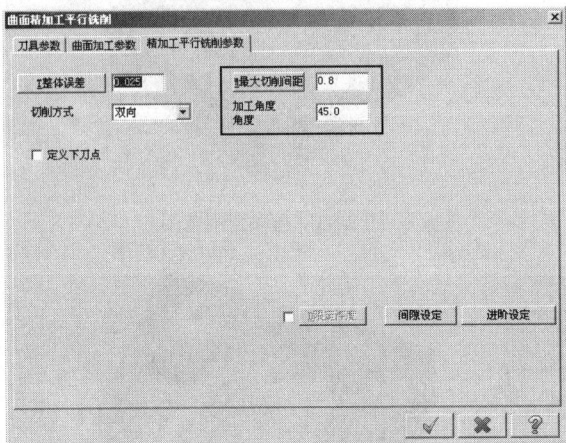

图 7-98 【精加工平行铣削参数】选项卡

图 7-99 精加工平行铣削加工

7.4.3 相关难点解析——曲面高级参数设置

曲面高级参数主要是指在曲面加工过程中特殊情况下使用的参数，对于一般性加工，这些参数可以不予设置。曲面高级参数包括切削深度、限定深度、间隙以及高级参数等。

一、设置切削深度

切削深度参数主要用来设置刀具的加工深度。一般在进行曲面粗加工时，在进行曲面加工专用参数设置的图 7-100 所示对话框中单击 切削深度 按钮，将弹出如图 7-101 所示的【切削深度的设定】对话框。

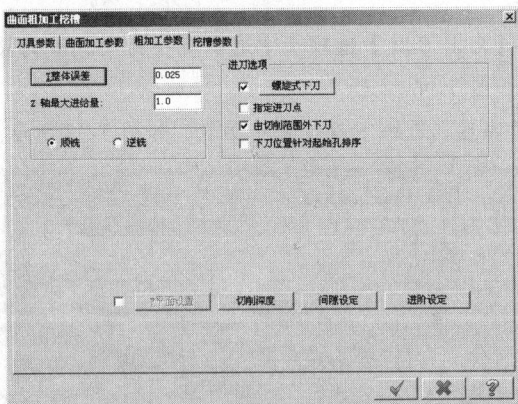

图 7-100 【曲面粗加工挖槽】对话框

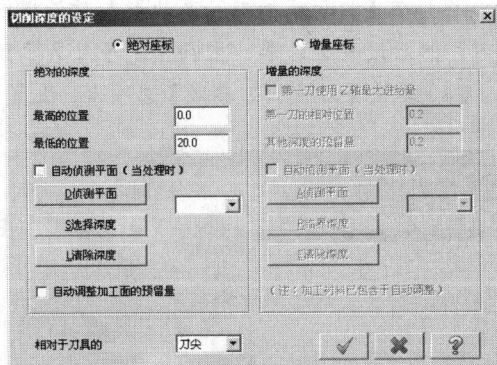

图 7-101 【切削深度设定】对话框

【切削深度的设定】对话框用来设置加工过程中刀具的最高位置和最低位置的切削深度。

二、设置限定深度

限定深度一般用于曲面精加工，其作用与切削深度类似，也是用来限制刀具加工的深度，在曲面精加工相应的对话框中单击 □限定深度 按钮，即可弹出如图 7-102 所示的【限定深度】对话框。

限定深度的相对参考有刀尖和球心两种方式，一般采用刀尖作为相对参考。

限定深度

相对于刀具的	刀尖 ▼
最高的位置	0.0
最低的位置	0.0

● 【最高位置】选项：表示加工的最顶点。

● 【最低位置】选项：表示限定的深度。

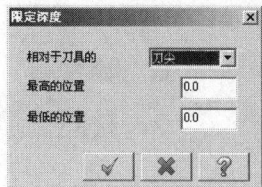

图 7-102 【限定深度】对话框

要点提示

在实际加工过程中，往往需要将陡面加工好，但是加工陡面有可能会伤到平面，此时往往采用限制深度以防止刀具过切。

三、设置间隙

间隙设置一般用来控制曲面加工过程中存在间隙时的处理方式。间隙一般包括曲面与曲面之间的间隙、曲面内部的破孔等。

曲面加工间隙设置一般用于精加工中，例如在曲面精加工浅平面加工过程中，在如图 7-103 所示的【浅平面精加工参数】选项卡中单击 间隙设定 按钮，系统弹出如图 7-104 所示的【刀具路径的间隙设置】对话框。

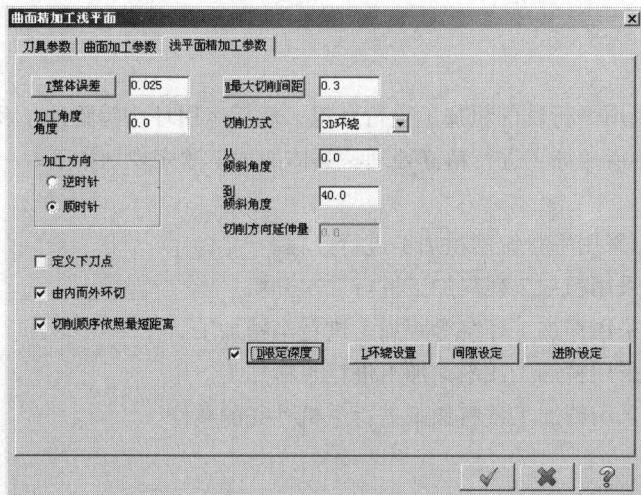

图 7-103 【浅平面精加工参数】选项卡

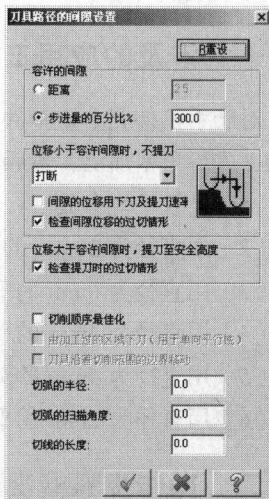

图 7-104 【刀具路径的间隙设置】对话框

【刀具路径的间隙设置】对话框用于设置位移小于或者大于容许间隙时的处理方式。

● 【容许间隙】分组框：用来设置容许的间隙，可以在文本框中输入数值，也可输入步进量的百分比。

● 【位移小于容许的间隙时，不提刀】分组框：可以设置不进行提刀直接跨越间隙，有直接式、打断式、平滑式和随曲面式等 4 种方式。

● 【位移大于容许的间隙时，提刀至安全高度】选项：可以设置当移动量大于间隙时，系统自动提刀。

● 【切削顺序最佳化】选项：刀具路径将会被分成若干区域，在完成一个区域加工后，才对另一个区域进行加工。

7.5 典型实例四——加工手机上盖零件

图 7-105 所示的手机上盖零件是手机外观设计中最为重要的部分，其设计的优劣直接影响用户的使用性能以及销售商的销售业绩，故手机上盖的设计和加工至关重要。

图 7-105　手机上盖

7.5.1　刀具路径规划

一、涉及的应用工具

对于手机外壳上盖零件适于采用平行铣削粗加工进行开粗，然后运用环绕等距加工和浅平面加工进行半精加工，最后用残料清角加工进行精修处理。具体的加工顺序规划如下。

（1）设置毛坯参数。

（2）用直径为 20mm 的圆鼻刀采用平行铣削粗加工进行开粗。

（3）用直径为 6mm 的平底刀采用粗加工残料加工进行二次开粗。

（4）用直径为 4mm 的平底刀采用精加工环绕等距加工进行半精加工。

（5）用直径为 4mm 的圆鼻刀采用精加工浅平面加工进行半精加工。

（6）用直径为 2mm 的平底刀采用精加工残料加工进行手机外壳的精修。

二、操作步骤概况

操作步骤概况，如图 7-106 示。

图 7-106　操作步骤

7.5.2　加工手机上盖零件

1．进入加工环境。

（1）打开素材文件"第7章\素材\手机外壳.mcx"，得到如图 7-107 所示的图形。

（2）执行【机床类型】/【铣削系统】/【默认】命令，启动通用铣削模块。

2. 设置毛坯。

（1）在操作管理器中单击【属性-Generic Mill】选项组，在展开的选项中单击【材料设置】选项，系统弹出如图 7-108 所示的【机器群组属性】对话框。

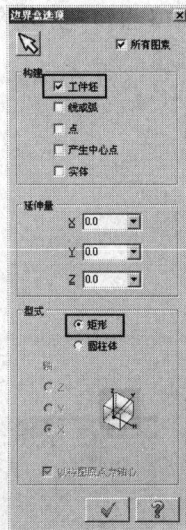

（2）单击【机器群组属性】对话框中的 边界盒⒝ 按钮，系统弹出【边界盒选项】对话框，设置以工件坯构建矩形边界盒，如图 7-109 所示。

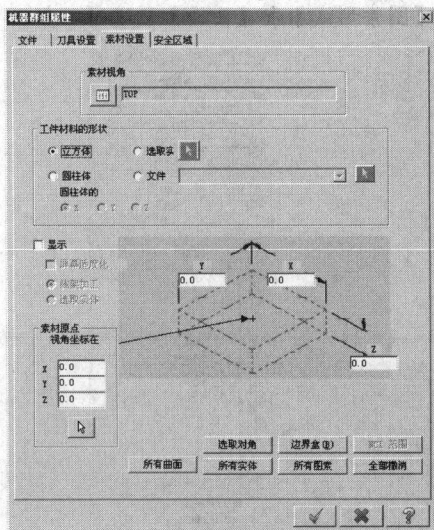

图 7-107　手机外壳　　　　图 7-108　【机器群组属性】对话框　　　图 7-109　【边界盒选项】对话框

（3）单击 ✔ 按钮确定，毛坯设置结果如图 7-110 所示。

3. 创建刀具。

执行【刀具路径】/【刀具管理器】命令，在如图 7-111 所示的【刀具管理】对话框中添加以下刀具。

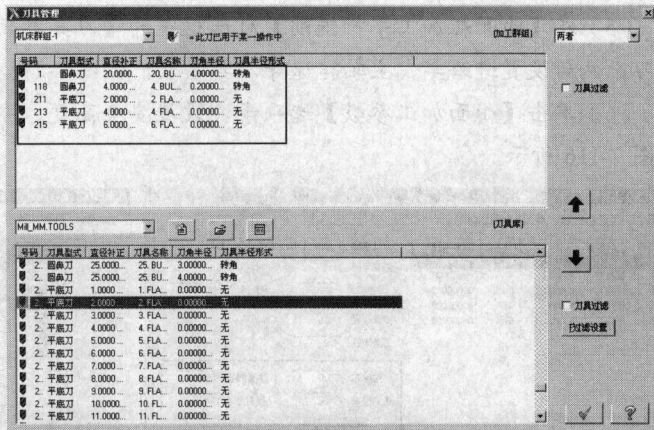

图 7-110　材料设置　　　　　　　　　图 7-111　【刀具管理】对话框

（1）直径为 20mm 的圆鼻刀。

（2）直径为 4mm 的圆鼻刀。

（3）直径为 2mm 的平底铣刀。

（4）直径为 4mm 的平底铣刀。

（5）直径为 6mm 的平底铣刀。

4. 创建粗加工平行铣削加工刀具路径。

（1）执行【刀具路径】/【曲面粗加工】/【粗加工平行铣削加工】命令，系统打开【选取工件的形状】对话框，参数设置如图 7-112 所示，单击 ✓ 按钮确定。

（2）在弹出的【输入新 NC 名称】对话框中设置 NC 文件名，然后单击 ✓ 按钮确定。

（3）在【选取所有的】对话框中单击 全部... 按钮，选取所有曲面为加工面。然后在打开的【选取所有的】对话框中依次选择【图素形式】和【曲面】复选项，单击 ✓ 按钮确定，如图 7-113 所示。

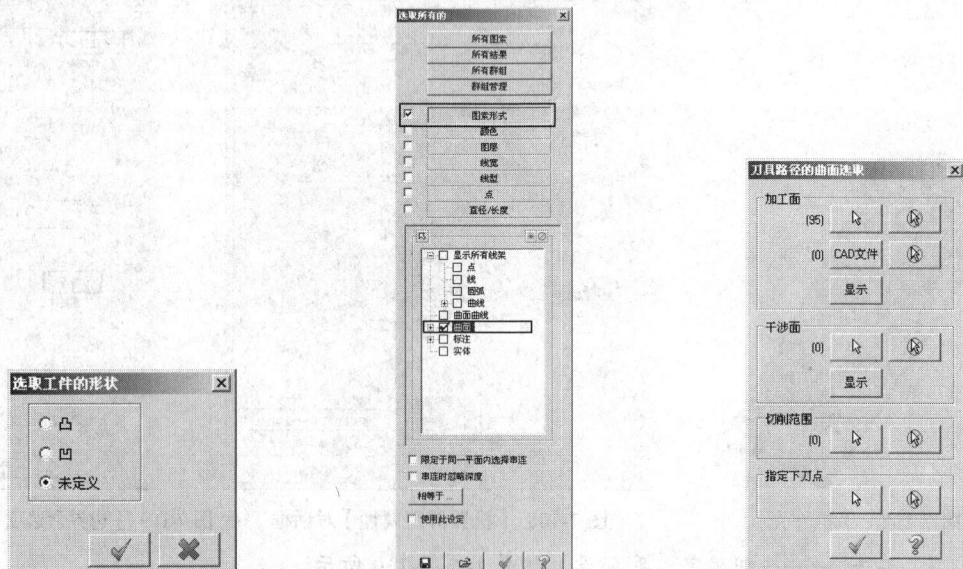

图 7-112 【选择工件的形状】对话框　图 7-113 【选取所有的】对话框　图 7-114 【刀具路径曲面选取】对话框

（4）按 Enter 键确定，在如图 7-114 所示的【刀具路径曲面选取】对话框中单击 ✓ 按钮，完成刀具路径的选取。

（5）在【曲面粗加工平行铣削】对话框中的【刀具参数】选项卡中选取直径为 20mm 的圆鼻刀，然后设置进给率、主轴转速等刀具参数，如图 7-115 所示。

（6）单击【曲面加工参数】选项卡，设置安全高度、参考高度以及进给下刀位置等参数，如图 7-116 所示。

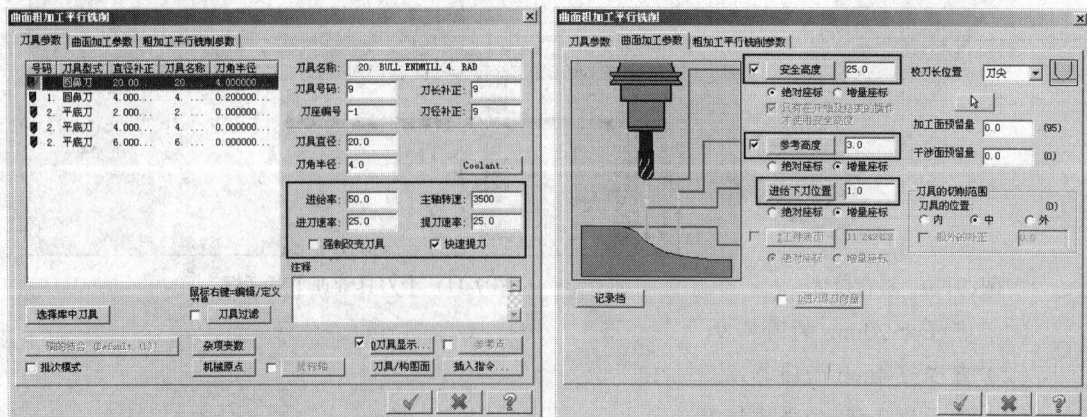

图 7-115 【刀具参数】选项卡　　　　　　图 7-116 【曲面加工参数】选项卡

（7）单击【粗加工平行铣削参数】选项卡，按照图 7-117 所示设置平行铣削参数，并单击 **T整体误差** 按钮，在图 7-118 所示的【整体误差设置】对话框中设置误差范围。

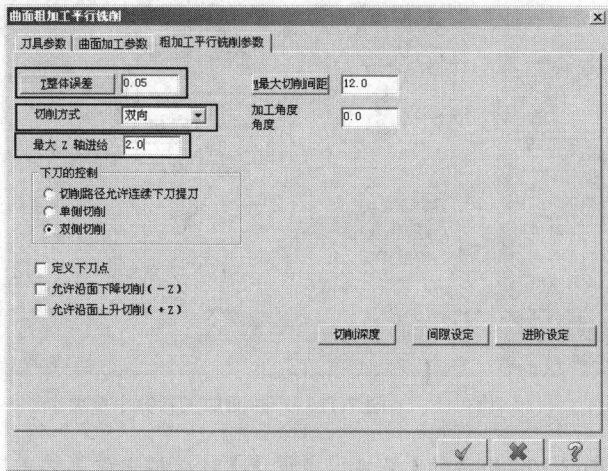

图 7-117 【粗加工平行铣削参数】选项卡

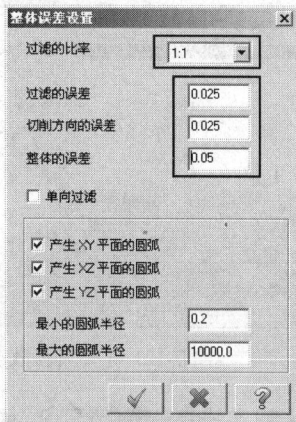

图 7-118 【整体误差设置】对话框

（8）依次单击【整体误差设置】对话框和【曲面粗加工平行铣削】对话框中的 ✓ 按钮确定，系统按设置的参数自动生成如图 7-119 所示的平行铣削刀具路径。

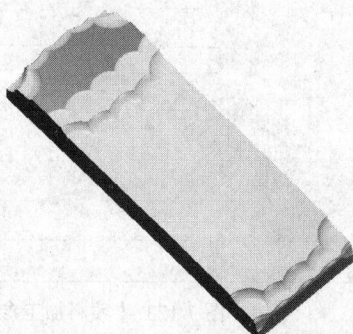

（9）单击操作管理器中的 ⬛ 按钮，进行实体切削验证，结果如图 7-120 所示。

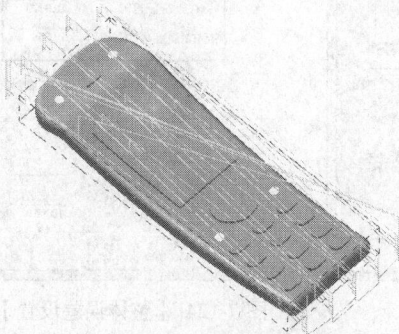

图 7-119 平行铣削刀具路径

图 7-120 粗加工平行铣削加工

5. 创建粗加工残料加工刀具路径。

（1）执行【刀具路径】/【曲面粗加工】/【粗加工残料加工】命令，在【普通选项】工具栏中单击 **全部** 按钮，选取所有曲面为加工面。

（2）在打开的【选取所有的】对话框中依次选择【图素形式】和【曲面】复选项，单击 ✓ 按钮确定。

（3）按 Enter 键确定，在【刀具路径曲面选取】对话框中单击 ✓ 按钮，完成刀具路径的选取。

（4）在【曲面残料粗加工】对话框中的【刀具参数】选项卡中选取直径为 6mm 的平底刀，然后设置进给率、主轴转速等刀具参数，如图 7-121 所示。

（5）单击【曲面加工参数】选项卡，设置安全高度、参考高度以及进给下刀位置等参数，如图 7-122 所示。

（6）单击【残料加工参数】选项卡，设置 Z 轴最大进给量、切削间距以及转角走圈半径等参数，如图 7-123 所示。

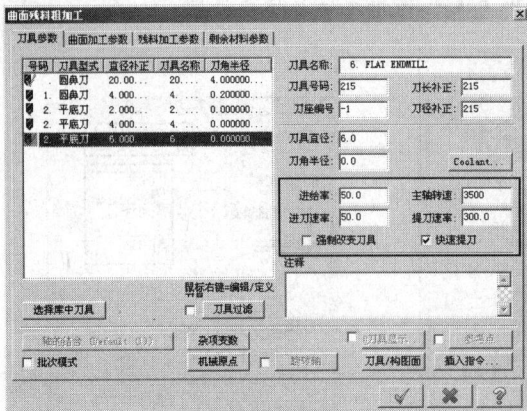

图 7-121 【刀具参数】选项卡

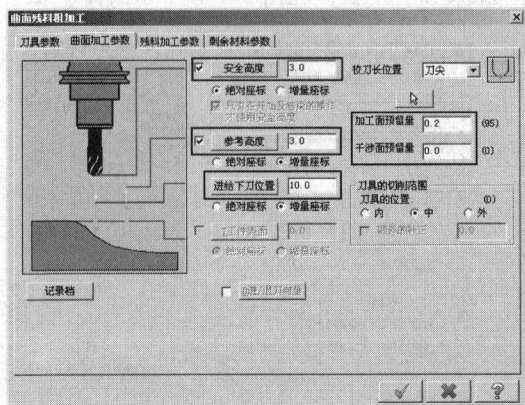

图 7-122 【曲面加工参数】选项卡

（7）单击 **T整体误差** 按钮，在图 7-124 所示的【整体误差设置】对话框中设置误差范围。

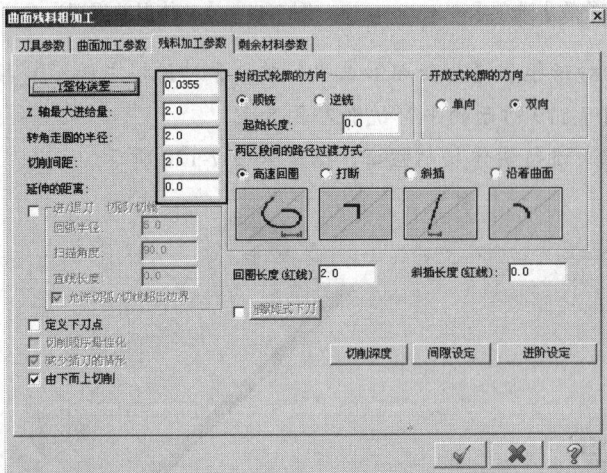

图 7-123 【残料加工参数】选项卡

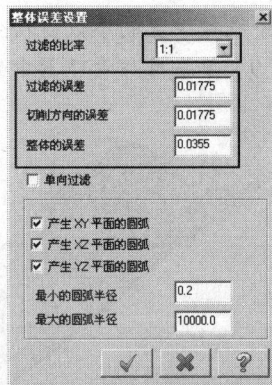

图 7-124 【整体误差设置】对话框

（8）依次单击【整体误差设置】对话框和【曲面残料粗加工】对话框中的 ✓ 按钮确定，系统按设置的参数自动生成如图 7-125 所示的粗加工残料加工的刀具路径。

（9）单击操作管理器中的 按钮，进行实体切削验证，结果如图 7-126 所示。

图 7-125 粗加工残料加工的刀具路径

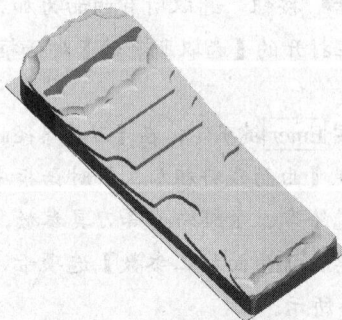

图 7-126 粗加工残料加工

由于精加工的刀具路径较稠密，后面精加工步骤的讲述将不再展示刀具路径，而是直接给出实体切削验证的效果图。

6. 创建精加工环绕等距加工刀具路径。

（1）执行【刀具路径】/【曲面精加工】/【精加工环绕等距加工】命令，选取加工曲面的步骤与上面粗加工残料加工相同。

（2）在【曲面精加工环绕等距】对话框中的【刀具参数】选项卡中选取直径为 4mm 的平底刀，然后设置进给率、主轴转速等刀具参数，如图 7-127 所示。

（3）单击【曲面加工参数】选项卡，设置安全高度、参考高度以及进给下刀位置等参数，如图 7-128 所示。

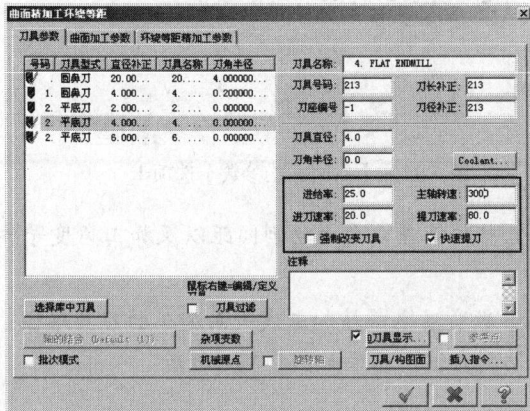

图 7-127 【刀具参数】选项卡　　　　　　　　图 7-128 【曲面加工参数】选项卡

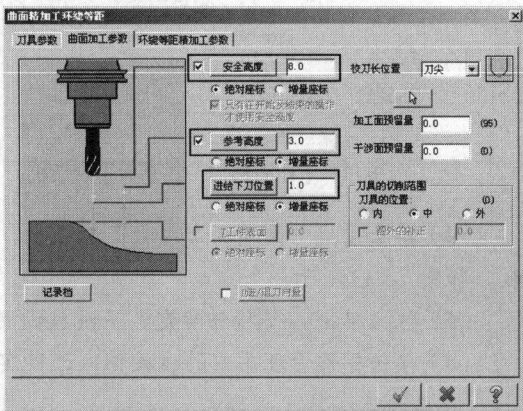

（4）单击【环绕等距精加工参数】选项卡，设置整体误差、最大切削间距以及斜线角度等参数，如图 7-129 所示。

（5）依次单击 ✓ 按钮确定，系统按设置的参数自动生成精加工环绕等距加工的刀具路径。

（6）单击操作管理器中的 按钮，进行实体切削验证，结果如图 7-130 所示。

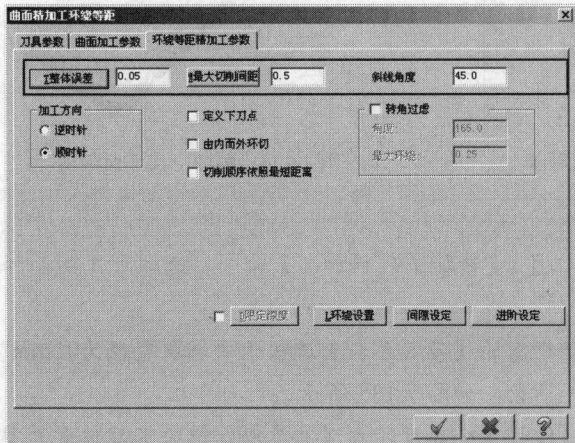

图 7-129 【环绕等距精加工参数】选项卡　　　　　图 7-130 精加工环绕等距加工

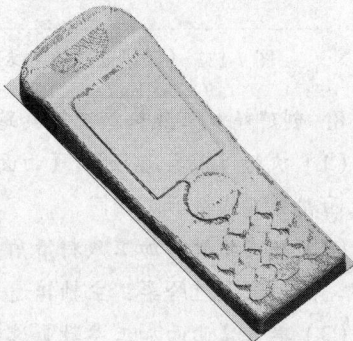

7. 创建精加工浅平面加工刀具路径。

（1）执行【刀具路径】/【曲面精加工】/【精加工浅平面加工】命令，选取加工曲面的步骤与上面粗加工残料加工相同。

（2）在【曲面精加工浅平面】对话框中的【刀具参数】选项卡中选取直径为 4mm 的圆鼻刀，然后设置进给率、主轴转速等刀具参数，如图 7-131 所示。

（3）单击【曲面加工参数】选项卡，设置安全高度、参考高度以及进给下刀位置等参数，如图 7-132 所示。

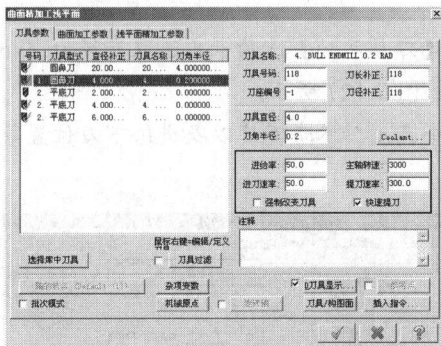

图 7-131 【曲面精加工浅平面】对话框

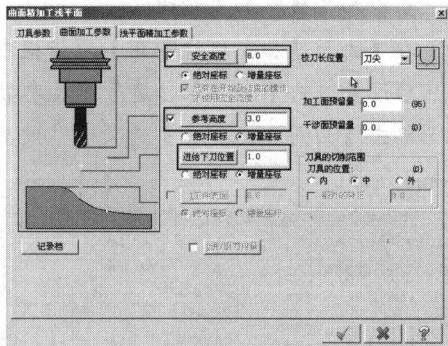

图 7-132 【曲面加工参数】选项卡

（4）单击【浅平面精加工参数】选项卡，设置整体误差、最大切削间距以及加工角度等参数，如图 7-133 所示。

（5）依次单击 ✓ 按钮确定，系统按设置的参数自动生成精加工浅平面加工的刀具路径。

（6）单击操作管理器中的 按钮，进行实体切削验证，结果如图 7-134 所示。

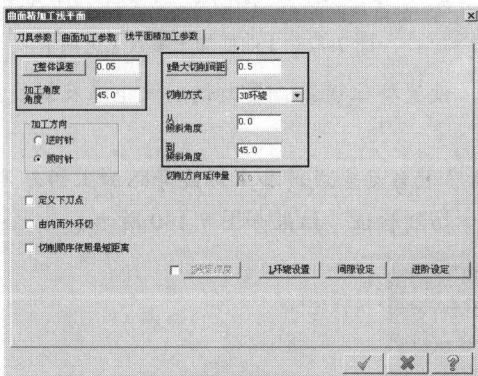

图 7-133 【浅平面精加工参数】选项卡

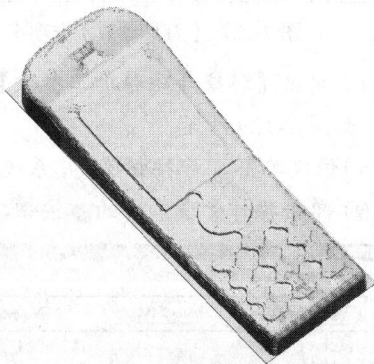

图 7-134 精加工浅平面加工

8. 创建精加工残料加工刀具路径。

（1）执行【刀具路径】/【曲面精加工】/【精加工残料加工】命令，选取加工曲面的步骤与上面粗加工残料加工相同。

（2）在【曲面精加工残料清角】对话框中的【刀具参数】选项卡中选取直径为 2mm 的平底刀，然后设置进给率、主轴转速等刀具参数，如图 7-135 所示。

（3）单击【曲面加工参数】选项卡，设置安全高度、参考高度以及进给下刀位置等参数，如图 7-136 所示。

（4）单击【残料清角精加工参数】选项卡，设置整体误差、最大切削间距以及切削方式等参数，如图 7-137 所示。

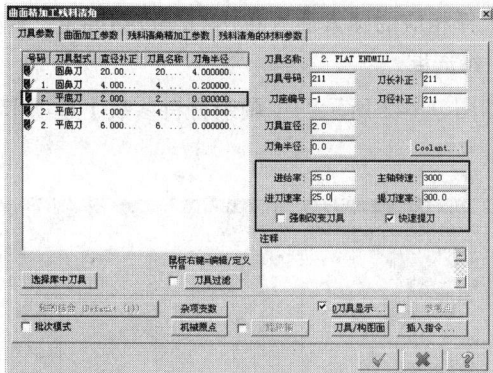

图 7-135 【曲面精加工残料清角】对话框

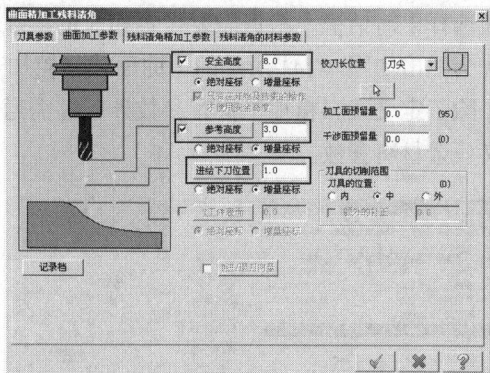

图 7-136 【曲面加工参数】选项卡

（5）单击【残料清角的材料设置】选项卡，设置粗铣刀具的直径、半径以及重叠距离等参数，如图 7-138 所示。

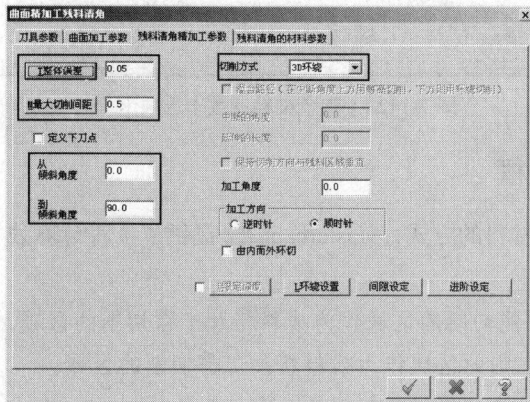

图 7-137 【残料清角精加工参数】选项卡

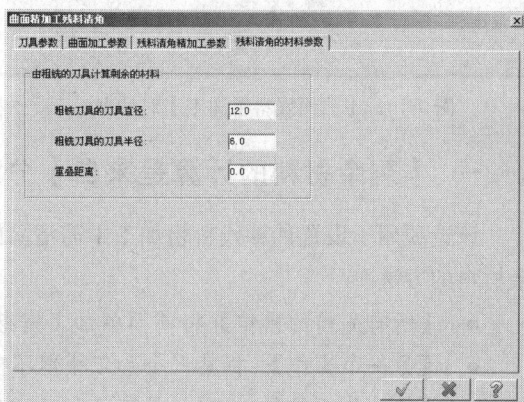

图 7-138 【残料清角的材料设置】选项卡

（6）依次单击 ✓ 按钮确定，系统按设置的参数自动生成如图 7-139 所示的精加工残料加工的刀具路径。

（7）单击操作管理器中的 按钮，进行实体切削验证，最终结果如图 7-140 所示。

图 7-139 精加工残料加工的刀具路径

图 7-140 精加工残料加工

7.5.3 相关难点解析——残料粗加工

一般在粗加工后，往往会留下一些没有加工到的地方，对这些地点的加工被称作残料粗加工。执行【刀具路径】/【曲面粗加工】/【粗加工残料加工】命令，系统会弹出【刀具路径的曲面选择】对话框，根据需要设定相应的参数和选择相应的图素后，单击 ✓ 按钮确定，此时系统会弹出如图 7-141 所示的【曲面残料粗加工】对话框。

除了定义残料粗加工特有参数外，还需通过如图 7-142 所示的【剩余材料参数】选项卡来定义残余材料参数。

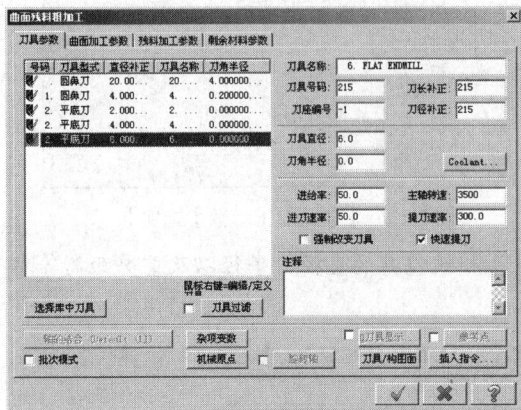

图 7-141 【曲面残料粗加工】对话框

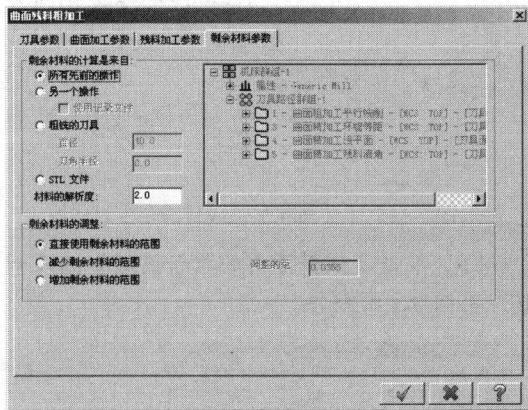

图 7-142 【剩余材料参数】选项卡

一、【剩余材料的计算是来自】分组框

该选项用于设置计算残料粗加工中需清除的材料的方式，Mastercam X2 提供了 4 种计算残余材料的方法。

- 【所有先前的操作】：将前面各加工模组不能切削的区域作为残料粗加工需切削的区域。
- 【另一个操作】：将某一个加工模组不能切削的区域作为残料粗加工需切削的区域。
- 【粗铣的刀具】：根据刀具直径和刀角半径来计算出残料粗加工需切削的区域。
- 【STL 文件】：使用该选项，则用户可以指定一个 STL 文件作为残余材料的计算源。同时材料的解析度还可以设置残料粗加工的误差值。

二、【剩余材料的调整】分组框

用于放大或缩小定义的残料粗加工区域，包括以下 3 种方式。

- 【直接使用剩余材料的范围】：不改变定义的残料粗加工区域。
- 【减小剩余材料的范围】：允许残余小的尖角材料通过后面的精加工来清除，这种方式可以提高加工速度。
- 【增加剩余材料的范围】：在残料粗加工中需清除小的尖角材料。

7.6

习题

一、思考题

1. 总结曲面粗加工的类型，并简要说明其功能。

2. 简要总结曲面精加工各个加工类型的加工方法及参数设置的含义。

3. 请思考如果修改刀具参数中的主轴转速是否会影响零件表面的加工质量，并阐明其原因。

二、操作题

1. 使用曲面粗加工平行加工和曲面精加工流线型加工的方法加工如图 7-143 所示的图形（光盘\第 7 章\习题\练习 1.MCX），模拟结果如图 7-144 所示。

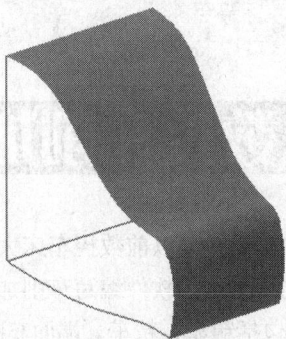

图 7-143　素材文件

图 7-144　模拟结果

2. 使用曲面粗加工挖槽加工的方法加工如图 7-145 所示的图形（第 7 章\习题\练习 2.MCX），模拟结果如图 7-146 所示。

图 7-145　素材文件

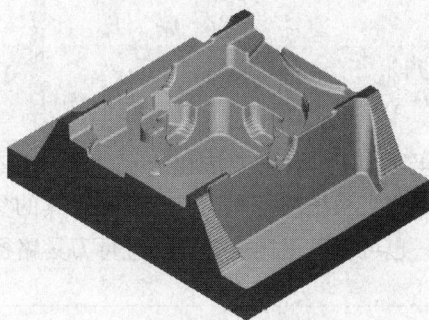

图 7-146　模拟结果

第8章

数控车削加工

车削加工是纯二维的加工，零件也都是回转体，比铣削加工简单。以前数控车床大都使用手工编程，现在随着 CAM 技术的普及，在数控车床上也开始利用 CAM 软件编写车削加工程序。Mastercam X2 的数控车削模块提供了常用的车削加工的编程，包括粗车、精车、端面车削、挖槽、钻孔、螺纹切削、切槽和快速加工等。这些车削方法的组合可用于常用车削零件的自动编程。

8.1 相关基础知识

车床加工的各种方法和铣床一样，也要进行工件、刀具及材料参数的设置，其材料的设置与铣床加工系统的相同，但工件和刀具的参数设置与铣床加工有较大的不同。在生成刀具路径之后，也可以采用操作管理器进行刀具路径的编辑、模拟、实体模拟及后处理等。

8.1.1 车床坐标系

大多数数控车床使用 x 轴和 z 轴两轴控制。其中，z 轴平行于车床主轴，x 轴垂直于车床主轴。车床坐标系可以分为左手坐标系和右手坐标系，由刀座位置决定。

- 若刀座和操作人员在同一侧，属于右手坐标系，此时 x 轴正方向为远离机床靠近操作者方向，如图 8-1 所示。
- 若刀座和操作人员在不同侧，属于左手坐标系，此时 x 轴正方向为远离机床远离操作者方向，如图 8-2 所示。

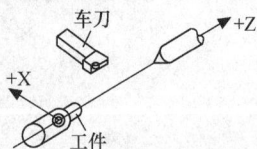

图 8-1 左手坐标系统

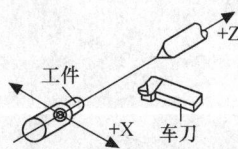

图 8-2 右手坐标系统

通常简易数控车床和经济型数控车床采用右手坐标系，具有斜床身并带转塔刀架的数控车床采用左手坐标系。

车床坐标系的 X 方向坐标有两种表示方法：半径值和直径值。系统采用字母 X 来表示输入的数值为半径值，采用字母 D 来表示输入的数值为直径值。当采用不同的坐标表示方法时，其输入的数值也不同，采用直径表示方法的坐标值应为半径表示方法的两倍。

在车床加工中，在画图之前要先进行数控机床坐标系设定。选择属性状态栏中【构图平面】选项，打开快捷菜单，选择其中的【车床半径】或【车床直径】选项进行坐标系设置，如图 8-3 所示。常用坐标有+X+Z、−X+Z、+D+Z 和−D+Z。

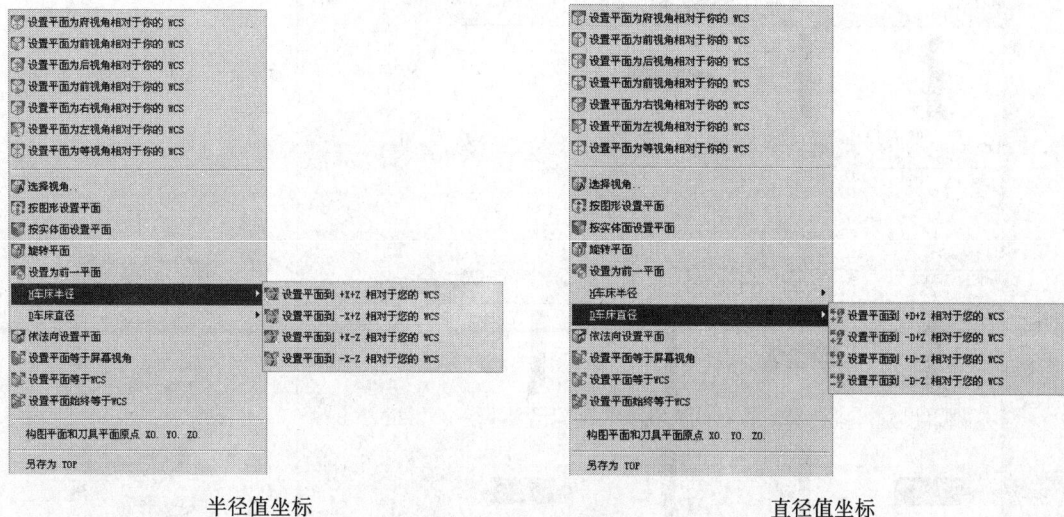

半径值坐标   直径值坐标

图 8-3 车床坐标

在编程时使用的坐标系称为工件坐标系，工件坐标系的原点是编程原点，编程时必须先选择坐标原点。选取坐标原点的方法有两种：一种是选工件的右端面作为坐标原点，如图 8-4 所示；第二种是卡盘端面作为坐标原点，如图 8-5 所示。

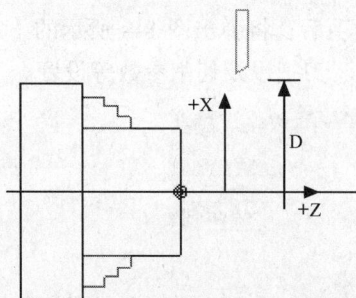

图 8-4 工件坐标系原点位于工件右端面   图 8-5 工件坐标系原点位于卡盘端面

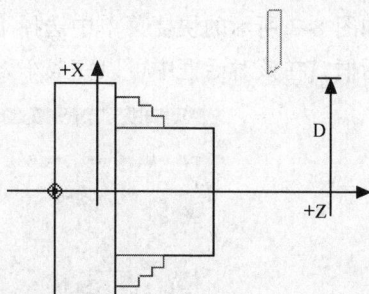

8.1.2 刀 具 设 置

在车床加工系统中调用刀具设置的方法也与铣床加工系统相同，但是由于车刀结构与铣刀结构有较大差异，车刀通常由刀片和刀杆两部分组成。

一、车床刀具管理器

在【刀具路径】主菜单中执行【车床刀具管理器】命令，系统弹出如图 8-6 所示的【刀具管理器】对话框。该对话框的刀具库中列出了各种车刀的外形及尺寸，可根据需要将刀具选择到【加工群组】列表框中。

若【刀具管理器】对话框中没有需要的刀具，可在【刀具管理器】对话框上端空白处单击鼠标右键，系统将弹出如图 8-7 所示的快捷菜单，选择【创建新刀具】命令，可以在弹出的【定义刀具】对话框中创建新刀具。

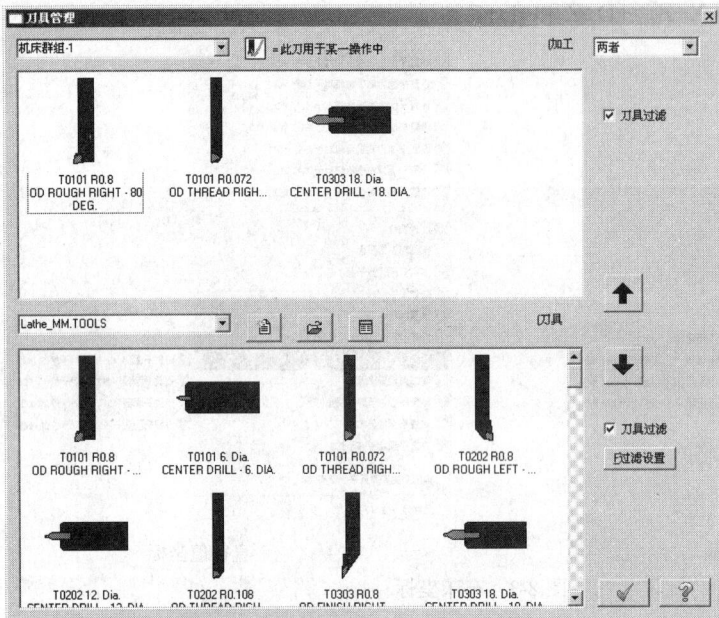

图 8-6 【刀具管理器】对话框   图 8-7 快捷菜单

二、定义刀具

在如图 8-7 所示的快捷菜单中选择【创建新刀具】选项后，将弹出图 8-8 所示的【定义刀具】对话框，在该对话框中可以完成车刀类型、刀片类型、刀把以及切削参数等设置。

图 8-8 【定义刀具】对话框

（1）车刀类型

在【定义刀具】对话框的【类型：一般车削】选项卡中可以选择需要定义的刀具类型，该选项卡中共有一般车削、车螺纹、径向车削/截断、镗孔、钻孔/攻牙/绞孔以及自设等 6 个选项按钮。选择相应类型的选项后，系统进入对应的【刀片】选项卡。

（2）刀片参数

【刀片】选项卡用于刀片参数的设置，如图 8-9 所示。选择不同类型的车刀，其【刀片】选项卡的选项也不尽相同，这里仅以外圆车刀刀片的参数设置进行说明。

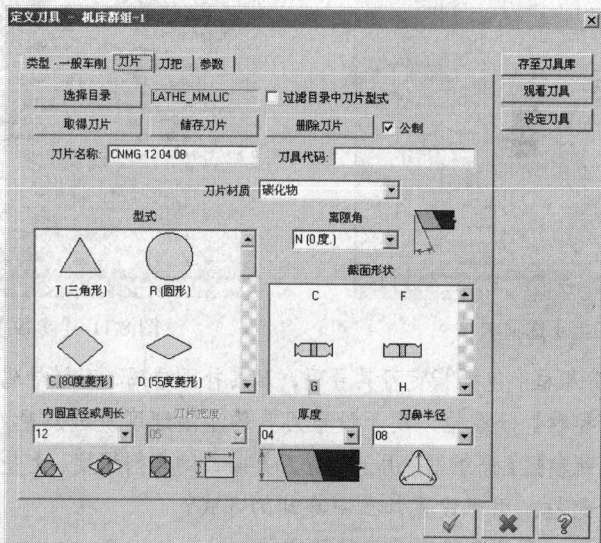

图 8-9 【刀片】选项卡

- 【刀片材质】选项：用于定义刀片的材料，主要包括碳化钢、陶瓷材料、立方氮化硼、金刚石等。
- 【型式】选项：用于定义刀片的形状。不同的形状可以加工不同的部位，并且刀片是可转位的，可以重复使用。主要有正三边形、菱形、五边形、六边形、八边形以及圆形等。
- 【截面形状】选项：用于定义刀片截面形状，主要包括矩形、T 字形、工字形等。
- 【离隙角】选项：用于定义刀具后角。后角可以减少后刀面与切削表面之间的摩擦。大后角，后刀面磨损小，刀尖强度下降，常用于切削软材料或易加工的硬化材料。相反，小后角主要用于切削硬材料。
- 【内圆直径或长度】选项：该选项用于指定刀片的内切圆直径或者周长。
- 【刀片宽度】选项：该选项用于指定刀片宽度，比如选用 3mm 宽的切槽刀。
- 【厚度】选项：该选项用于指定刀片厚度。
- 【刀鼻半径】选项：该选项用于指定刀尖圆角半径。

（3）刀把

选择不同的刀具类型，其对应的刀把的参数设置也不相同。外圆车刀、螺纹车刀和切槽/切断刀的刀把设置方法基本相同，如图 8-10 所示，在设置时主要注意以下几项参数。

- 【型式】选项：用于定义刀把样式，主要有左右刀把之分。
- 【刀把图形】选项：用于定义刀杆的外形尺寸，主要包括长度和宽度等尺寸。

● 【刀把断面形状】选项：断面形状主要有方形和圆形。

（4）刀具参数

和铣削系统的铣刀相同，车刀也需要设置切削参数，可以通过如图 8-11 所示的【参数】选项卡来进行刀具参数设置。由于与铣刀设置基本一样，这里就不再赘述。

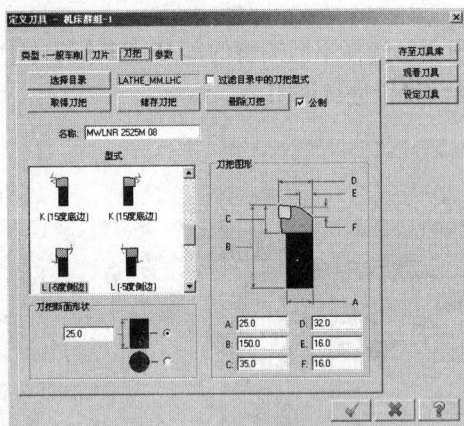

图 8-10 【刀把】选项卡

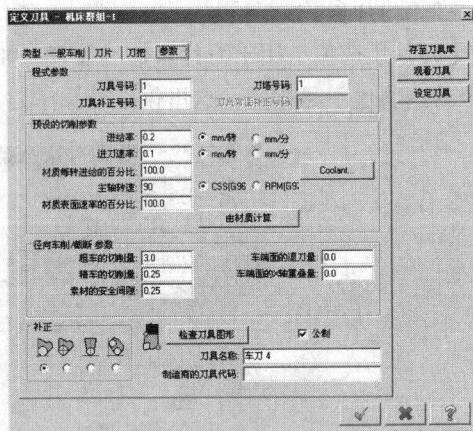

图 8-11 【参数】选项卡

● 【程式参数】分组框：包括指定刀具号码、刀具补正号码、刀塔号码、刀具背面补正号码。

● 【预设的切削参数】分组框：用于设置刀具的车削速度及进刀量。

● 【径向车削/截断参数】分组框：用于设置刀具路径的车削深度、重叠量及退刀距离等参数。

● 【Coolant】分组框：用于设置加工中冷却的方式。

● 【补正】分组框：用于设置刀具偏移的方式。

8.1.3 工件设置

在车床加工系统中设置工件的方法与铣床加工系统基本相同，在操作管理器中的【属性】选项组中选择【材料设置】选项，系统弹出如图 8-12 所示的【机器群组属性】对话框。用户可以使用该对话框来进行车床加工系统的工件设置、刀具设置及材料设置等。

一、工件设置

工件外形通过【素材】选项组来设置。首先需设置工件的主轴转向，可以设置为左主轴转向或右主轴转向，系统的默认设置为左主轴转向。

车床加工其工件是以车床主轴为旋转轴的旋转体。旋转体的边界可以采用以下两种方式来设置。

（1）串连方式

在【Stock】分组框中单击 串连... 按钮，用户可以选择图形边界来作为工件外形。

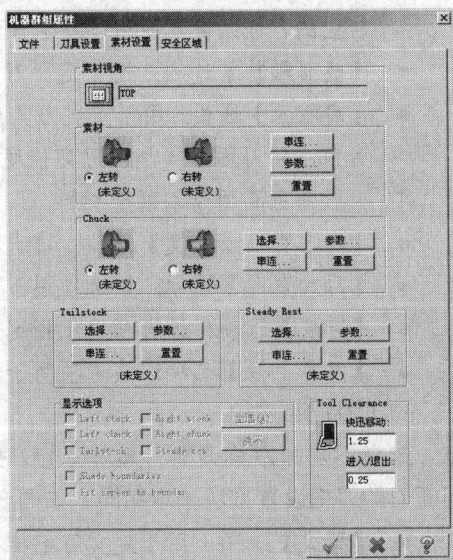

图 8-12 【机器群组属性】对话框

（2）参数方式

在【Stock】分组框中单击 `参数...` 按钮，系统弹出图 8-13 所示的【长条状毛坯的设定换刀点】对话框。用户可以在该对话框中设置工件的外径（OD）、内径（ID）以及长度等尺寸参数。另外，用户也可以选择【基线 Z】分组框中的选项来设置原点在工件上的位置。

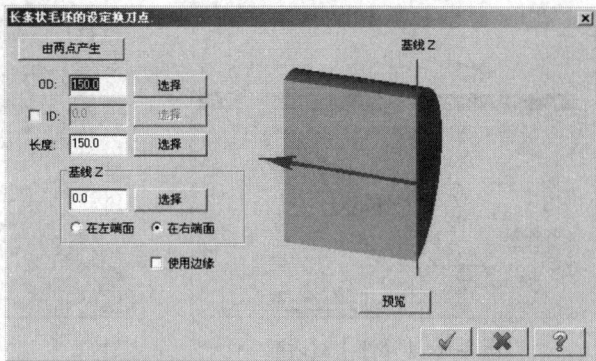

图 8-13 【长条状毛坯的设定换刀点】对话框

二、夹头设置

工件夹头通过【Chuck】（夹头）分组框来设置。工件夹头的设置方法与工件外形的设置方法基本相同。

在【Chuck】分组框中单击 `参数...` 按钮，系统弹出如图 8-14 所示的【夹爪的设定换刀点】对话框。在该对话框中可以设置夹头的类型以及夹持参数，完成后如图 8-15 所示。

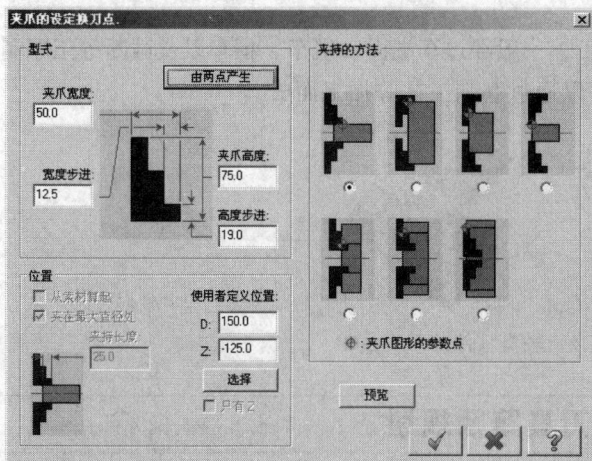

图 8-14 【夹爪的设定换刀点】对话框

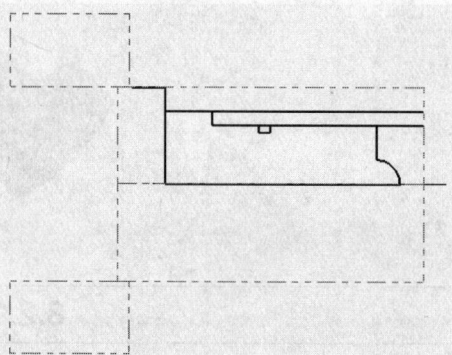

图 8-15 夹头设置

三、尾座设置

尾座的外形设置与夹头的外形设置相同。在【Tailstock】（尾座）分组框中单击 `参数...` 按钮，系统将弹出如图 8-16 所示的【尾座】对话框。利用该对话框，用户可以设置顶尖的伸出长度、直径及尾座的长度、宽度等。

四、中心架设置

当加工细长轴时，常常需要采用中心架来稳定工件的回转运动。

中心架的外形设置与夹头的外形设置相同。在【Steady Rest】（中心架）分组框中单击 `参数...` 按钮，系统将弹出如图 8-17 所示的【中间支撑架】对话框。利用该对话框，用户可以设置中心架的最大直径、当前工件的直径等参数。

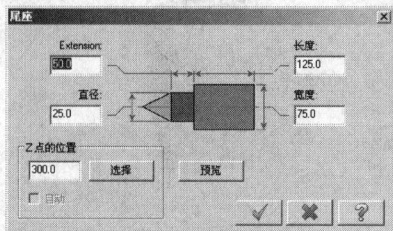

图 8-16 【尾座】对话框

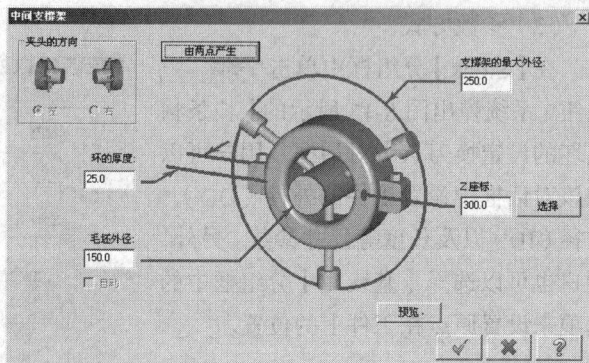

图 8-17 【中间支撑架】对话框

8.2 典型实例一——加工轴类零件

如图 8-18 所示的轴类零件常用车削加工，一般经过车端面、粗车、精车以及截断等工序制造而成，如果是精度要求的轴类零件，还可以通过磨削工艺等加工而成。

图 8-18 轴类零件

8.2.1 刀具路径规划

一、涉及的应用工具

（1）分析零件结构，确定加工方式，即铣削加工、车削加工或者雕刻加工等，轴类零件应采用车削系统加工较为合适。

（2）设置毛坯尺寸、夹头卡盘以及材料属性。

（3）选用 T0101 型号的外圆车刀对 $\phi60$ 柱面、$\phi48\times70$ 柱面以及 $R10$ 球面进行首次粗加工。

（4）调整车床主轴转速以及进给量，选用 T0101 型号的外圆车刀对 $\phi60$ 柱面、$\phi48\times70$ 柱面以及 $R10$ 球面进行精加工。

（5）选用 T0202 型号的外圆车刀对轴类零件进行径向车削加工，车削出轴上的槽特征。

（6）进行实体切削验证，验证刀具路径的正确性。

二、操作步骤概况

操作步骤概况，如图 8-19 所示。

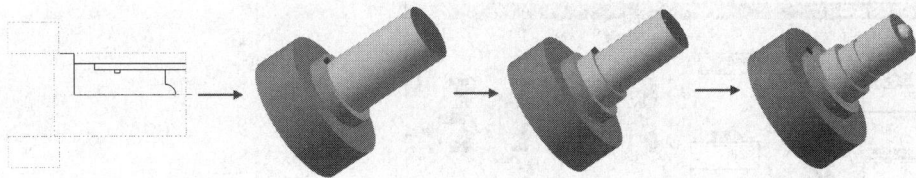

图 8-19　操作步骤

8.2.2　加工轴类零件

1．进入加工环境。

（1）打开素材文件"第 8 章\素材\轴类零件.mcx"，得到如图 8-20 所示的图形。

（2）执行【机床类型】/【车削系统】/【默认】命令，启动通用车削模块。

2．设置毛坯。

（1）在操作管理器中单击【属性-Lathe Default MM】选项组，然后单击【材料设置】选项，系统弹出如图 8-21 所示的【机器群组属性】对话框。

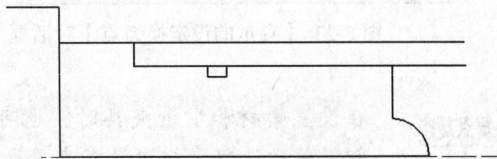

图 8-20　轴类零件

（2）在【素材】分组框中单击 参数... 按钮，在【长条状毛坯的设定换刀点】对话框中按照图 8-22 所示设置毛坯参数。

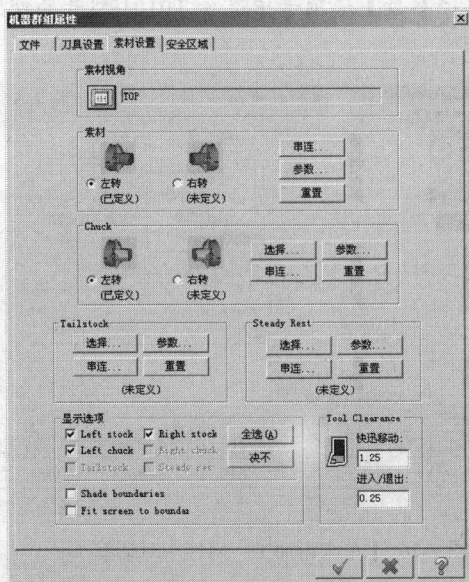

图 8-21　【机器群组属性】对话框

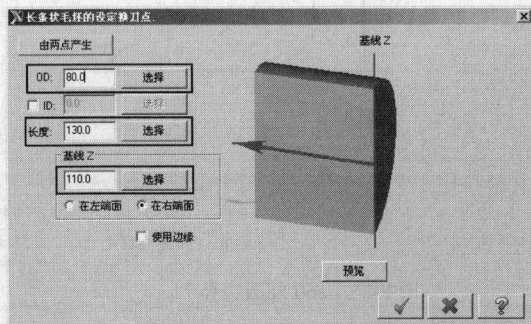

图 8-22　【长条状毛坯的设定换刀点】对话框

（3）在【Chuck】分组框中单击 参数... 按钮，在【夹爪的设定换刀点】对话框中按照图 8-23 所示设置卡盘夹持参数。

（4）在【机器群组属性】对话框中单击 ✓ 按钮确定，毛坯设置最终结果如图 8-24 所示。

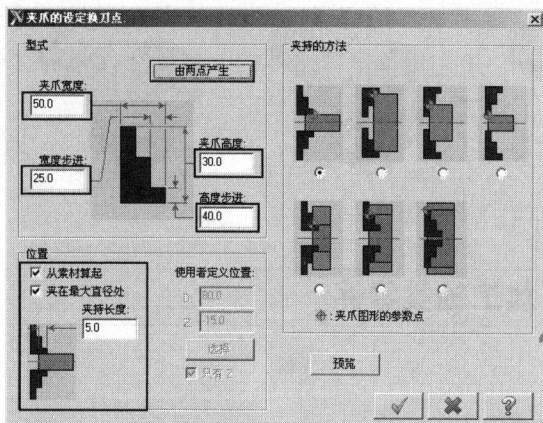

图 8-23 【夹爪的设定换刀点】对话框

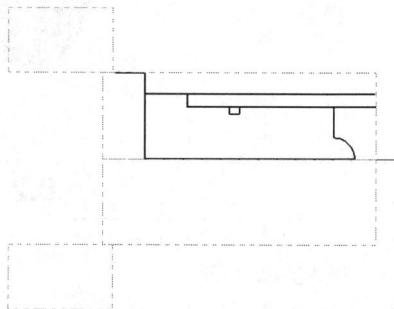

图 8-24 毛坯设置

> **要点提示** 在设置素材和卡盘夹具时，也可以单击【机器群组属性】对话框中的 ┃串连… ┃按 钮，然后选取素材边界或夹具所夹持的位置。

3. 创建粗车 ϕ60 外圆刀具路径。

（1）执行【刀具路径】/【粗车】命令，在【输入新 NC 名称】对话框中输入名称，然后单击 ✓ 按钮确定。

（2）在绘图区中选取图 8-25 所示的线段为粗车边界，然后在【转换参数】对话框中单击 ✓ 按钮确定。

（3）在【车床粗加工　属性】对话框的【刀具路径参数】选项卡中选择 T0101 型号的外圆车刀，并按照图 8-26 所示设置刀具参数。

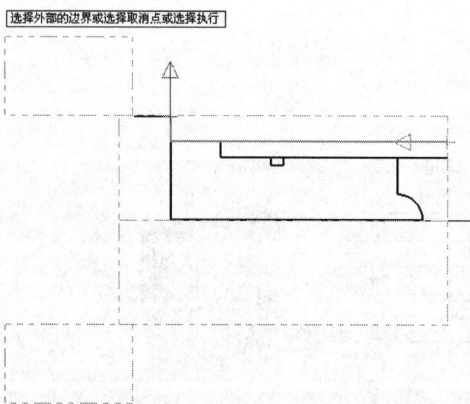

图 8-25 ϕ60 外圆边界

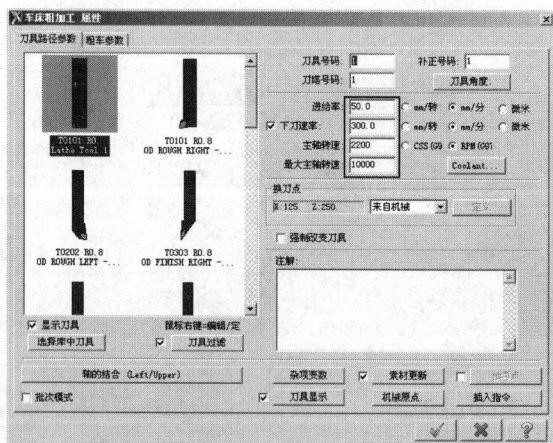

图 8-26 【车床粗加工　属性】对话框

（4）单击【粗车参数】选项卡，按照图 8-27 所示设置粗车参数，然后单击 ✓ 按钮确定，系统自动生成图 8-28 所示粗车的刀具路径。

4. 创建粗车 ϕ48 外圆刀具路径。

（1）执行【刀具路径】/【粗车】命令，在绘图区选取图 8-29 所示的线段为粗车边界，其他参数设置与创建粗车 ϕ60 外圆刀具路径的操作相同。

（2）单击操作管理器中的 按钮，选取全部加工操作步骤，然后单击 按钮启动实体切削验证工具，模拟加工结果如图 8-30 所示。

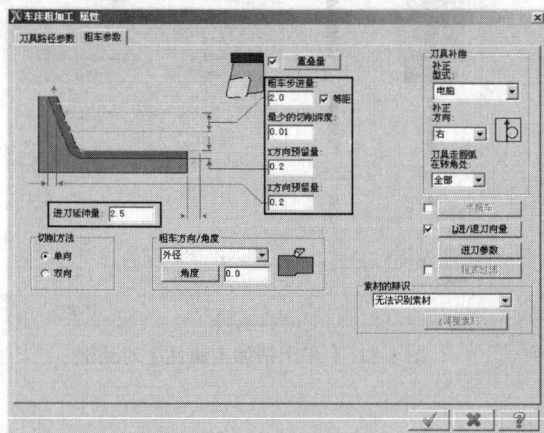

图 8-27 【粗车参数】选项卡

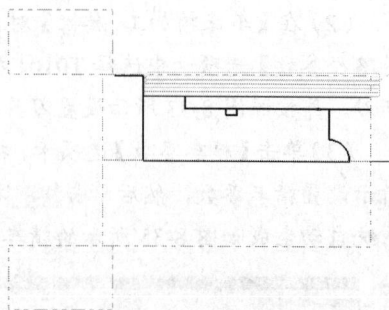

图 8-28 粗车 1 刀具路径

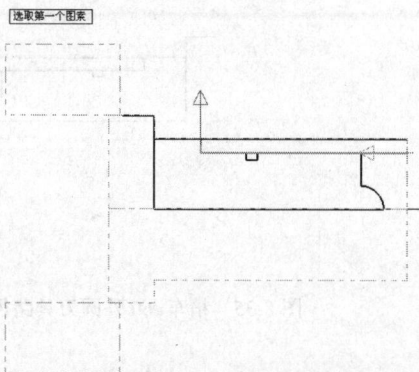

图 8-29 粗车 φ48 外圆边界

图 8-30 粗车模拟加工 2

5. 创建粗车 R10 外圆刀具路径。

（1）执行【刀具路径】/【粗车】命令，在绘图区选取如图 8-31 所示的线段为粗车边界，其他参数设置与创建粗车 φ60 刀具路径的操作相同。

（2）单击操作管理器中的 按钮，选取全部加工操作步骤，然后单击 按钮启动实体切削验证工具，模拟加工结果如图 8-32 所示。

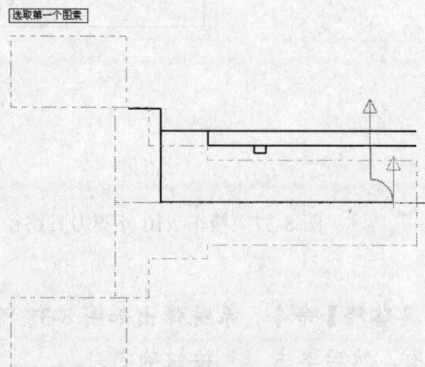

图 8-31 R10 外圆边界

图 8-32 粗车 R10 外圆模拟加工

6. 创建精车 ϕ60 外圆刀具路径。

（1）执行【刀具路径】/【精车】命令，在绘图区选取如图 8-25 所示的线段为精车边界，然后在【转换参数】对话框中单击 ✓ 按钮确定。

（2）在【车床精加工 属性】对话框的【刀具路径参数】选项卡中选择 T0101 型号的外圆车刀，并按照图 8-33 所示设置刀具参数。

（3）单击【精车参数】选项卡，按照图 8-34 所示设置精车参数，然后单击 ✓ 按钮确定，系统自动生成如图 8-35 所示的精车刀具路径。

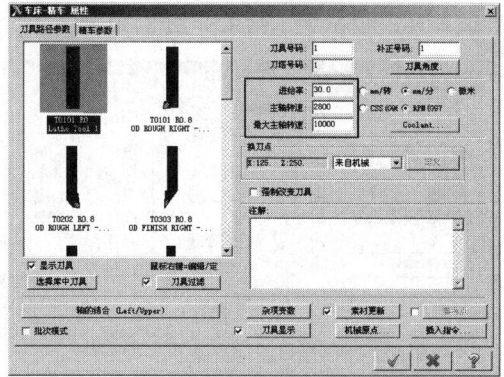

图 8-33 【车床精加工属性】对话框

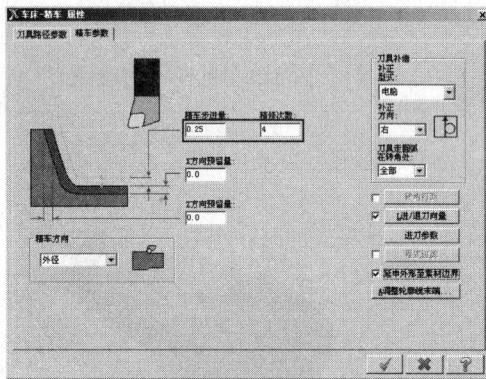

图 8-34 【精车参数】选项卡

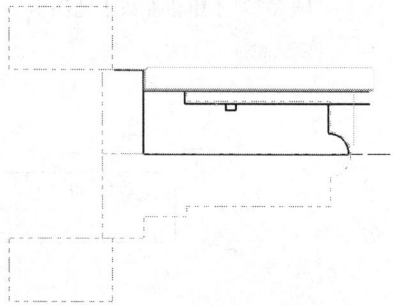

图 8-35 精车 ϕ60 外圆刀具路径

7. 创建精车刀具路径 2 和 3。

（1）用相同的方法，在绘图区选取如图 8-29 所示的线段为精车边界，其他参数设置与创建精车 1 刀具路径的操作相同创建如图 8-36 所示的精车刀具路径 2。

（2）用相同的方法选取如图 8-31 所示的线段为精车边界，创建如图 8-37 所示的精车刀具路径 3。

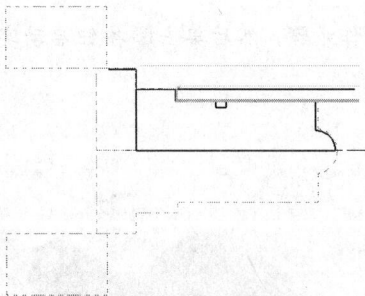

图 8-36 精车 ϕ48 外圆刀具路径

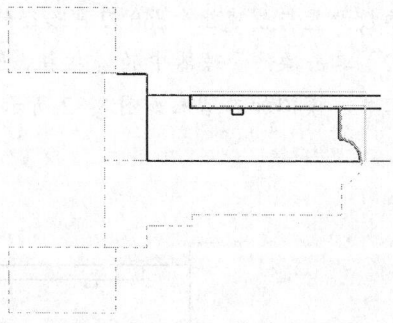

图 8-37 精车 R10 外圆刀具路径

8. 创建径向车削刀具路径。

（1）执行【刀具路径】/【车床 径向车削刀具路径】命令，系统弹出如图 8-38 所示的【径向车削的切槽选项】对话框，选择【2 点】单选项，然后单击 ✓ 按钮确定。

（2）在绘图区依次选取如图 8-39 所示的两个点为径向车削边界，然后按 Enter 键确定。

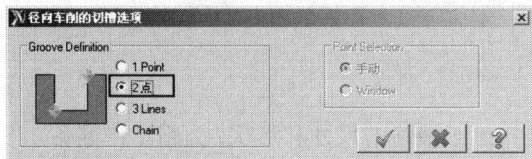

图 8-38 【径向车削的切槽选项】对话框　　　　　　图 8-39 径向车削边界点

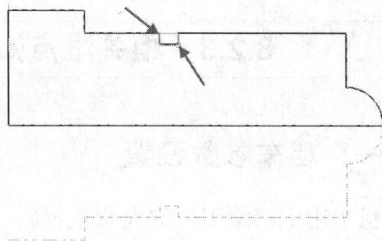

（3）在【车床-径向粗车 属性】对话框中选择 T0202 型号的切槽车刀，并按照图 8-40 所示设置刀具路径参数。

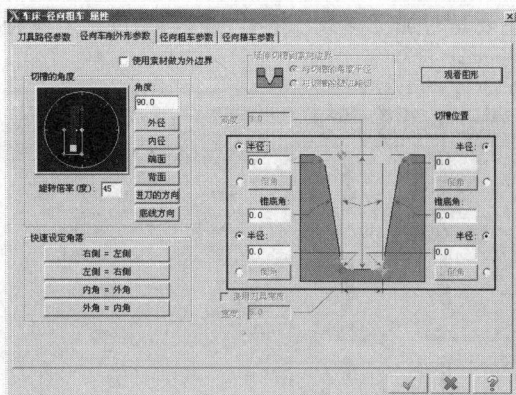

（4）单击【径向车削外形参数】选项卡，按照图 8-41 所示设置径向精车参数，其他参数采用系统默认值。

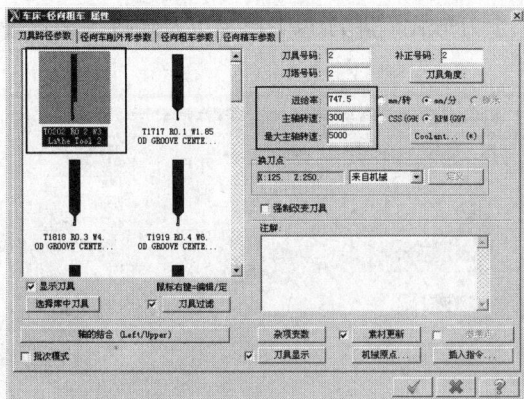

图 8-40 【车床-径向粗车 属性】对话框　　　　　图 8-41 【径向车削外形参数】选项卡

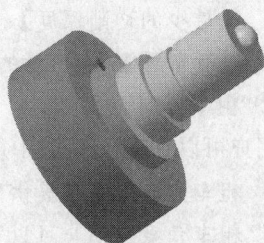

（5）单击【径向精车参数】选项卡，按照图 8-42 所示设置径向精车参数，其他参数采用系统默认值，单击 ✓ 按钮确定，系统自动生成径向车削刀具路径。

9. 实体切削验证。

（1）单击操作管理器中的 ✓ 按钮，选取全部加工操作步骤，然后单击 ❀ 按钮启动实体切削验证工具。

（2）单击【实体切削验证】对话框中的 ▶ 按钮进行模拟加工，模拟加工结果如图 8-43 所示。

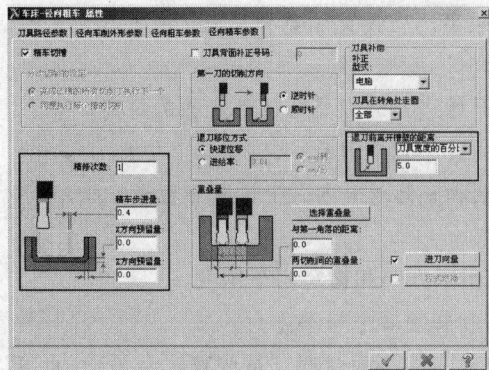

图 8-42 【径向精车参数】选项卡　　　　　　　图 8-43 模拟加工结果

8.2.3　相关难点知识讲解——粗车、精车参数设置

一、粗车参数设置

粗车用于切除工件的大余量材料，使工件接近于最终的尺寸和形状，为精车作准备。在【刀具路径】主菜单中选取【粗车】选项，即可调用粗车模组。

在系统打开的粗车参数设置对话框中，主要有两个选项卡【刀具路径参数】和【粗车参数】。

（1）刀具设置

与铣床加工一样，车削参数对话框的第一个选项卡也是刀具参数管理，如图 8-44 所示。

（2）粗车参数

粗车所特有的参数可在如图 8-45 所示的【粗车参数】选项卡中进行设置。该选项卡的设置主要是对加工参数、粗车方向与角度、刀具补偿、走刀形式、进刀/退刀路径以及切进等参数进行设置。

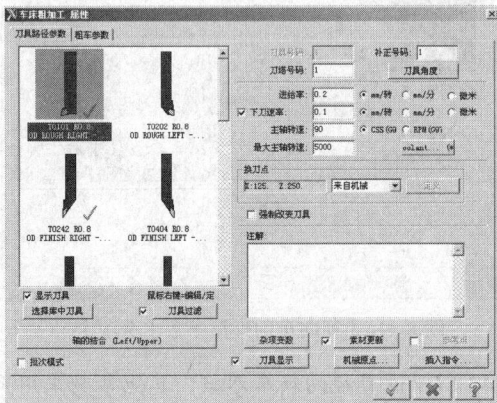

图 8-44　【刀具路径参数】选项卡　　　　　　图 8-45　【粗车参数】选项卡

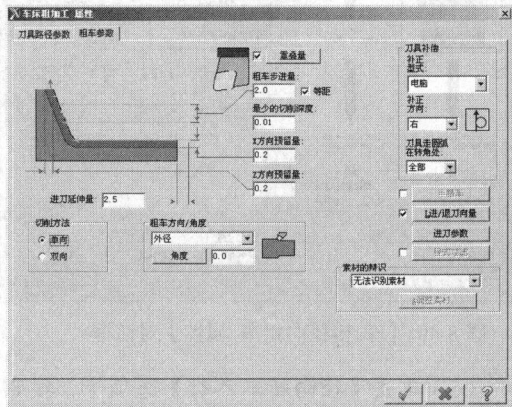

① 加工参数

粗车的加工参数包括粗车步进量、重叠量、最少的切削深度、进刀延伸量和预留量参数等。

- 【粗车步进量】：即最大切削深度。在粗车深度的设置中，如果选中【等距】复选项，则系统将粗车深度设置为刀具允许的最大粗车削深度。

- 【重叠量】：指相邻粗车削之间的重叠距离。当设置了重叠量时，每次车削的退刀量等于车削深度与重叠量之和。

- 【进刀延伸量】：即下刀距离，指的是开始进刀时刀具距工件表面的距离。

- 【最少的切削深度】：指直径方向每层的最小背吃刀量。

- 【预留量】：预留量的设置指的是在 x 轴和 z 轴两个方向上设置预留量。

② 粗车方向/角度

用户可以在【粗车方向/角度】分组框选择粗车方向和指定粗车角度。

- 粗车方向：系统提供外径、内径、端面和背面 4 个粗车方向。

- 粗车角度：用户可以利用该对话框直接输入粗车的角度，系统默认为 0°；也可以单击 [角度] 按钮进行设置。

设置粗车角度主要用来加工锥面，系统可以生成与圆锥面相平行的刀具路径，否则
生成的刀具路径与端面垂直。常用于锥面的精加工，以保证表面质量。

③ 刀具补偿

刀具补偿的设置方法与铣床加工系统中的设置方法相同。

④ 走刀形式

系统提供了两种走刀方式，其内容如下。

- 【单向】：单向车削是指仅按一个方向进行车削加工，系统默认为单向车削方式。
- 【双向】：双向车削是指可以在两个方向进行车削加工，只有采用双向刀具进行粗车时才能选择该车削方式。

（3）进/退刀参数设置

在【粗车参数】选项卡单击 L进/退刀向量 按钮，系统弹出如图 8-46 所示的【输入/输出】对话框，其中【引入】选项卡用于设置进刀刀具路径，而【引出】选项卡用于设置退刀刀具路径。

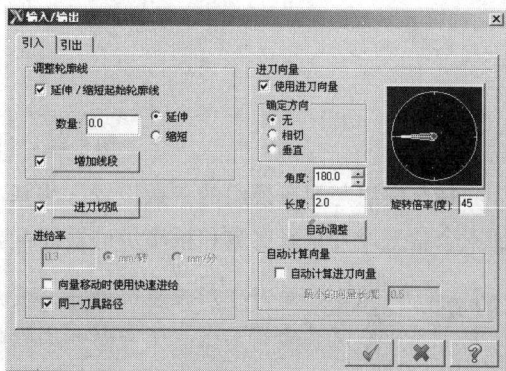

图 8-46 【输入/输出】对话框

可以通过延伸/缩短起始轮廓线、增加线段、进/退刀圆弧来调整轮廓线，具体操作步骤和表现形式如图 8-47 所示。

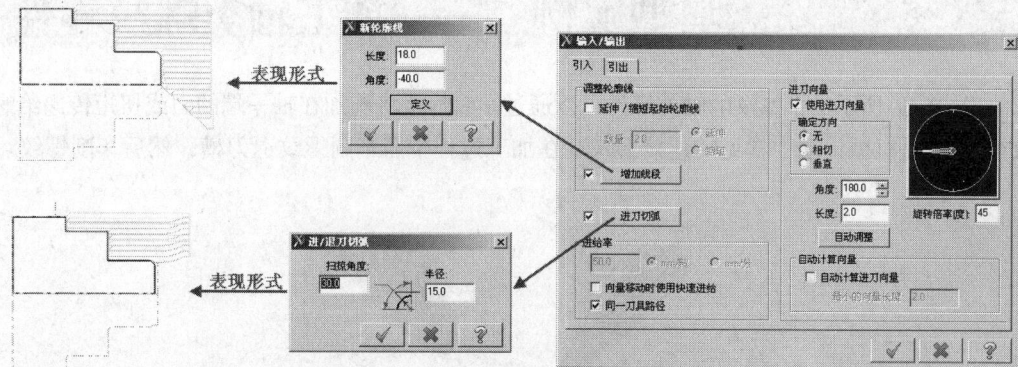

图 8-47 调整轮廓线操作步骤

- 延伸/缩短起始轮廓线是轮廓线沿串连起点处的切线方向延伸或者缩短，其改变的数值通过文本框的数值来设定。
- 增加线段通过在【新轮廓线】对话框中设置增加线段的长度和角度来完成。
- 进/退刀圆弧是指在刀具路径中增加一段圆弧，设置参数有扫掠角度和半径。

二、精车参数设置

精车加工用于切除工件外侧、内侧或端面的多余材料。在【刀具路径】主菜单中选取【精车】选项，即可调用精车模组。

精车所特有的参数可在如图 8-48 所示【精车参数】选项卡中进行设置。

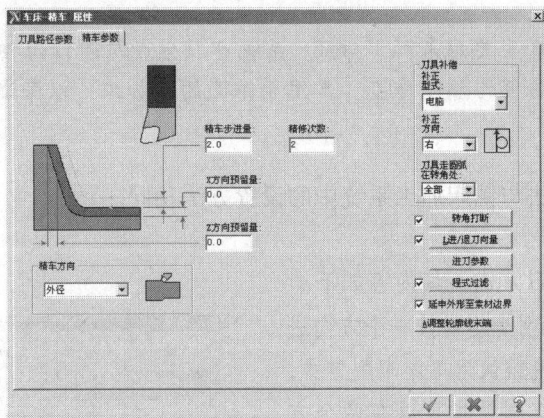

图 8-48　【精车参数】选项卡

精车模组与粗车模组的参数设置方法基本相同，只需要根据粗车加工后的余量及本次精车加工余量来设置精修次数和精车步进量即可。

> **要点提示** 精车加工时，所设置的精车总量应为粗车时所设置的 x、z 方向上的预留量，而精车总量为精车进步量与精车次数的乘积。

8.3 典型实例二——加工轴类螺纹零件

如图 8-49 所示的带螺纹的轴类零件可以通过螺纹连接将施加在轴一端的力或扭矩传递给螺纹端的零件，是机械传动中常见的连接形式，在加工过程中需车削螺纹退刀槽，然后车削螺纹。

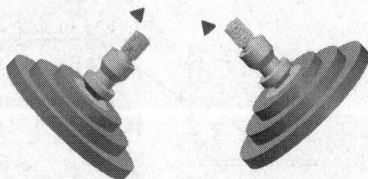

图 8-49　轴类螺纹零件

8.3.1　刀具路径规划

一、涉及的应用工具

（1）分析零件结构，确定加工方式，即铣削加工、车削加工或者雕刻加工等，轴类零件应采用车削系统加工较为合适。

（2）设置毛坯尺寸、夹头卡盘以及材料属性。

（3）选用 T0707 型号的外圆车刀，对毛坯进行车削端面，即去除毛坯端面的不良材料。

（4）选用 T0303 型号的外圆车刀，根据外形对毛坯首次粗加工。

（5）调整车床主轴转速以及进给量，选用 T0303 型号的外圆车刀对零件表面进行精加工。

（6）选用 T1717 型号的切槽刀具对轴类零件进行径向车削加工，车削出轴上的螺纹退刀槽。

（7）选用 T0101 型号的螺纹车刀对轴端进行车削螺纹加工。

（8）进行实体切削验证，验证刀具路径的正确性。

二、操作步骤概况

操作步骤概况，如图 8-50 所示。

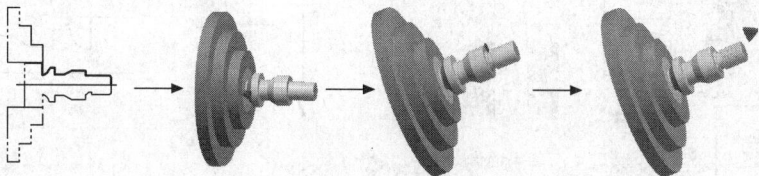

图 8-50　操作步骤

8.3.2　加工轴类螺纹零件

1. 进入加工环境。

（1）打开素材文件"第 8 章\素材\轴类螺纹零件.mcx"，得到如图 8-51 所示的图形。

（2）执行【机床类型】/【车削系统】/【默认】命令，启动通用车削模块。

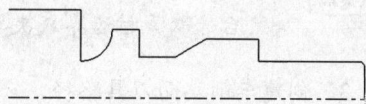

图 8-51　轴类零件

2. 设置毛坯。

（1）在操作管理器中单击【属性-Lathe Default MM】选项组，然后单击【材料设置】选项，系统弹出图 8-52 所示的【机器群组属性】对话框。

（2）在【素材】分组框中单击　参数...　按钮，在【长条状毛坯的设定换刀点】对话框中按照图 8-53 所示设置毛坯参数。

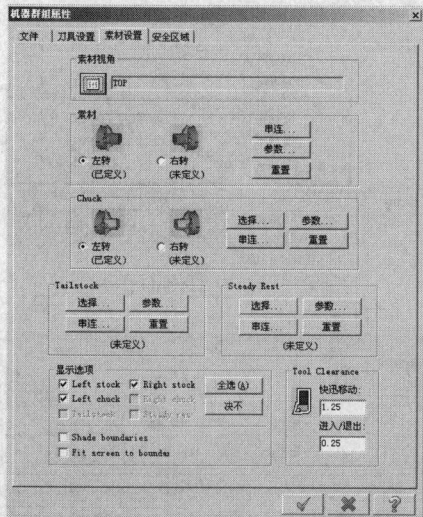

图 8-52　【机器群组属性】对话框

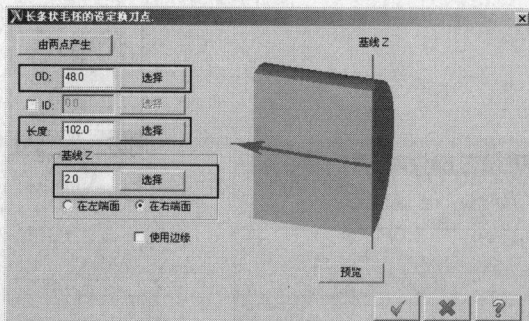

图 8-53　【长条状毛坯设置的换刀点】对话框

（3）在【Chuck】分组框中单击 [参数...] 按钮，在【夹爪的设定换刀点】对话框中按照图 8-54 所示设置卡盘夹持参数。

（4）在【机器群组属性】对话框中单击 [√] 按钮确定，毛坯设置最终结果如图 8-55 所示。

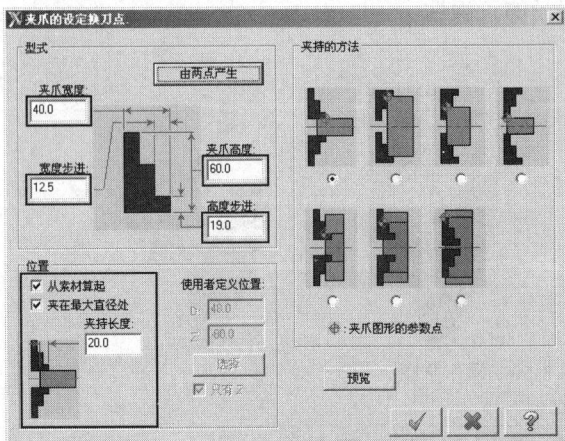

图 8-54 【夹爪的设定换刀点】对话框

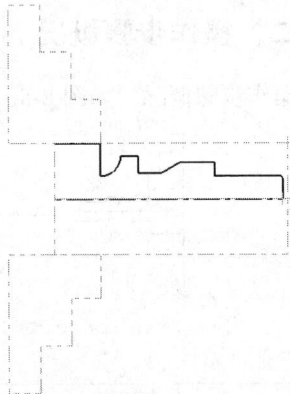

图 8-55 毛坯设置结果

> **要点提示** 在设置素材和卡盘夹具时，也可以单击【机器群组属性】对话框中的 [串连...] 按钮，然后选取素材边界或夹具所夹持的位置。

3. 创建车削端面刀具路径。

（1）单击属性状态栏中的 [构图面] 按钮，选择 [设置平面到 +X+Z 相对于您的 WCS] 选项，设置构图平面模式为半径构图。

（2）执行【刀具路径】/【车端面】命令，在如图 8-56 所示的【输入新 NC 名称】对话框中输入名称，然后单击 [√] 按钮确定。

（3）在【车床-车端面 属性】对话框的【刀具路径参数】选项卡中选择 T0707 型号的外圆车刀，并按照图 8-57 所示设置刀具参数。

图 8-56 【输入新 NC 名称】对话框

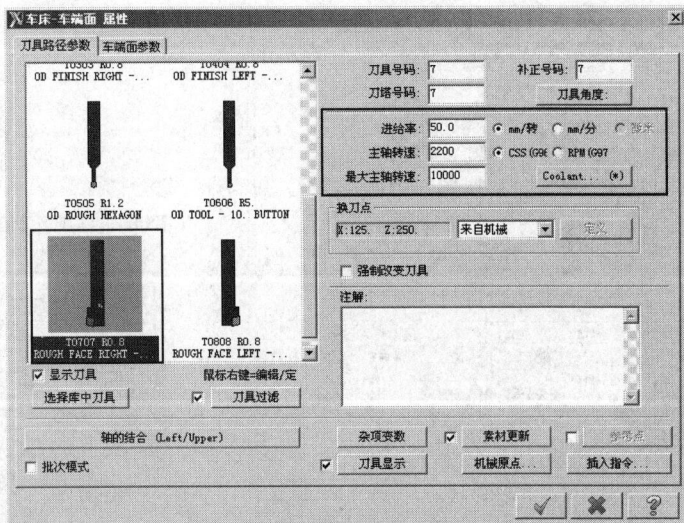

图 8-57 【车床-车端面 属性】对话框

在【刀具路径参数】选项卡中选择所需的刀具时,如果刀具的具体参数不符合零件的加工工艺要求,可以在选中某个刀具的情况下,单击鼠标右键,在弹出的快捷菜单中选择【编辑刀具】命令,弹出如图 8-58 所示的【定义刀具】对话框,在其中设置相关参数。

（4）单击【车端面参数】选项卡,按照图 8-59 所示设置车端面参数,然后单击 ✓ 按钮确定,系统自动生成车端面的刀具路径。

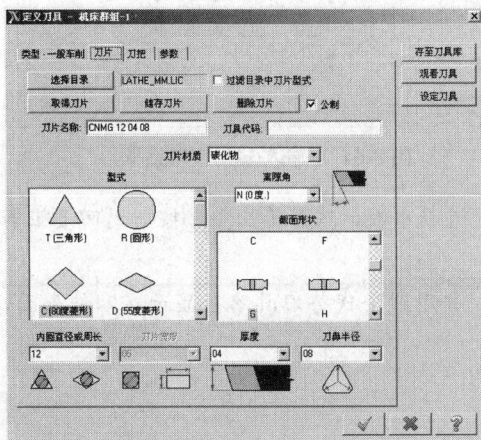

图 8-58 【定义刀具】对话框

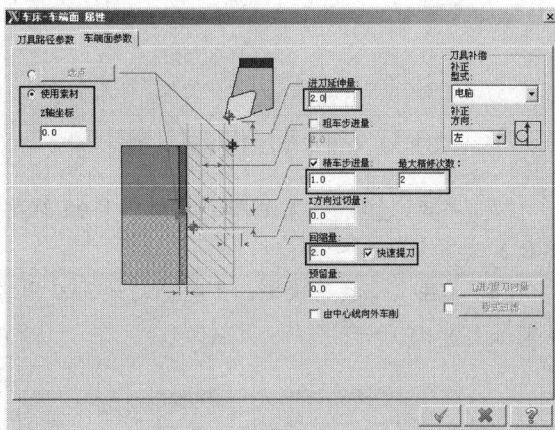

图 8-59 【车端面参数】选项卡

4. 创建粗车外圆刀具路径。

（1）执行【刀具路径】/【粗车】命令,系统弹出如图 8-60 所示的【转换参数】对话框,依次选取图 8-61 所示的两条线段,然后单击 ✓ 按钮确定。

（2）在【车床粗加工 属性】对话框的【刀具路径参数】选项卡中选择 T0303 型号的刀具,按照图 8-62 所示设置刀具路径参数。

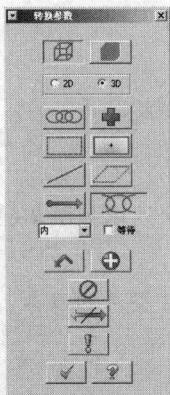

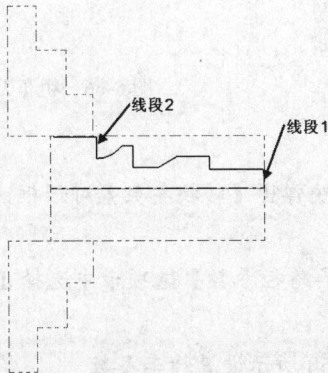

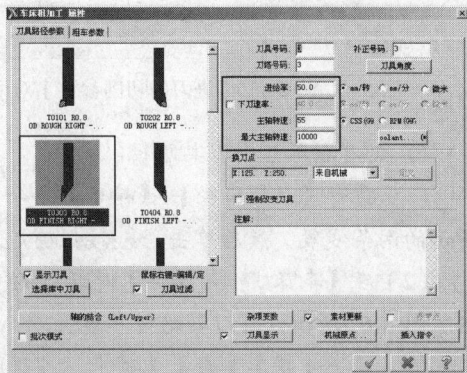

图 8-60 【转换参数】对话框 　图 8-61 车削边界 　　　　图 8-62 【车床粗加工 属性】对话框

（3）单击【粗车参数】选项卡,按照图 8-63 所示设置粗车参数。

（4）在【粗车参数】选项卡中单击 L进/退刀向量 按钮,按照图 8-64 所示设置输入/输出参数,然后单击 ✓ 按钮确定。

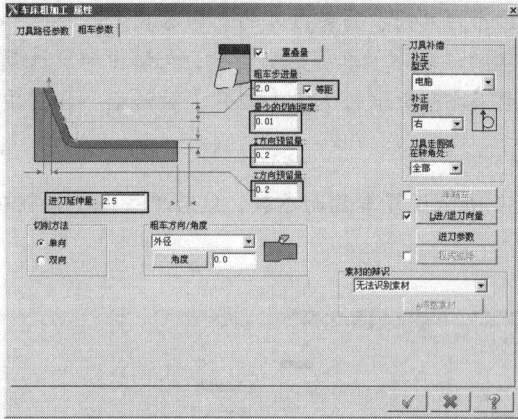

图 8-63 【粗车参数】选项卡

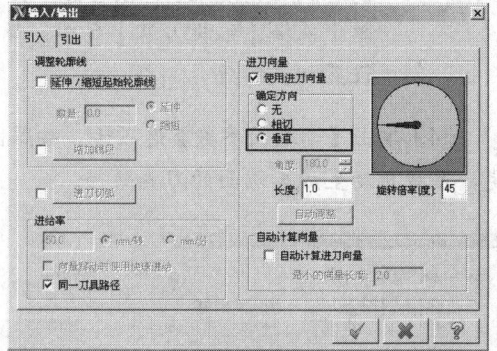

图 8-64 【输入/输出】对话框

（5）单击 进刀参数 按钮，按照图 8-65 所示设置进刀参数，然后单击 ✓ 按钮返回【粗车参数】选项卡。

（6）单击 ✓ 按钮确定，系统自动计算刀具路径，并用线条代替刀具路径显示在零件表面，结果如图 8-66 所示。

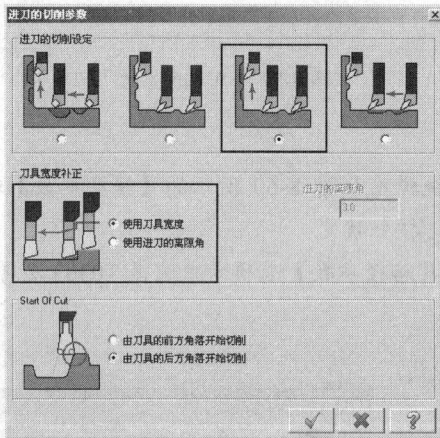

图 8-65 【进刀的切削参数】对话框

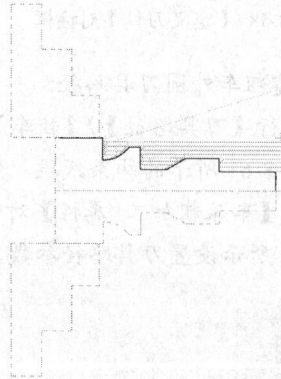

图 8-66 粗车刀具路径

5. 创建精车外圆刀具路径。

（1）执行【刀具路径】/【精车】命令，系统弹出【转换参数】对话框，依次选取如图 8-61 所示的两条线段，然后单击 ✓ 按钮确定。

（2）在【车床-精车 属性】对话框的【刀具路径参数】选项卡中选择 T0303 型号的刀具，按照图 8-67 所示设置刀具路径参数。

（3）单击【精车参数】选项卡，按照图 8-68 所示设置精车参数。

（4）单击 L进/退刀向量 按钮，按照图 8-69 所示设置输入/输出参数，然后单击 ✓ 按钮确定。

（5）单击 进刀参数 按钮，按照图 8-70 所示设置进刀参数，然后单击 ✓ 按钮返回【精车参数】选项卡。

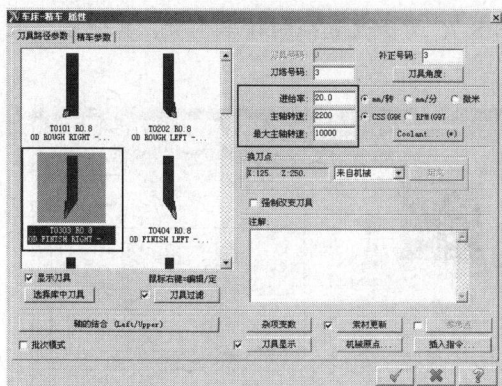

图 8-67 【车床-精车 属性】对话框

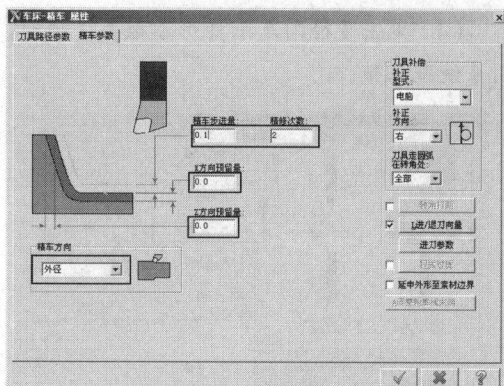

图 8-68 【精车参数】选项卡

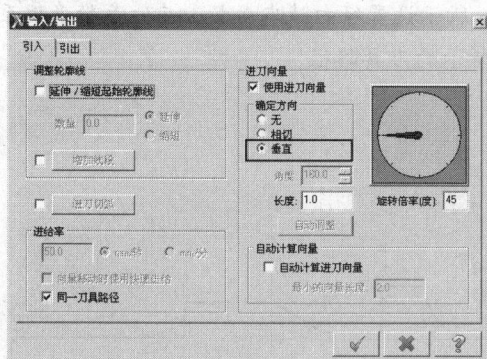

图 8-69 【输入/输出】对话框

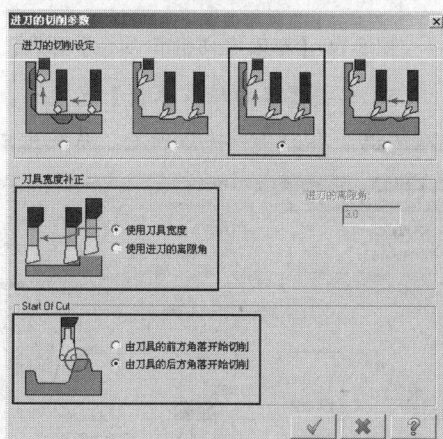

图 8-70 【进刀的切削参数】对话框

（6）单击 ✓ 按钮确定，系统自动计算刀具路径，并用线条代替刀具路径显示在零件表面，结果如图 8-71 所示。

6. 创建车削退刀槽刀具路径。

（1）执行【刀具路径】/【车床 径向车削刀具路径】命令，系统弹出如图 8-72 所示的【径向车削的切槽选项】对话框，选择【2 点】单选项，然后单击 ✓ 按钮确定。

（2）依次输入两端点坐标（-27,10,0）、（-23.5,8,0），如图 8-73 所示，然后按 Enter 键确定。

（3）在【车床-径向粗车 属性】对话框中选择 T1717 型号的切槽车刀，并按照图 8-74 所示设置刀具路径参数。

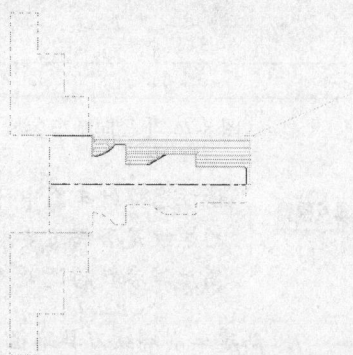

图 8-71 精车刀具路径

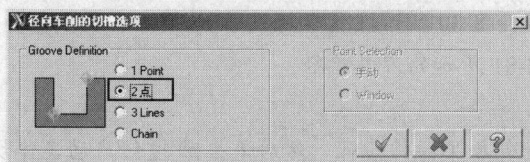

图 8-72 【径向车削的切槽选项】对话框

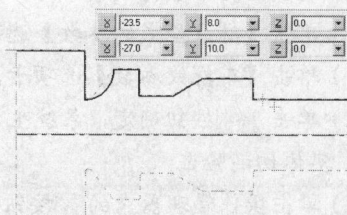

图 8-73 切槽点

（4）单击【径向车削外形参数】选项卡，按照图8-75所示设置径向精车参数，其他参数采用系统默认值。

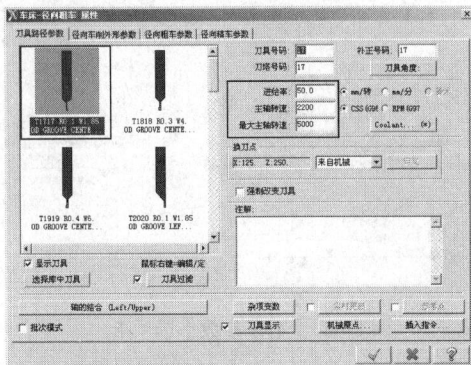

图8-74 【车床-径向粗车 属性】对话框

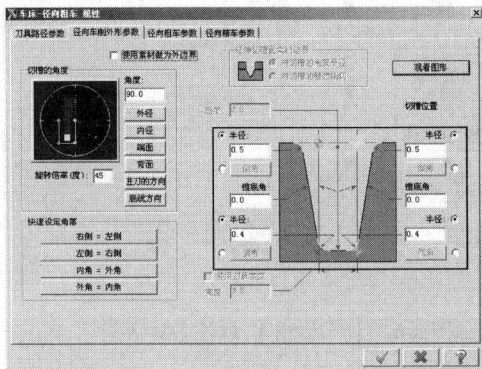

图8-75 【径向车削外形参数】选项卡

（5）单击【径向精车参数】选项卡，按照图8-76所示设置径向精车参数，其他参数采用系统默认值，单击 ✓ 按钮确定，系统生成如图8-77所示的刀具路径。

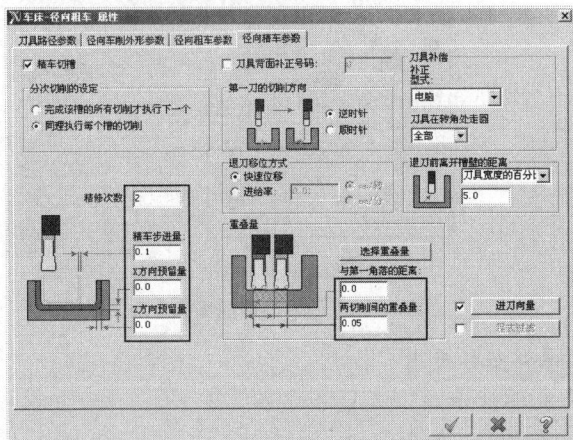

图8-76 【径向精车参数】选项卡

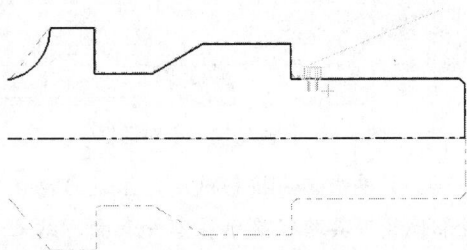

图8-77 切槽刀具路径

> **要点提示**
> 请注意螺纹车削中计算螺纹的参数。螺纹的参数设置是否正确，直接关系到加工出的螺纹是否满足要求。在实际使用中，主要注意螺距、牙型角、大径、小径、牙型高度等参数的设置。关于这些参数的设置，可以参考车工工艺学中的相关知识。

7．创建车削螺纹刀具路径。

（1）执行【刀具路径】/【车螺纹刀具路径】命令，系统弹出【车床-车螺纹 属性】对话框。

（2）选择T0101型号的螺纹车刀钻头，并按照图8-78所示设置刀具路径参数。

（3）单击【螺纹型式的参数】选项卡，并按照图8-79所示设置螺纹形式参数。

（4）单击【车螺纹参数】选项卡，并按照图8-80所示设置车螺纹参数。

（5）单击 ✓ 按钮确定，系统生成如图8-81所示的刀具路径。

8．实体切削验证。

（1）单击操作管理器中的 ✓ 按钮，选取全部加工操作步骤，然后单击 ● 按钮启动实体切削验证工具，系统弹出如图8-82所示的【实体切削验证】对话框。

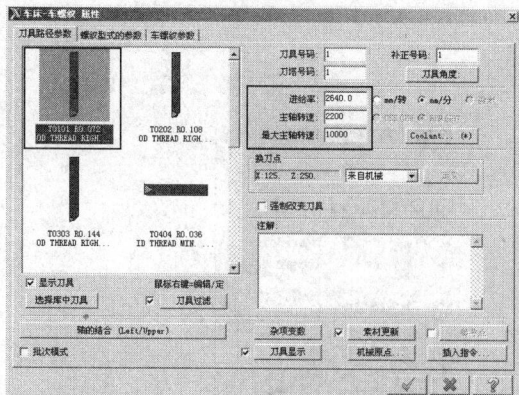

图 8-78 【车床-车螺纹 属性】对话框

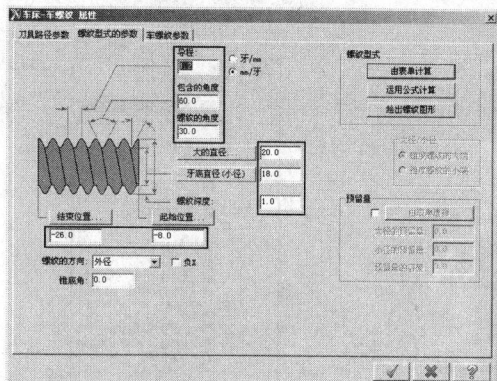

图 8-79 【螺纹型式的参数】选项卡

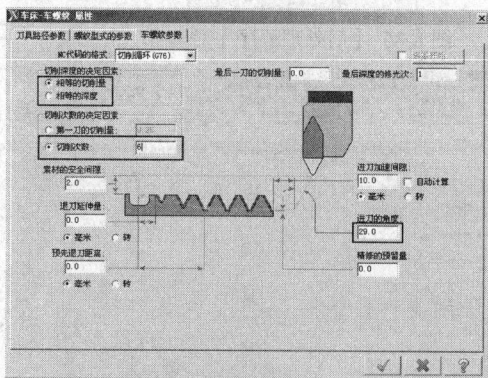

图 8-80 【车螺纹参数】选项卡

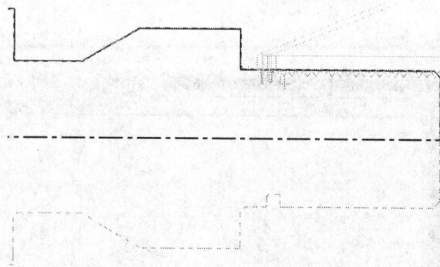

图 8-81 车螺纹刀具路径

（2）单击【实体切削验证】对话框中的▶按钮进行模拟加工，模拟加工结果如图 8-83 所示。

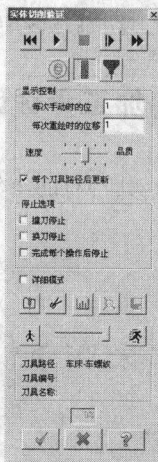

图 8-82 【实体切削验证】对话框

图 8-83 模拟加工结果

9. 后处理。

（1）单击操作管理器顶部的 G1 按钮，如图 8-84 所示，系统打开【后处理程序】对话框，采用如图 8-85 所示默认参数设置，然后单击 ✓ 按钮确定。

（2）在如图 8-86 所示的【另存为】对话框中输入程序名称，然后单击 保存(S) 按钮，系统自动生成如图 8-87 所示的 NC 程序文件。

图 8-84　操作管理器

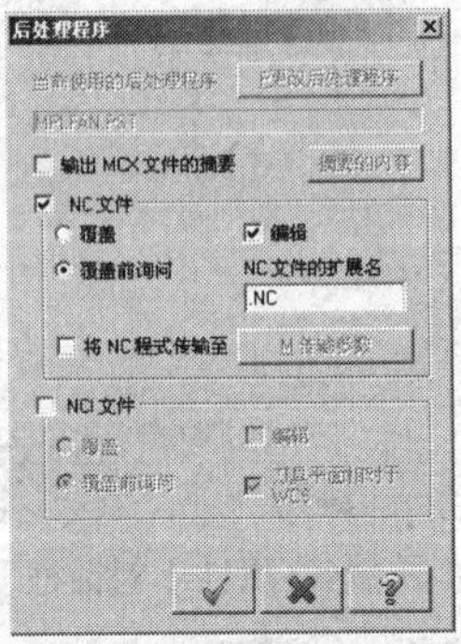

图 8-85　【后处理程序】对话框

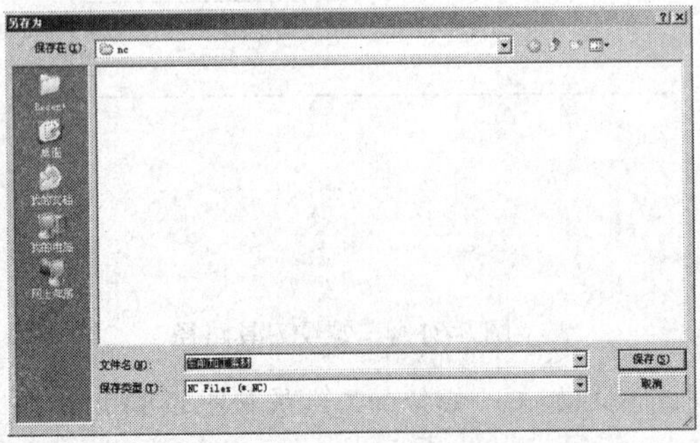

图 8-86　【另存为】对话框

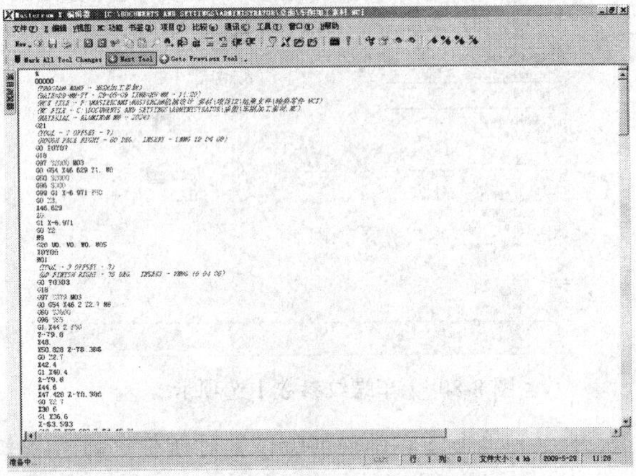

图 8-87　最后生成的 NC 程序

8.3.3　相关难点知识讲解——螺纹车削加工参数设置

螺纹车削加工主要是用于加工内螺纹、外螺纹、螺纹槽等。其特有的参数包括螺纹形式参数和车螺纹参数，其加工效果如图 8-88 所示。

一、设置螺纹型式的参数

执行【刀具路径】/【车螺纹刀具路径】命令，系统弹出【车床 -车螺纹 属性】对话框，然后单击【螺纹型式的参数】选项卡，该选项卡主要包括设置螺纹型式、螺纹外形参数、螺纹方向等参数，如图 8-89 所示。

图 8-88　螺纹加工

（1）设置螺纹外形参数

螺纹的外形参数主要包括导程、螺纹角度、牙顶直径、牙底直径、螺纹方向、螺纹锥底角等参数。

- 螺纹角度包括【包含的角度】和【螺纹的角度】两个参数，其中包含的角度是指螺纹两条边的夹角，而螺纹的角度是指螺纹的一边与轴线的夹角。
- 牙顶直径和牙底直径可以通过文本框输入数值确定，也可单击 大的直径… 按钮在绘图区选取点来确定。

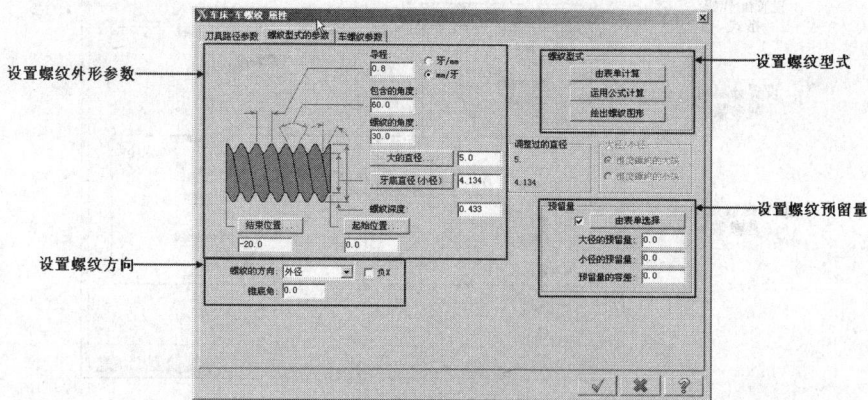

图 8-89 【螺纹型式的参数】选项卡

- 螺纹的方向包括内径、外径和端面/背面 3 种类型，单击 ▼ 按钮，可以在下拉列表中选择。

（2）设置螺纹型式

在螺纹型式模块中，可以单击其中一按钮，通过系统选取所需的螺纹型式。

- 单击   由表单计算   按钮，系统弹出如图 8-90 所示的【螺纹的表单】对话框，从中选取所需螺纹形式。

- 单击   运用公式计算   按钮，系统弹出如图 8-91 所示的【运用公式计算螺纹】对话框，用户输入导程和基本的大径参数计算其余参数。

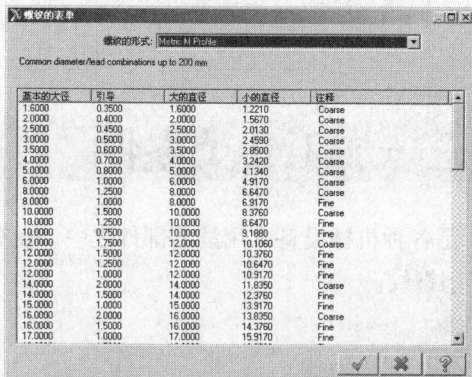

图 8-90 【螺纹的表单】对话框

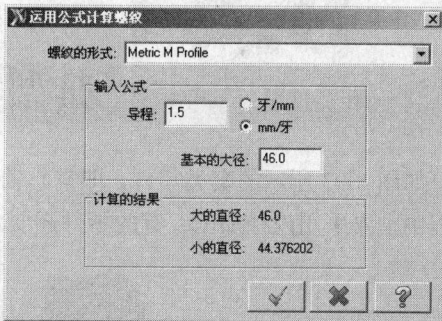

图 8-91 【运用公式计算螺纹】对话框

- 单击   绘出螺纹图形   按钮，用户可以自己在绘图区绘制牙型。

二、设置车螺纹参数

单击【车螺纹参数】选项卡，该选项卡主要包括设置 NC 代码的格式、分层切削、车螺纹加工工艺等参数，如图 8-92 所示。

（1）设置 NC 代码格式

NC 文件是控制数控机床进行加工的程序文件，其格式的设置合适与否关系到数控加工的难易程度。

在【代码的格式】下拉列表中提供了一般切削（G32）、切削循环（G76）、固定螺纹（G92）和交替切削（G32）4 种 NC 代码格式，用户可以根据加工零件的特征选择不同的 NC 代码格式。

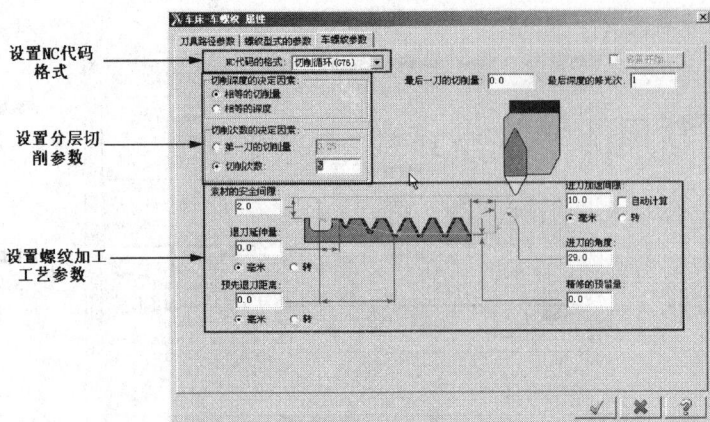

设置 NC 代码格式 →
设置分层切削参数 →
设置螺纹加工工艺参数 →

图 8-92　【车螺纹参数】选项卡

（2）设置分层切削参数

分层切削参数包括切削深度和切削次数。

- 当选择【第一刀的切削量】选项后，系统按用户设定的深度数值进行定值切削加工，直至完成加工。
- 当选择【切削次数】选项后，系统自动计算每次切削的次数，进行定数切削加工。

（3）设置车螺纹加工工艺参数

车螺纹加工工艺参数主要包括素材的安全间隙、进/退刀等参数的设置。

8.4

典型实例三—加工套类零件

如图 8-93 所示的套类零件，即空心轴类零件，是各种机械设备常用的零部件之一。在车削过程中主要采用内径加工，有的零件还要求内部车削螺纹。

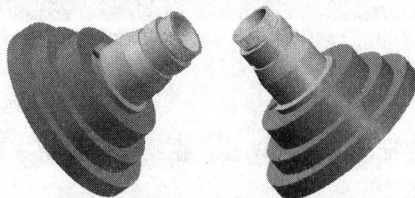

图 8-93　套类零件

8.4.1　刀具路径规划

分析该零件图，本零件应采用车端面、粗车及精车外轮廓、车槽、钻孔、镗孔、切断等几个步骤的加工，与上例轴类零件不同的是多了钻孔及镗孔的车削。

一、涉及的应用工具

（1）分析零件结构，确定加工方式，即铣削加工、车削加工或者雕刻加工等，轴类零件应采用车削系统加工较为合适。

（2）设置毛坯尺寸、夹头卡盘以及材料属性。

（3）选用 T0242 型号的外圆车刀，根据外形对毛坯首次粗加工。

（4）调整车床主轴转速以及进给量，选用 T0242 型号的外圆车刀对零件表面进行精加工。

（5）选用 T1717 型号的切槽刀具对套类零件进行径向车削加工，车削出轴上的螺纹退刀槽和定位槽。

（6）选用 T0303 型号的螺纹车刀对轴端进行车削螺纹加工。

（7）选用 T4747 型号的钻孔刀具对套类零件进行钻孔加工。

（8）选用 T0909 型号的镗孔刀具对套类零件进行镗孔粗加工以及精加工。

（9）选用 T2020 型号的截断刀具对套类零件进行截断操作。

（10）进行实体切削验证，验证刀具路径的正确性。

二、操作步骤概况

操作步骤概况，如图 8-94 所示。

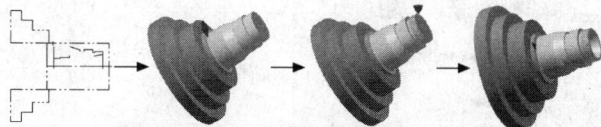

图 8-94　操作步骤

8.4.2　加工套类零件

1．进入加工环境。

（1）打开素材文件"第 8 章\素材\套类零件.mcx"，得到如图 8-95 所示的图形。

（2）执行【机床类型】/【车削系统】/【默认】命令，启动通用车削模块。

2．设置毛坯。

（1）在操作管理器中单击【属性-Lathe Default MM】选项组，然后单击【材料设置】选项，系统弹出【机器群组属性】对话框。

（2）在【素材】分组框中单击 参数... 按钮，在【长条状毛坯的设定换刀点】对话框中按照图8-96所示设置毛坯参数。

（3）在【Chuck】分组框中单击 参数... 按钮，在【夹爪的设定换刀点】对话框中设置卡盘夹持参数，如图8-97所示。

（4）在【机器群组属性】对话框中单击 ✓ 按钮确定，毛坯设置最终结果如图8-98所示。

3．创建车削端面刀具路径。

（1）执行【刀具路径】/【车端面】命令，系统弹出【输入新 NC 名称】对话框，采用默认设置，单击 ✓ 按钮确定。

（2）在【车床-车端面 属性】对话框中选取 T0101 号外圆车刀，然后按照图 8-99 所示设置刀具参数。

（3）单击【车端面参数】选项卡，按照图 8-100 所示设置车端面参数，单击 ✓ 按钮确定，系统自动生成如图 8-101 所示的车端面刀具路径。

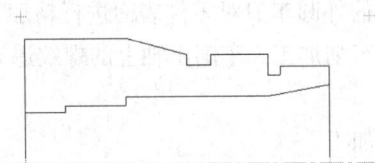

图 8-95　套类零件

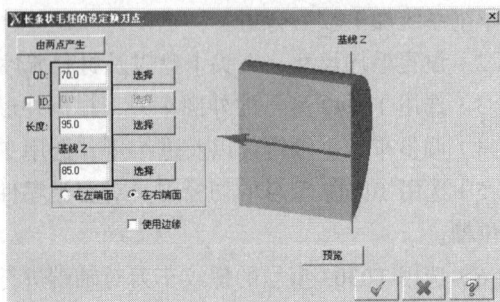

图 8-96　【长条状毛坯的设定换刀点】对话框

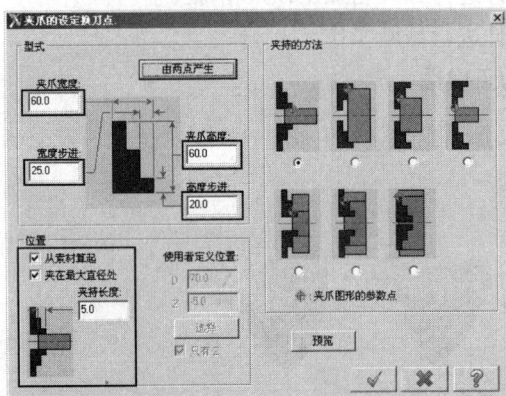

图 8-97　【夹爪的设定换刀点】对话框

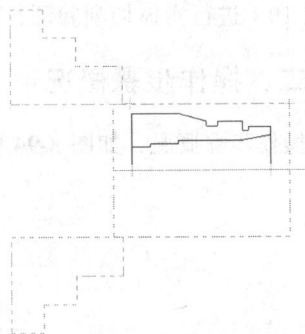

图 8-98　毛坯设置结果

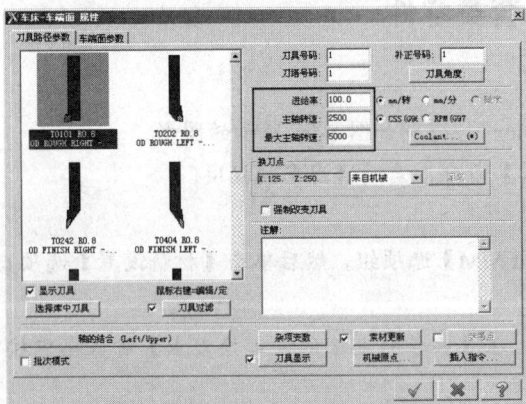

图 8-99　【车床-车端面 属性】对话框

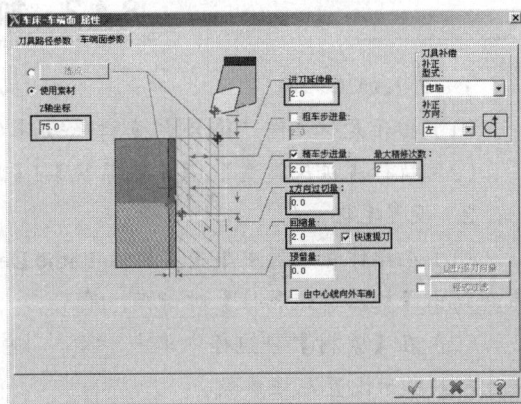

图 8-100　【车端面参数】选项卡

4．创建粗车外圆刀具路径。

（1）执行【刀具路径】/【粗车】命令，在【转换参数】对话框中单击 ⬭ 按钮，采用串连的方式选取粗车边界。

（2）在绘图区选取图 8-102 所示的线段为粗车边界，然后在【转换参数】对话框中单击 ✓ 按钮确定。

（3）在【车床粗加工 属性】对话框的【刀具路径参数】选项卡中选择 T0242 型号的外圆车刀，并按照图 8-103 所示设置刀具参数。

（4）单击【粗车参数】选项卡，按照图 8-104 所示设置粗车参数，然后单击 ✓ 按钮确定，系统自动生成粗车的刀具路径。

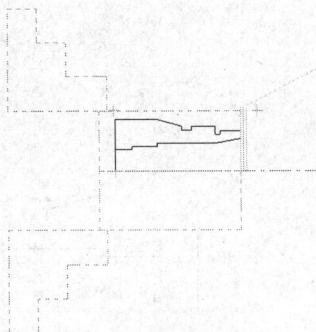

图 8-101　车端面刀具路径

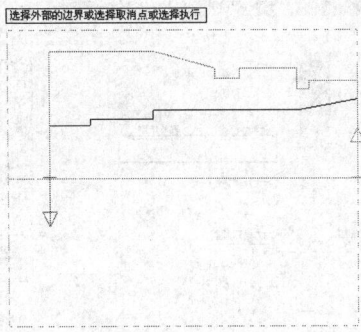

图 8-102　粗车边界

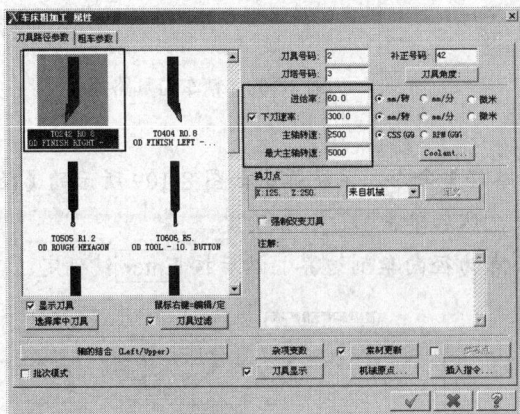

图 8-103　【车床粗加工 属性】对话框

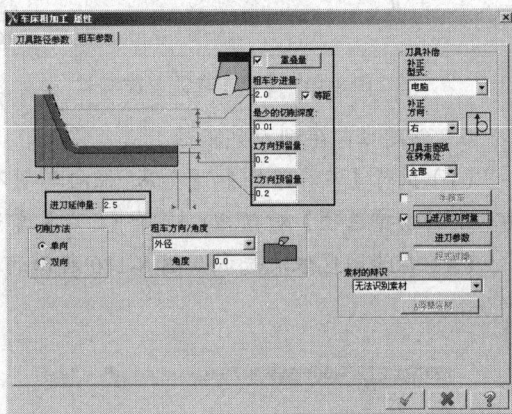

图 8-104　【粗车参数】选项卡

（5）在操作管理器中单击 按钮，进行实体切削验证，结果如图 8-105 所示。

5．创建精车外圆刀具路径。

（1）执行【刀具路径】/【精车】命令，用与创建粗车刀具路径相同的方式在绘图区选取图 8-102 所示的线段为精车边界，然后在【转换参数】对话框中单击 按钮确定。

（2）在【车床精车 属性】对话框的【刀具路径参数】选项卡中选择 T0242 型号的外圆车刀，并按照图 8-106 所示设置刀具参数。

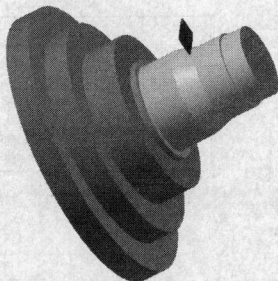

图 8-105　粗车加工

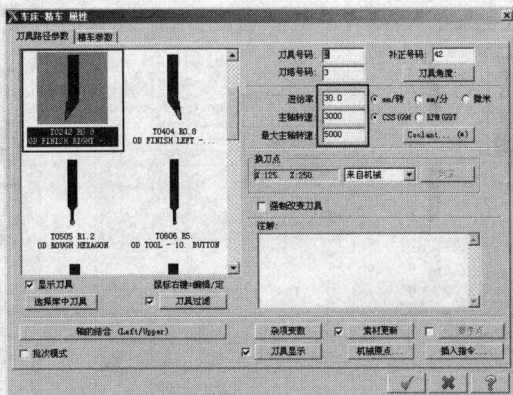

图 8-106　【车床精车 属性】对话框

（3）单击【精车参数】选项卡，按照图 8-107 所示设置精车参数，然后单击 按钮确定，系统自动生成图 8-108 所示的精车刀具路径。

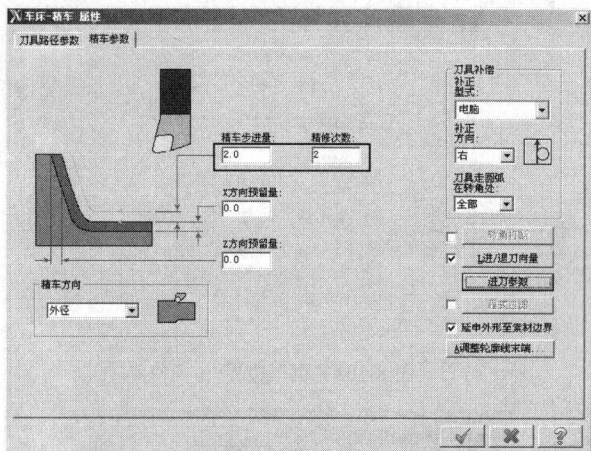

图 8-107 【精车参数】选项卡

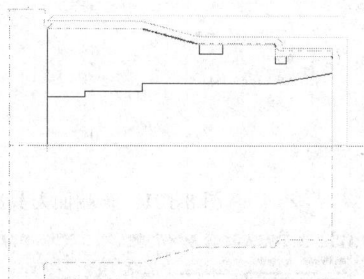

图 8-108 精车刀具路径

6. 创建径向车削刀具路径。

（1）执行【刀具路径】/【车床 径向车削刀具路径】命令，系统弹出如图 8-109 所示的【径向车削的切槽选项】对话框，选择【2 点】单选项，然后单击 ✔ 按钮确定。

（2）在绘图区依次选取如图 8-110 所示的两个点为径向车削边界，然后按 Enter 键确定。

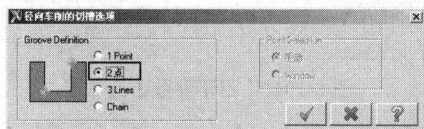

图 8-109 【径向车削的切槽选项】对话框

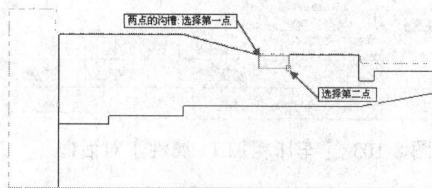

图 8-110 径向车削边界点

（3）在【车床-径向粗车 属性】对话框中选择 T1717 型号的切槽车刀，并按照图 8-111 所示设置刀具路径参数。

（4）单击【径向车削外形参数】选项卡，按照图 8-112 所示设置径向精车参数，其他参数采用系统默认值。

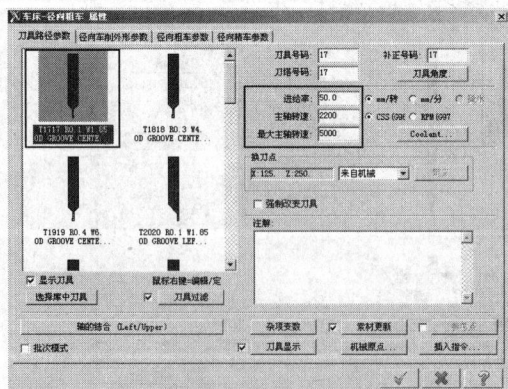

图 8-111 【车床-径向粗车 属性】对话框

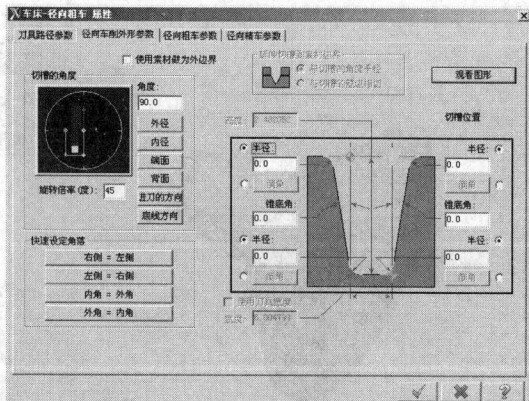

图 8-112 【径向车削外形参数】选项卡

（5）单击【径向粗车参数】选项卡，按照图 8-113 所示设置径向粗车参数，其他参数采用系统默认值。

（6）单击【径向精车参数】选项卡，按照图 8-114 所示设置径向精车参数，其他参数采用系统默认值，单击 ✓ 按钮确定，系统自动生成径向车削刀具路径。

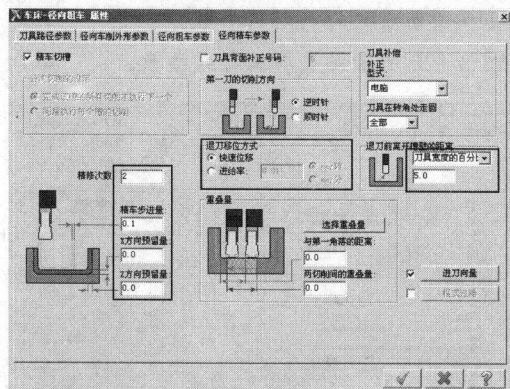

图 8-113 【径向粗车参数】选项卡

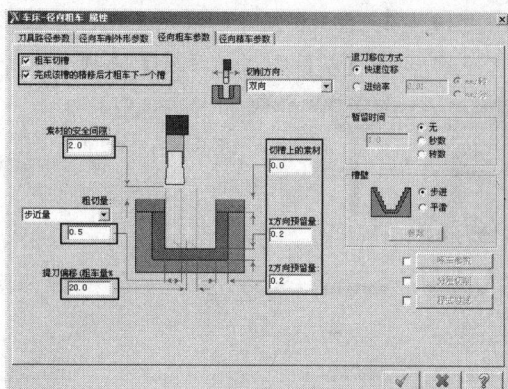

图 8-114 【径向精车参数】选项卡

（7）在操作管理器中单击 按钮，进行实体切削验证，结果如图 8-115 所示。

7．创建径向车削刀具路径。

（1）执行【刀具路径】/【车床 径向车削刀具路径】命令，在绘图区依次选取如图 8-116 所示的两个点为径向车削边界。

图 8-115 径向车削加工

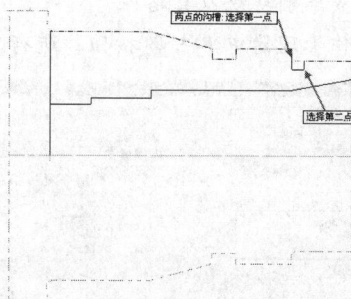

图 8-116 径向车削边界

（2）除图 8-117 所示的【径向粗车参数】选项卡参数设置不同外，其他参数设置均与径向车削刀具路径 1 相同。

（3）在操作管理器中单击 按钮，进行实体切削验证，结果如图 8-118 所示。

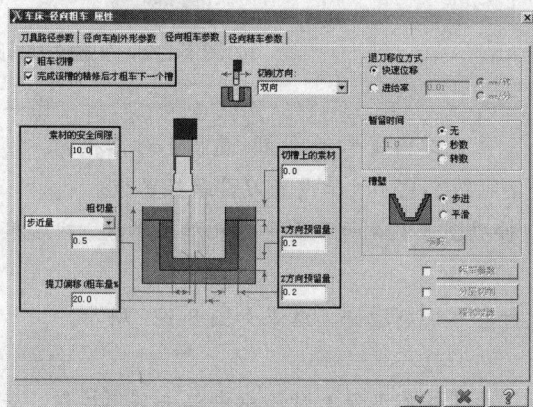

图 8-117 【径向粗车参数】选项卡

图 8-118 径向车削加工

8. 创建车削螺纹刀具路径。

（1）执行【刀具路径】/【车螺纹刀具路径】命令，系统弹出【车床-车螺纹 属性】对话框。

（2）选择 T0303 型号的螺纹车刀，并按照图 8-119 所示设置刀具路径参数。

（3）单击【螺纹型式的参数】选项卡，并按照图 8-120 所示设置螺纹形式参数。

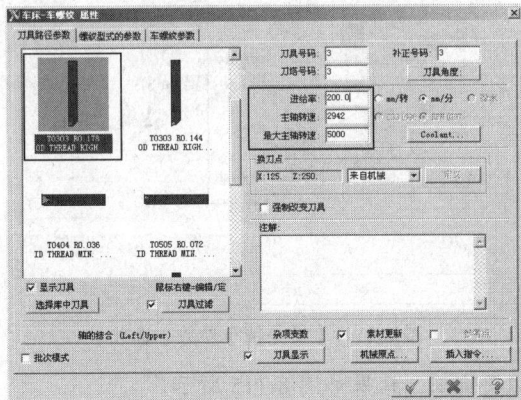

图 8-119 【车床-车螺纹 属性】对话框

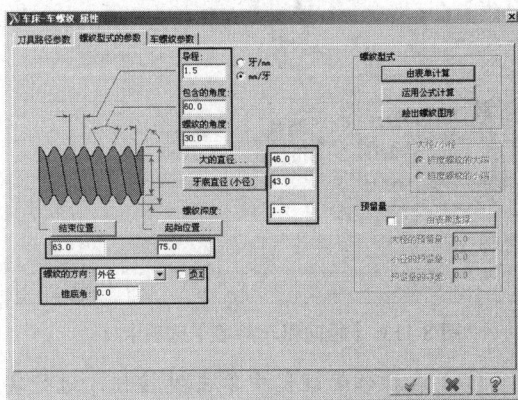

图 8-120 【螺纹型式的参数】选项卡

（4）单击【车螺纹参数】选项卡，按照图 8-121 所示设置车螺纹参数，然后单击 ✓ 按钮确定，系统生成车削螺纹刀具路径。

（5）在操作管理器中单击 ⬛ 按钮，进行实体切削验证，结果如图 8-122 所示。

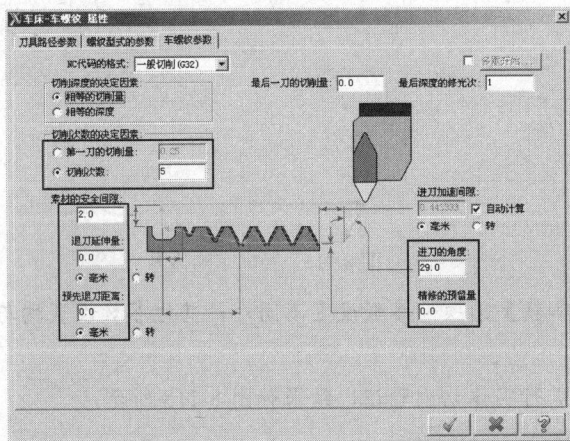

图 8-121 【车螺纹参数】选项卡

图 8-122 车螺纹刀具路径

9. 创建钻孔加工刀具路径。

（1）执行【刀具路径】/【钻孔】命令，系统弹出【车床-钻孔 属性】对话框。

（2）选择 T4747 型号的钻孔刀具，并按照图 8-123 所示设置刀具路径参数。

（3）单击【断屑式 增量回缩】选项卡，按照图 8-124 所示设置钻孔加工参数，然后单击 ✓ 按钮确定，系统生成钻孔加工刀具路径。

（4）在操作管理器中单击 ⬛ 按钮，进行实体切削验证，结果如图 8-125 所示。

10. 创建粗车镗孔刀具路径。

（1）执行【刀具路径】/【粗车】命令，在【转换参数】对话框中单击 ⬭ 按钮，采用串连的方式选取粗车边界。

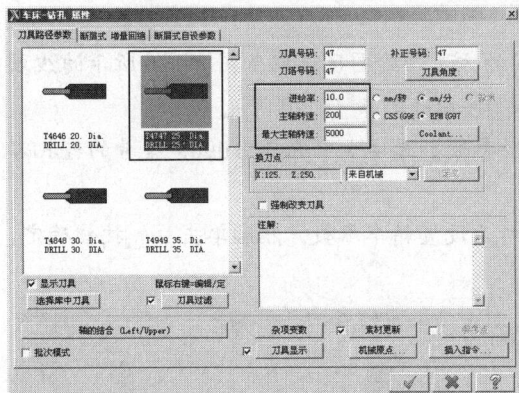

图 8-123 【车床-钻孔 属性】对话框

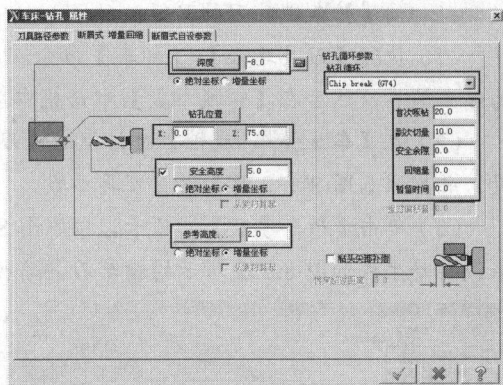

图 8-124 【断屑式 增量回缩】选项卡

（2）在绘图区选取图 8-126 所示的线段为粗车边界，然后在
【转换参数】对话框中单击 ✓ 按钮确定。

（3）在【车床粗加工 属性】对话框的【刀具路径参数】选项
卡中选择 T0909 型号的镗孔刀具，并按照图 8-127 所示设置刀具
参数。

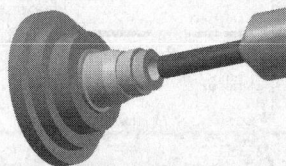

图 8-125 钻孔加工

（4）单击【粗车参数】选项卡，按照图 8-128 所示设置粗车参数，然后单击 ✓ 按钮确定，
系统自动生成粗车镗孔刀具路径。

（5）在操作管理器中单击 ✐ 按钮，进行实体切削验证，结果如图 8-129 所示。

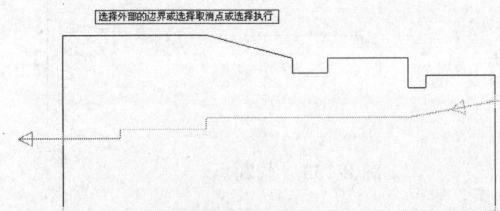

图 8-126 镗孔边界

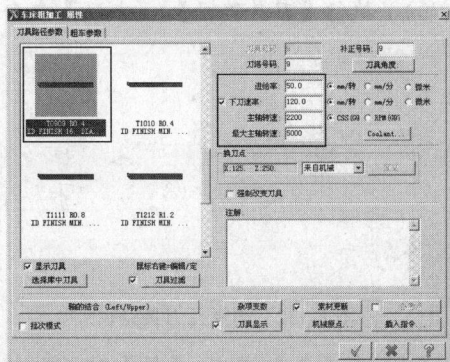

图 8-127 【车床粗加工 属性】对话框

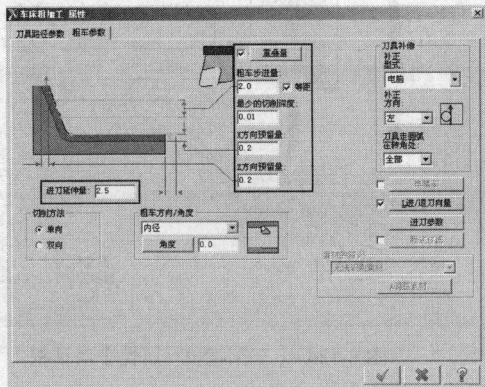

图 8-128 【粗车参数】选项卡

图 8-129 镗孔加工

11. 创建精车镗孔刀具路径。

（1）执行【刀具路径】/【粗车】命令，用相同的方法在绘图区选取如图 8-126 所示的线段为精车边界，然后在【转换参数】对话框中单击 ✓ 按钮确定。

（2）在【车床精车 属性】对话框的【刀具路径参数】选项卡中选择 T0909 型号的镗孔刀具，并按照如图 8-130 所示设置刀具参数。

（3）单击【精车参数】选项卡，按照图 8-131 所示设置精车参数，然后单击 ✓ 按钮确定，系统自动生成如图 8-132 所示的精车刀具路径。

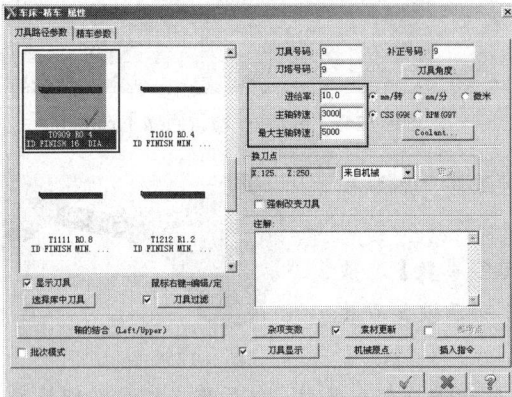

图 8-130 【车床精车 属性】对话框

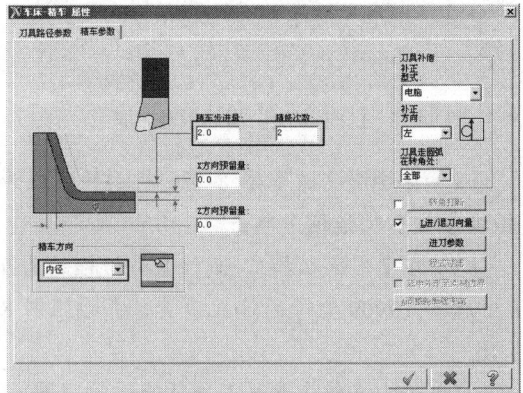

图 8-131 【精车参数】选项卡

12. 创建截断刀具路径。

（1）执行【刀具路径】/【截断】命令，在绘图区选取图 8-133 所示的点为截断点。

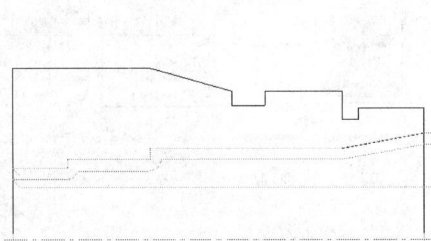

图 8-132 精镗孔刀具路径

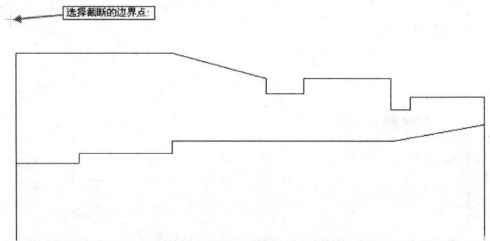

图 8-133 截断点

（2）在【车床-截断 属性】对话框中选取 T2020 型号的槽刀为截断刀具，然后按照如图 8-134 所示设置刀具参数。

（3）单击【截断的参数】选项卡，按照图 8-135 所示设置截断参数，单击 ✓ 按钮确定，系统自动生成截断刀具路径。

13. 实体切削验证。

（1）单击操作管理器中的 ✓ 按钮，选取全部加工操作步骤，然后单击 🔧 按钮启动实体切削验证工具。

（2）单击【实体切削验证】对话框中的 ▶ 按钮进行模拟加工，模拟加工结果如图 8-136 所示。

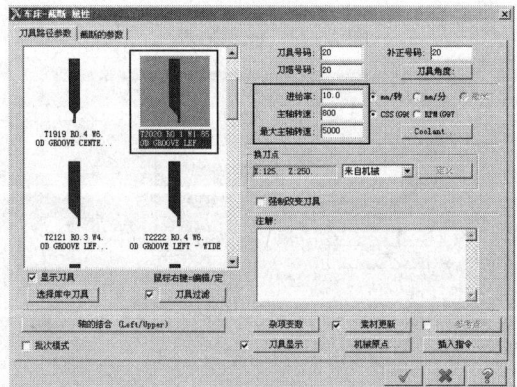

图 8-134 【车床-截断 属性】对话框

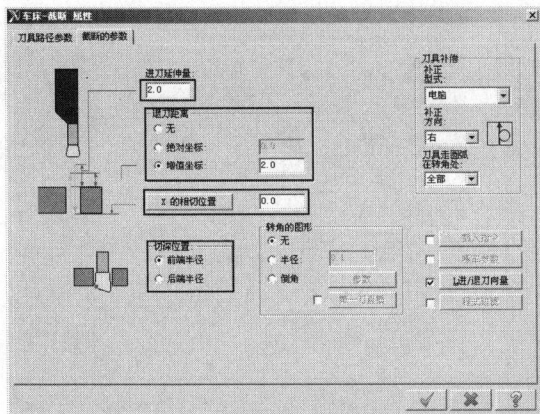

图 8-135 【截断的参数】选项卡

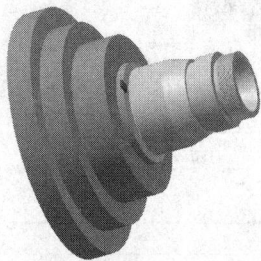

图 8-136 模拟加工结果

8.4.3 相关难点知识讲解——径向车削加工参数设置

切槽加工用于加工垂直于主轴或端面方向的凹槽,在【刀具路径】主菜单中选取【车床 径向车削刀具路径】选项,即可调用切槽模组。

在切槽模组中,其加工几何模型的选择及其特有参数的设置方法均与前面介绍的各模组有较大不同,主要包括以下几部分。

一、凹槽设置

切槽的形状及开口方向可以在图 8-137 所示【径向车削外形参数】选项卡中设置。该选项卡包括切槽的角度、外形等的设置。

- 角度设置:用户可通过如图 8-137 所示的【切槽的角度】选项组来设置切槽的开口方向。可以直接在【角度】文本框中输入角度或用鼠标选取圆盘中的示意图来设置切槽的开口方向,也可以选择系统定义的几种特殊方向(外径、内径、端面、背面或自定义方向等)作为切槽的开口方向。
- 外形设置:用户可以通过如图 8-137 所示的高度、锥底角或内外圆角半径等参数来定义切槽的形状。

二、切槽粗车参数

【径向粗车参数】选项卡用于设置切槽模组的粗车参数,如图 8-138 所示。

切槽模组的粗车参数主要包括切削方向、进刀量、提刀速度、槽底暂留时间、槽壁加工方式、啄车参数和深度参数的设置。

(1)设置切削方向

粗车加工切削方向有正数、负数、双向 3 种类型,在【切削方向】下拉列表中选择不同的切削方向。

- "正数"方向表示刀具从切槽的左侧开始沿+z 轴方向移动切削。
- "负数"方向表示刀具从切槽的右侧开始沿−z 轴方向移动切削。
- "双向"方向表示刀具从切槽的中间开始以双向车削方式进行加工。

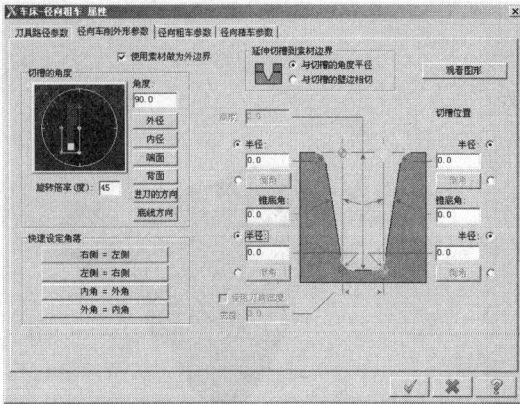

图 8-137 【径向车削外形参数】选项卡

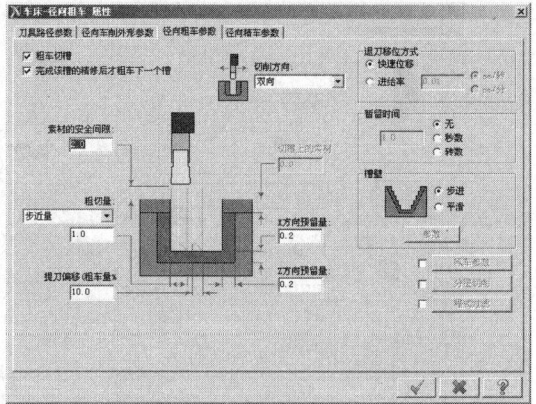

图 8-138 【径向粗车参数】选项卡

（2）设置粗切量。

"粗切量"有次数、步进量和刀具宽度的百分比 3 种用于设置进刀量的方式。

- "次数"方式表示通过指定的车削次数来计算进刀量。
- "步进量"方式表示直接指定进刀量。
- "刀具宽度的百分比"方式表示将进刀量设置为刀具宽度的百分比。

（3）设置退刀移位方式

退刀移位方式主要用于设置加工中退刀的速度，有"快速位移"和"进给率"两种方式。

- 当选择【快速移位】单选项时，系统执行快速退刀的退刀方式。
- 当选择【进给率】单选项时，系统会按用户设定的进给率数值进行退刀。

（4）设置切削槽壁型式

- 当选择【步进】单选项时，系统按设置的进刀量进行加工，切削形成的侧壁为台阶。
- 当选择【平滑】单选项时，单击 参数 按钮，系统弹出如图 8-139 所示的【槽壁的平滑设定】对话框，可以设置槽壁的平滑度。

（5）设置啄车参数

单击 啄车参数 按钮，系统弹出如图 8-140 所示的【节参数】对话框。

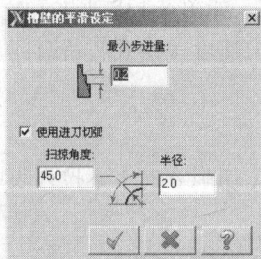

图 8-139 【槽壁的平滑设定】对话框

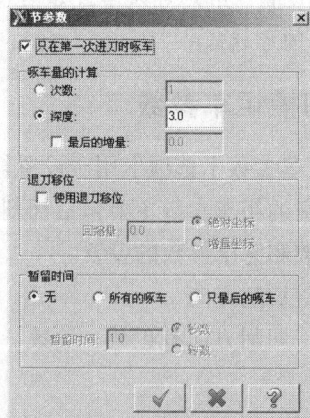

图 8-140 【节参数】对话框

啄车参数的设置包括啄车量的计算、退刀移位和暂留时间 3 个参数。其中【啄车量的计算】